U0184830

全球城市经典译丛 | 主编 周振华

城市更新手册

第二版

Urban Regeneration

2nd Edition

[英]
彼得·罗伯茨
休·赛克斯
蕾切尔·格兰杰
◎主编

周振华 徐建
◎译

Peter Roberts
Hugh Sykes
Rachel Granger

格致出版社 上海人民出版社

致　谢

我们要感谢所有那些在本书的准备工作中帮助过的人，包括各个章节的作者和 SAGE 的编辑团队。此外，我们想感谢许多更新从业者和研究人员的帮助，他们慷慨地奉献了他们的时间和智慧。最后，我们要特别感谢林赛·穆尚姆(Lyndsay Muschamp)，她为编辑们提供了秘书和组织方面的支持。

在准备第二版的过程中，我们的两位作者去世了。保罗·德鲁和巴里·摩尔都对更新理论和实践做出了重要贡献，我们想把这本书献给他们。

目 录

第一部分 城市更新背景

第二部分 主要内容和议题

第三部分　城市更新管理主要问题

第四部分　国际经验和未来展望

第一部分
城市更新背景

第1章
导　言

彼得·罗伯茨*　休·赛克斯**　蕾切尔·格兰杰***

在这本书第一版序言中，我们指出，城市更新是一个经历丰富却鲜为人知的现象。虽然后来已经做了许多工作来弥补这种理解上的不足，但仍然需要在理论和实践取得进展的基础上做更多的研究工作来提供见解和灵感。那么，就如现在一样，必须强调的是，没有一种特定的城市更新实践形式，也没有一种理论解释可以用来分析城市问题的所有方面并制

---

* 彼得·罗伯茨(Peter Roberts)教授，荣获大英帝国官佐勋章，利兹大学名誉教授，北爱尔兰住房委员会副主席、第一方舟集团主席。曾担任可持续社区学会主席、家庭和社区机构董事会成员、英国城市更新协会最佳实践委员会主席。曾为政府提供咨询，并在英国和其他地方的许多大学担任高级学术职位。研究和发表了广泛的主题，包括城市和区域规划和更新、住房和社区问题，环境政策和政治权力下放。他的最新著作包括《弹性可持续城市》(*Resilient Sustainable Cities*, 2014)和《环境与城市》(*Environment and the City*, 2009)。

** 休·赛克斯(Sir Hugh Sykes)爵士，从1988年谢菲尔德开发公司成立到1997年该公司停止运营一直担任董事长。1997—2004年，担任约克郡银行的董事长，并兼任其母公司澳大利亚国民银行的董事会成员。法学研究生、注册会计师。在大型上市公司和小型私人公司有广泛和多样的商业生涯，并在公共和志愿部门有丰富的经验。担任哈勒姆郡卡特勒公司负责人，谢菲尔德大学财务主管，并与谢菲尔德市议会和其他慈善机构做了大量的工作。

*** 蕾切尔·格兰杰(Rachel Granger)博士，莱斯特城堡商学院讲师，专攻经济地理和城市经济。最近的研究重点是管理不善的更新工作所导致的高速增长的大都市区的再士绅化，并使用各种新的研究方法对创意经济、数字经济和消费经济进行深入分析。参与的国际研究项目包括创意和数字经济、对后衰退城市的国际投资、分享和消费经济、文化遗产和艺术的创新、全球城市的生活—工作计划，以及城市更新研究中的基于问题导向的学习等。担任经济发展研究所的东南政策主席，是伦敦和西米德兰兹的三个更新项目的董事会成员。

定适当的解决方案。在21世纪发生巨大变化的背景下，时间和地点都变得很重要，城市更新必须反映所界定的特定的当地情况。

与以往一样，环境条件既限制又支持城市的更新活动。尽管有时会受到过分僵化政策的限制，或者在某一特定地方遭遇到极端困难，但有大量证据表明，即使在最不适当的条件下，创新和管理良好的更新方案也有能力实施。过去十年的许多经验表明，对于城市地区所遇到的问题，没有普遍适用或“一刀切”的解决办法。无论在发达国家还是在发展中国家，这似乎都是正确的，它无疑代表了经济、地理、政治和历史条件在决定需要做些什么才能确保有效和可持续更新方面的持久重要性。

本书旨在提炼出城市更新最佳实践的证据，并将这些证据与城市更新必要性及其运作方式的解释结合起来。理论、解释、证据及直接实践经验合在一起提供了指导本书第二版编写的实践哲学。特别是，本书旨在了解城市问题发生及其深层原因，城市更新理论和实践中所发生的连续性变化，以及好的(和坏的)实践中的经验教训。其意图是为读者提供一个全面、便利和实用的城市更新指南。

与十年前相比，当时关于整个城市更新进程的组织及其运作的高质量文献数量稀少，现在则有了丰富的研究和实践证据。此外，关于更新的“时尚”议题也有大量的零散信息，如伙伴关系、促进经济复苏、解决社会排斥、投资目标、支持城市可持续发展和推动“示范项目”等。尽管研究文献已大有改善，人们似乎仍然希望有一本能够汇集城市更新基本元素(如物理、经济、社会和环境维度)，以及更新过程的实施、管理和评估，然后通过不同地方案例加以说明的手册。本书在第一版的基础上，通过对关键主题和案例的综合考察，为城市变化和更新的理论和实践提供指南。与第一版出版时的初衷一样，本书的目标是为那些致力于各种城市更新政策领域和积极管理城市转型的人们提供帮助。

本书结构

本书中内容组织的章节安排，方便于读者选读那些特别感兴趣的章节，或者完整地阅读全书。

虽然每一部分和每一章都是独立的，其涉及特定的内容或主题，但材料的组织方式能够使读者快速了解大跨度的城市更新问题及其活动。尽管本书涉及内容和范围很广泛，试图对城市更新领域提供一个全面性的阐述，但如果认为它是对在实践和应用方面广泛主题的一个完整论述，那将是错误的。由于城市更新本质上是一种动态而不是静态的现象，因此几乎不可能捕捉到当前更新实践的所有特征，也不可能以任何程度的确定性来预测城市更新的未来发展。

为了帮助读者阅读，并为本书其余部分设置相应背景，第 2 章介绍城市更新的起因、挑战及其目的。第 2 章的内容与后面的章节是交叉引用的，以便引导读者了解其包含的更详细的讨论。第 3 章向读者介绍伙伴关系、更新战略等基本概念，以及从最佳实践学习中可能获得的经验。可以看到，这些都是在许多城市更新实践方面反复出现的特征，对其进行探讨是为了确定共同的元素，以便将后面章节包含的不同主题联系在一起。第 2 章主要介绍在第二部分内容中考察的各个主题，而第 3 章介绍在第三部分内容中包含的管理问题。

本书大部分章节都是由作者编写的，代表了实践经验与学术解释的必要结合，以解决城市更新中某一方面的固有复杂性。在第二部分中，不同作者的文稿以一种向读者介绍每一个基本“构件”主题的方式组织起来，这些主题对于理解城市更新政策和过程是至关重要的。这些章节涉及：

- 经济和财务问题；
- 物理和环境方面的更新；
- 社会及社区事务；
- 就业、教育和培训；
- 住房及相关事宜。

在所有促进城市更新的尝试中，还有其他一些重要问题。这些问题支配着城市更新的进程和组织方式。因此本书第三部分探讨在所有城市更新规划中特别重要的三个“交叉”问题：

- 土地开发更新的法律和体制基础；
- 更新方案监测和评估；
- 组织和管理人员的问题。

为了从最佳实践中提供经验教训，并提供如何构建和实施更新战略的具体例子，本书所有章节都包含了各种案例研究。从英国国内外的城市更新经历中，我们还可以获得其他宝贵的经验。第四部分中的前三章深入探讨欧洲大陆、澳大利亚和北美的城镇和城市促进城市更新工作的一些主要特点及重要特征。第四部分中的第 13 章略有不同；其目的是提供来自英国三个凯尔特民族的城市更新案例。

最后一章即第 16 章试图从过去与现在的城市更新进程中总结出主要的经验教训，从这些经历中找出明显的长处和短处的来源，并提出今后的更新议程。第 16 章借鉴了本书前面部分的分析，以阐明进入新世纪的城市更新的未来作用和前景。此外，最后一章还探讨城市更新在大都市和区域层面的扩展。

除了本章和第 16 章，其余每一章的末尾均提供了主要观点摘要。这些要点或指出讨论中产生的一些主要问题和行动，或提供一些补充资料的联系和来源。

大多数这类书籍的内容都是精挑细选的。其他作者和编辑将选择不同的主题和交叉问题,列入关于城市更新问题的书中。本书也不可避免地反映了编辑团队和作者个人的技能、经验和偏好:这些因素的组合为此书所介绍的材料的选择提供了依据。

后续步骤

很明显,这类性质的书籍只能期望提供一个在特定时间里(2015 年年中)城市更新的理论和实践的介绍,但我们希望本书第二版将为所有从事城市更新工作的人提供指导和建议。这样一本书的价值在于它能提供即时的帮助和支持,也能促进经验交流。读者对城市更新方面的经验很可能会证实本书所包含的一些信息,而且可以肯定的是,本书所包含的内容也会为读者提出解决困难和复杂问题的新方法。我们欢迎读者对本书内容和风格提出意见和建议。此外,寻求读者的经验(包括成功和失败的),以帮助我们为未来的版本作准备。

作为编辑,在这本书编写准备过程中,我们已经获得了有关城市更新的相当多的知识和理解。我们逐渐意识到,对于参与城市更新的许多人来说,这项任务是多么艰巨。我们还发现,在城市更新过程中,对一个参与者似乎不言而喻的事情,可能永远不会发生在另一个参与者身上。最重要的是,我们认识到,必须把城市更新视为一个持续的过程:一个问题刚刚解决,另一个问题便又出现了。

这表明,必须将城市更新过程视为一种长期的活动周期;这里没有"权宜之计""一刀切方法"或永久性的解决方案。每一代人都面临自身一系列特殊问题，有自己的优先事项，并具有反映这些优先事项和资源可用性的工作方式。然而，尽管每一代人都将面临独特的挑战，但从以往经验中学习借鉴的重要性不可否认。我们希望本书将有助于记录在 21 世纪第二个十年开始时的知识状况，并将为未来几年城市（和区域）更新的良好实践提供基础。

在过去，有太多的时间和精力被浪费在"重新发明轮子"上，因为按照英国的方式，随着一项政策倡议和安排的成功，原先的专家团队就将被抛弃或解散。更重要的是，从本书第一版出版到现在，我们还失去了重要的"机构能力"元素，特别是令人惋惜的英国城市更新协会，以及其他组织（诸如可持续社区学院等）。如果能避免这种"机构能力"元素削弱的一些负面后果，并将城市更新积累的经验供所有人使用，本书的目的就达到了。由于大多数政策周期相对较短，城市和区域更新政策的车轮在过去 60 年已完成了两次完整的循环，因此这项任务的重要性怎么强调都不为过。

此外，我们认识到，城市更新的制度和空间框架将随着时间和地点的变化而变化，这既反映了政府的政策偏好和优先事项，也反映了人们对能够最好地解决更新问题的领域范围的看法改变。例如，在 20 世纪 80 年代中期，很多城市更新工作针对个别有问题的场所和小地区的物理性更新；20 世纪 90 年代末，其重点转到了区域层面以及社区和"软基础设施"；在 21 世纪紧缩条件下，开始把重点放在经济复兴上。这给敏锐的观察者或从业者传递的信息是，更新问题及其机会最好放到时间—空间连续体中加以考虑。从单个地点到民族国家，更新活动的范围是不同的；没有单一或固定的活动场能代表随时间推移而进行的实践中的理想空间层次。

展望未来

很明显，在这本书出版的后期，一些材料已经过时或接近过期。然而，无论单个政策方案的具体细节如何，书中包含的许多内容都是持久的，代表着优秀或最佳实践。为便于读者阅读，我们列出了与城市更新特别有关的主要政策发展领域，包括以下内容：

● 在未来制定更广泛的更新战略方面，取消区域开发机构（在区域和次区域层面的战略角色）最初导致思想和行动的真空，但现在有越来越多的家庭和社区机构、地方企业伙伴关系和次区域地方当局的联合倡议；

● 在经济和财政的更新方面，经修订的拨款安排，以及根据新倡议提供资源，包括当地产生的资源和区域增长基金；

● 在物理和环境更新方面，更加强调城市设计和质量，对可持续发展的持续承诺，为棕地土地的再利用提供资源；

● 在社会和社区问题以及更新的相关方面，降低中央政府用于社会住房的资源水平，更加强调地方决定的、自愿的和私营部门的更新办法；

● 各种相关的政策和实践的进步可以被识别，包括增加对地方民主问责制的强调，加大对苏格兰、威尔士和北爱尔兰的权力下放（和一系列的重大发展，旨在允许新政策倡议和现有政策的微调），以及重新定义一些主要的政策目标和责任，如社区和商业更新规划。

虽然这里没有详细讨论这些问题，但接下来的章节将提供制定和实施更新战略所需的许多基本工具。尽管政策的细节可能随时间而变化，但有足够的补充文献使读者可以从本书中陈述的立场向前推测。当然，我们将设法在第三版中纳入新政策方面的细节。

第 2 章

城市更新的演变、定义与目的

彼得·罗伯茨

引言

城市地区是一个复杂而动态的系统。城市是政治权力的中心，也反映了推动物理、社会、环境和经济变迁的许多进程。此外，城市本身就是这些变化的主要推动者。任何城市都不能幸免于使其必须相适应的外部力量影响，以及城市地区内可能加速增长或下降的内部压力影响。

城市更新可以被认为是这些影响来源之间相互作用的结果。更重要的是，它也是对城市衰退在特定时间和地点所带来机遇和挑战的回应。这并不是说所有城市问题都是特定城市独有的，也不是说过去所提倡和尝试的解决办法与当今的情况没有什么关系。然而，实际情况是，每一项城市挑战都可能需要制定和实施特定的应对措施。

同样重要的是，我们要看到城市更新不仅仅是对环境变化的反应。在某些情况下，城市更新是积极主动的，或者是为了避免出现的新问题，比如基础工业衰退的后果，或者是为了改善某一特定地区的前景。从一开始，就应考虑到城市地区内部会有相当大的差异性。即使在繁荣的城市，一些社区也会受到物理、环境和社会经济条件恶化的影响；而在并不繁荣的城市，也会有富裕地区。

尽管有人争辩说，城市更新个案可能只是针对特定的城市地区中的社区，但仍可以确定一些良好做法的一般原则和模式。对于这种从目前和过去的经历中吸取的经验教训可以加以应用，成为制定和执行更新任务的有用方法。

本章内容包括：

- 回顾城市问题起因及其政策响应的简要历史；
- 界定城市地区更新及确定指导城市地区更新运作的原则；
- 简要介绍城市更新理论；
- 确定当前城市更新的目的；
- 概述城市更新政策的发展。

城市地区演变及其关键主题

本节旨在追溯找出和解决城市问题的根源，并抽象出已经用于开发和应用的解决方案的主要特点。然而，在短短的篇幅里，除了对城市历史上一些重大事件作最肤浅的评论外，不可能提供更多的东西。本节主要揭示影响当今城市更新实践兴起的因素，并为读者提供一个现实反思：一些被认为似乎是新的挑战，实际上可能只是过去没有得到充分解决或正确处理的旧问题的重演。例如，Lawless(2012)指出，过去许多基于地区的更新尝试都没有得到充分实施，因而这些举措旨在解决的问题又重新出现了。

在以往的城市政策中，曾采用许多创新和善意的计划，旨在解决现有城市地区的特定问题，并在现有城市地区、社区或城市边缘地区建立新的定居点。如下面段落所述，这些政策创新中，有一些是基于技术进步，也有一些是源于政治担忧、新的经济机会或对社会公正问题采取的态度，因为人们认识到放任城市问题继续下去可能带来的后果。虽然技术能力、政治意识、经济机会和社会态度的变化是决定城市发展步伐和规模的重要因素，但也有其他的、往往是个别的问题，对某些特定城市的形态和功能产生重大影响。接下去的部分简要追溯这段历史，并确定主导以往城市变化及其政策的六大主题。这些主题是：

- 城市地区实际条件与社会和政治反应性质之间的明显关系；
- 关注城市地区住房、保健和福利问题的必要性；
- 将社会进步与经济发展联系起来的可取性；
- 遏制城市蔓延扩张和管理城市萎缩；
- 环境问题的意识日益增强；
- 城市政策的目的及其性质的变化。

物理条件和社会反应

城市地区一直发挥着广泛的功能。住房、安全、社会和政治互动以及商品和服务交易都是城市和城镇的传统角色。这些功能的相对重要性随着时间和地点的变化而变化，这些变化对土地、建筑面积、基础设施及一系列配套设施的提供产生了新的需求。毫不奇怪，一些传统的城市地区，无论在其整体上还是在一个特定地方，可能会发现不再需要以前的功能或部门的专业化了，与此功能相关的设施现在也变得多余了。城市的物理结构，除了作为人类生活、工作和娱乐的场所外，也代表着巨大的财富来源。正如 Fainstein(1994)观察到的，人类活动对建筑环境的使用与其市场角色之间的区别，可以“概括为使用价值和交换价值之间的差异”

(1994:1)。这种差异反映在城市地区作为人类活动场所与作为资产之间的紧张关系中,它是许多城市问题的核心,也有助于确定解决方案可以在其中构建和应用的限制。

城市随时间而变化,这种变化过程是不可避免的,也是有益的,特别是在这种变化得到有效的管理的情况下。这种城市变迁是必然的,因为政治、经济和社会制度运行不断产生新的要求,因而随之出现经济发展和市政修缮的新机会。这种城市变迁是有益的(尽管许多人可能否认这一点),因为这些实质性变革力量的存在,创造了调整和改善城市地区状况的机会。正如 Mumford(1940:4)所言:"在城市中,外部的冲击和影响与当地因素混杂在一起:它们之间的冲突与它们之间的和谐一样重要。"正是出于对这些影响作出积极反应的愿望,政治家、开发商、土地所有者、规划者和公众都在寻找如何最好地改善和维持城市状况的答案。

随着时间的推移,人们对这一挑战作出的不同应对,反映了城市社会的社会政治、经济价值观及其结构。在早期阶段,新的城市是在由封建领主和君主划定的社区和其他定居点上被建立起来的,与它们先前存在的居民没有任何关系——格温内思郡的"村宅"镇,直到今天都显示出它们的军事和殖民起源(Smailes, 1953)。然而,过去两个世纪来的大多数英国城市是一系列创造或重新安排城市地区尝试的结果,以更好地满足不断发展的工业社会或后工业社会的要求。

扩大城市地区边界以及现有建成区内多样性的土地使用是为住宅、工厂、办公室和商店提供新增空间的一种典型和主要回应。尽管有许多关于市民居住区更新和建立新工业园区宏伟计划的例子,但维多利亚贫民窟的"可怕夜晚之城"(Hall, 1988:14)是对大多数城市居民生活条件不够重视的一个社会产物。出于对公共卫生和改善城市生活条件的真实愿望,人们终于认识到,19世纪的贫民窟是工业化进程所决定的城市化速度和质量的不可接受的最终产物。在 19 世纪的最后几十年，人们对城市无序增长后果的迟来的认识，反映了一个被带到当今城市更新实践中的信息：这是城市物理条件和社会反应之间的关系。在约瑟夫·张伯伦(Joseph Chamberlain)所处的 19 世纪 70 年代的伯明翰，城市改善是通过"市政福音"来促进的，旨在根除恶劣的居住条件(Browne，1974：7)，在张伯伦看来，恶劣的居住条件创造了这样一种局面："这些人堕落和放纵，与其说这是过错，不如说他们发育不良、畸形、虚弱和疾病是过错。"(Browne，1974：30)。

近两个世纪以来，尽管城市生活条件取得了许多进步，但城市，特别是发展中国家的城市仍然是人们对恶劣生活条件感到关切的主要原因。虽然这些经久不衰的问题在非洲、亚洲和拉丁美洲的城市最为明显，但也存在于一些欧洲的城市中。对这些挑战的回应，可以从日益增多的可持续城市倡议中反映出来，这些倡议寻求将解决物理条件困难与解决社会、经济和环境问题联系起来(Joss，et al.，2013)。

在第 5 章，我们将论述与城市物理和环境条件有关的问题。

住房和健康

随着人们认识并接受这一恶劣的物质条件与社会贫困之间相关的观点，从 19 世纪中期开始出现了一系列政策干预，试图改善城市居民的生活条件。早期政策干预重点考虑是消灭疾病、提供适当的住房、供应纯净的水和创造开放空间等，这些领域已被证明是城市生活持久的必需品和城市更新的基本元素。

虽然住房和健康的主题起源于对维多利亚时代贫民窟状况的回应，但现在仍然存在于城市更新中，人们仍需要不断地进行物理干预，以取代过时或令人不满意的住宅和房屋。在维多利亚时代，普遍采取住宅原地更新方式，尽管这在很多情况下会使住宅密度太高，难以确保生活条件的永久改善。与之相匹配的，则是郊区的快递增长，这主要是由于交通技术的改进。此外，它还提醒人们，时至今日，创造社会、经济和物理改善齐头并进的城市环境的可能性和可取性。越来越多的人开始接受在阳光港、伯恩维尔、新拉纳克等地建立的“模范村”中进行的启蒙实验所带来的经验教训和好处。

这些关于住房、健康和更新规划之间关系的关切仍然需要引起重视。如今，作为促进城市（和农村）地区健康生活的需要，房屋的物理状态并不是城市更新的首要任务。用美国城乡规划协会最近一份报告的话说，“经济增长需要促进健康的地方”（Ross and Chang, 2013:5）。

在第 8 章，我们将从住房维度更详细地讨论城市更新。

社会福利与经济发展

虽然单纯依靠物理更新并不能解决困扰维多利亚城市的许多问题，但减少过度拥挤和疾病的公共卫生目标确实带来了城市地区状况的逐步改善。为了超越这一有限的目标，并设法创造一种环境，使城市更新的第三个主题（促进经济繁荣）与提高社会福利和改善物理条件更紧密结合起来，埃比尼泽 · 霍华德（Ebenezer Howard）及其花园城市运动（Garden City Movement）试图创建“既有城镇生活充满活力和极其活跃的一切优点，又有乡村生活的所有美丽和欢乐”的社区（Howard, 1902:15）。尽管根据霍华德的新颖概念所建立的花园城市数量有限——莱奇沃思（Letchworth, 1903）和韦林花园城（Welwyn Garden City, 1920），但花园城市运动的影响相当大，从 1945 年后的新城建设实验中幸存下来的是“霍华德愿景的本质”（Hall, 1988:97）。

郊区的发展，尤其是郊区铁路修建以及后来引入公共汽车和私家汽车后的迅速发展，是维多利亚时代晚期和20世纪上半期的一个显著特征。如上所述，尽管这种郊区化迁移方式为富人及流动性较强的人提供了一个溢流阀，但它对缓解城镇和城市内部的问题几乎没有作用。在1870年后，大多数英国城市地区有了廉价和高效的公共交通系统，随后，私人汽车被引入并发展起来。这些新的交通技术对城市发展的影响是迅速而广泛的。正如Hall(1974)指出，到19世纪60年代，伦敦的空间密度一直在上升，城市得到了控制——人口在1801—1851年间翻了一番，但城市面积并没有按比例增长。然而，随着新的交通技术的引入，城市开始蔓延扩张，特别是在1918年后——伦敦的人口在1914年是650万，在1939年达到850万，而建筑面积已扩大了两倍。

与前面的主题一样，城市经济增长是政策制定者和执行者需要继续关注的问题，特别是在紧缩的条件下。在21世纪第二个十年，许多城市更新规划的重点再次转向促进经济增长，但这一优先事项仍然要与更广泛的社会议程相联系。从维多利亚时代到今天，人们一直不断寻找在促进经济发展的同时实现社会公正的切实可行的方法，包括试图加强社会联系以振兴弱势社区(Crisp, 2013)以及支持新的经济活动形式等方法。

在第4章和第6章中，我们将提供有关经济和社会变革问题的进一步信息。

遏制城市蔓延扩张和管理城市萎缩

这是我们引入的第四个主题，可以看出它影响并塑造了当前城市更新的目的和实践。这一主题源于抑制城市蔓延扩张的需求，以及对已用于城市功能的土地的最佳利用。遏制城市蔓延扩张为城市地区的原地更新和绿化带之外定居点的平衡扩张提供了一个理论基础，这种扩张从20世纪30年代起逐渐在主要城市外围实施。

在过去的一个世纪里，控制城市规模扩张和确保城市地区内土地利用效益最大化的努力一直是城市政策的主要内容。尽管这一主题仍然相当重要，并为许多城市更新提供了直接的刺激，但在近几十年出现了一个相反的挑战：城市萎缩的管理。

尽管最著名的城市萎缩案例在北美城市，底特律经常作为极端的例子被引用(Binelli, 2013)，但城市的物理调整，以适应新的角色及其人口减少的需求，则是城市更新的一个共同挑战。虽然很多关于萎缩城市的讨论都集中在经济崩溃的原因以及物理和社会衰退的后果上，但也有越来越多的学术研究和实践证据表明如何最好地解决重新调整城市系统的需要(Couch and Cocks, 2013)。为了使城市系统得以调整而进行更新，这一要求很可能变得更加重要而不是不重要，特别是在老的后工业国家和以资源为基础的经济体中，在那里"鬼城"是一种普遍现象。

日益增长的环境意识

尽管正如本节讨论的第一个主题所指出的，改善城市环境的愿望在一个多世纪以来显而易见，但这一主题只是在最近三十年中才得到重视。正如世界环境与发展委员会布伦特兰报告(World Commission on Environment and Development, 1987)指出的，城市环境的退化是许多城市地区退化的一个重要因素——见证了发达国家和发展中国家的许多老工业城镇和城市的崩溃与衰败。

然而，城市环境恶化并不总是与经济衰退有关；城市大气污染往往是伴随着经济增长和日益繁荣而出现的特征，而发展中国家的城市发展"磁铁"吸引了移民，他们往往生活在极其恶劣的环境条件下(Roberts, et al., 2009)。自 1992 年里约热内卢地球峰会以来，人们不断加强了对城市化带来这些及其他环境后果的关注，对各种问题采取的行动也在以不同的速度进展。影响城市更新的一些问题比其他问题更进一步,包括限制某些大气和水污染物,以及保护物种和指定区域,如具有“特殊科学价值的地点”。

城市更新在促进提高环境标准和更好地管理资源方面发挥着积极作用。关键问题包括促进更好的城市排水和防涝管理,提供开放空间和增强型设计的使用,以减轻气候变化的影响(Gill, et al., 2007)。

在第 5 章,我们将进行有关环境问题的深入分析。

城市更新政策演变

因此,本章将对过去半个世纪以来城市政策的演变进行简要描述和评估,并确定影响当前城市更新理论和实践的第六个(也是最后一个)历史性主题。这最后一项内容反映了改进和管理城市的责任分配的变化。从二战后的重建到如今的伙伴关系模式,履行城市更新任务的权力和责任已随着社会组织的广泛惯例和政治生活的主导力量而改变。表 2.1 总结了城市政策的演变模式以及每个政策时代的特征。

在 1945 年之后的一段时间里,最初优先考虑的是修复战争造成的破坏和重建多年来被忽视的城市结构。这一重建进程被视为一项具有国家重要性的任务。这一重建进程由中央政府主导,城乡规划部甚至就“制定(中心)地区重建规划的原则和标准”向地方政府提供了详细的指导(Ministry of Town and Country Planning, 1947:1)。有了这类详细的指导,难怪战后城市中心地区重建规划的许多最终产物看起来都令人沮丧地相似(Hatherley, 2010)。

在指导城市中心地区重建的同时,中央政府还出台了其他政策措施。通过指定绿化带的城市规模约束仍然允许在城市围栏内进行大规模的次要区域扩张,进一步的郊区化也发生在许多现有城镇的边缘。城市绿化

表 2.1 城市更新历史演变

政策类型	20世纪50年代重建	20世纪60年代振兴	20世纪70年代复兴	20世纪80年代再开发	20世纪90年代更新	21世纪更新收缩
主要战略和方向	通常基于“总体规划”的老旧城镇区域重建和扩展；郊区的发展	延续20世纪50年代的主题；郊区和外围增长；一些早期的复原尝试	重点是原地更新和社区更新计划；外围仍在发展	多项主要开发及重新开发计划；示范项目；城外项目	更全面的更新政策和实践形式；强调综合更新政策和干预措施	对所有活动的限制，只在一些增长领域有所放松
主要行动者和利益相关者	国家和地方政府；私营开发商及承建商	在公共部门和私营部门之间取得更大平衡	私营部门的作用越来越大，地方政府的权力下放	强调私营部门和特别机构；发展伙伴关系	与越来越多的政府机构建立伙伴关系成为主要的方法	更加强调私营部门的资金和自愿努力
活动的空间层面	强调地方和场地层面	出现了区域层面的活动	最初是区域和地方两级；后来更强调本地	20世纪80年代初以现场为主；后来强调地方层面	重新引入战略视角；区域层面活动和干预增多	最初更多的地方主义与发展次区域活动
经济焦点	公共部门投资，私营部门参与	从20世纪50年代开始，私人投资的影响越来越大	公共部门的资源限制和私人投资的增长	私营部门主导，选择性的公共资金	在公共、私人和自愿资助之间取得更大平衡	私营部门占主导地位，政府有选择性地提供资金
社会内容	改善住房和生活水平	改善社会福利	基于社区的行动和更大赋权	社区自助与非常有选择性的国家支持	强调社区的作用	强调地方主动性并鼓励第三部门
物理重点	替换内部区域和外围发展	有些是20世纪50年代的延续，同时对现有地区进行修复	更广泛地更新旧区	主要更换计划及新发展计划；“示范项目”	一开始比20世纪80年代规模要小，然后规模不断扩大；强调传统	通常是规模较小的方案，但带来更大的项目回归
环保的方法	园林改造和一些绿化	选择性的改进	通过一些创新改善环境	日益关注更广泛的环境问题	在可持续发展的范围内引入更广泛的环境概念	可持续发展模式得到普遍接受

资料来源：Stohr(1989)；Lichfield(1992)；Pugalis and Liddle(2013).

带之外是新建和扩建的城镇,以及迅速发展的独立县城。20 世纪 40—50 年代的重点是重建、替代和消除过时的城市物理问题。在中央政府主导以及地方当局和私营部门的热情支持下,贫民区清理和重建的优先考虑导致了“高层住宅和工业化建筑技术”的出现(Couch, 1990:29)。

到 20 世纪 60 年代中期,显而易见的是,战后许多所谓的即时解决方案只是转移了城市问题的地点,改变了城市问题的表现形式。人们对清除贫民窟的不满与日俱增,并由此导致人口被转移到外围地区,再加上政府采取了更具参与性和权力分散化的做法,促使了一系列的政策调整。在城市政策领域,这种优先次序的转变使得更加强调改善和更新。这种对内城更新的“发现”,以及城市更新政策的首次试探性改革,带来了 20 世纪 70 年代城市更新倡议的重大扩展。在这一时期,伴随着城市更新倡议的日益激增,出现了一系列旨在确保经济、社会和物理更新政策之间更大协调的尝试。

20 世纪 70 年代的许多城市更新政策一直延续到 80 年代,尽管后来进行了大量修改和补充(Turok, 1987)。最重要的是,在 20 世纪 80 年代,人们不再认为中央政府应该或能够提供支持政策干预所需的所有资源。这种新的政策立场与更加强调伙伴关系的作用相匹配。20 世纪 80 年代,城市再开发的商业风格更加明显,反映了政治哲学及其控制的性质和结构上的另一组变化。

在 20 世纪 90 年代,城市政策的形式和运作发生了进一步调整,逐渐回归到一种更具共识的政治方式,并认识到新的问题和挑战。这种立场的变化继续影响着城市政策的形式和内容。在一般的政治领域和城市政策中都很明显的新政策方向的一个例子,那就是对于必须按照可持续发展的环境目标进行工作这一要求的接受。虽然还没有完全反映在我们现在所定义的城市更新中,但它清楚地说明了过去的传承和现在的挑战帮助塑造了城市更新的方式。尽管环境可持续发展的新挑战尚未完全将其特点体现在城市地区的整体功能上，但毫无疑问，它将在未来城市更新和城市管理的理论和实践中占据主导地位。在此期间，至少在英国和其他发达国家，21世纪头十年经济危机的后果主导了许多更新政策和实践。

城市更新目前所处的新环境既反映了2008年经济崩溃的原因，也反映了对经济崩溃的回应。至于原因，城市更新可以被看作是造成经济危机的一个推手：它刺激和依靠了现成的资金，往往提供不充分的安全保障，部分是基于房地产价值的持续上升。在回应方面，对公共和私人资金来源施加的限制导致了对更新政策的重新考虑和更新实践的调整：公共资金和公共机构的支助发生了巨大变化；私人贷款通常只有在资本资产存在以及社区越来越多地承担起更新责任的情况下才能获得。正如Jones和Evans(2013:9)所强调的那样，经济不景气"是城市更新与更广泛的经济和社会进程联系在一起的最引人注目的例子"。

城市更新的基础

这六个更新主题来自城市问题及其机遇的历史过程——物理条件和社会反应之间的关系；城市结构的许多元素仍然需要物理上的替代；经济发展作为城市繁荣和生活质量基础的重要性；要求尽可能充分利用城市土地，避免不必要的扩张；城市更新要体现可持续发展的优先事项；认识到城市政策反映当今占主导地位的社会习俗和政治力量的重要性。这些主题将在本书的其他地方展开详细论述。

正如在接下来的章节中更充分论证的那样，城市政策的内容、结构和运行的历史过程与政治态度、社会价值观和经济权力的总体演变之间有着高度一致性。然而，尽管连续几轮城市更新政策的风格和特征反映了政治、经济和社会价值观的演变，尽管特定的城市问题和城市政策的某些方面随着时间推移而变化，为应对城市更新的挑战，已出现相当水平的专业和技能以及工作能力。这种专业技能和工作能力一直在发展，而不管当时的政治风向如何。从新建定居点到郊区化，从全面再开发到原地更新，城市面临的挑战继续考验着政策制定者、规划者、开发商和市民的能力和创造力。

何谓城市更新？

在确定并追溯了一些在以前城市变化和更新政策时代中明显存在的主要问题及其因素演变后，本章前一节抽象出六个重要主题，它们代表了过去城市问题及其政策回应的起源和结果。尽管它们反映了经济、社会和物理变化的持久和持续的性质，但它们本身并不构成为全面界定城市更新的基础。为了帮助构建城市更新的工作定义，还需要确定新出现的令人关注的领域和未来可能面临的挑战。如上所述，这些挑战中最重要的是，必须确保所有更新领域中公共和私人政策都符合可持续发展理念所体现的经济、社会、环境和政治原则。

城市更新的定义

尽管城市更新的本质使其成为一种不断演变和变化的活动，但这上述六个主题为初步定义城市更新提供了基础：

> 旨在解决城市问题，并使已发生变化或提供改善机会的地区的经济、物理、社会和环境状况得到持久改善的全面、综合的愿景及行动。

这个有点理想化的定义包含了 Lichfield(1992:19)所确定的城市更新的基本特征,以及他指出的需要"更好地理解城市衰退过程"并"就人们试图实现什么和如何实现达成共识";针对了 Hausner(1993:526)所强调的更新方法的固有弱点(即"基于短期的、碎片化的、临时性的和工程项目的,缺乏一个整体的城市发展战略框架");呼应了 Donnison(1993:18)所呼吁的"以协调一致的方式关注问题和这些问题集中领域的解决问题的新方法",以及 Diamond 和 Liddle(2005)所强调的要在所有相关政策领域采取行动。

上述定义代表了城市更新的整体设计和实施,并最终完成。然而,正如 Tallon(2010)观察到的,现实情况是,城市更新往往以一种碎片化方式运作,并不是所有问题都能得到解决。

城市更新超越了被 Couch(1990:2)视为"本质上物理变化过程"的城区改造、具有一般使命但目标不甚明确的城市开发(或再开发),以及虽提出采取行动的必要性但未指明一个确切方法的城市振兴(或改造)的目标、愿望和成就。此外,城市更新意味着任何解决城市所遇到问题的办法都应考虑到长期、更具战略意义的目的。

如果将城市变化及其政策的历史证据与上文提出的观点结合起来,就有可能确定我们现在定义的城市更新的理论和实践发展的若干阶段。表 2.1 在 Stohr(1989)、Lichfield(1992)、Pugalis 和 Liddle(2013)的研究基础上,追溯了 20 世纪 50 年代至今在城市政策与实践的方法和内容方面发生的一些主要变化。最后两列反映了 2008 年之前及此后的更新时期;从 20 世纪 90 年代初到 2008 年这段时间被一些人视为"城市更新的黄金时代"(Southern, 2013:400),而从那以后,在一定程度上我们又回归到更有限的更新议程。

城市更新的原则

基于上述定义，我们可以确定一些区分城市更新的原则。为了反映城市变化的挑战及其结果（本章上一节已经讨论过），城市更新应：

● 建立在对城市地区详细分析的基础上；

● 旨在同时适应城市地区的物理结构、社会结构、经济基础和环境条件；

● 通过制定和实施一项全面和综合的战略，以平衡、有序和积极的方式解决问题，尝试完成这项任务的同时适应城市地区物理结构、社会结构、经济基础和环境条件的任务；

● 确保制定符合可持续发展的目标的战略及其实施方案；

● 城市更新战略与当地的其他举措（如医疗和福利活动）相协调；

● 设定明确的操作目标，尽可能加以量化；

● 充分利用自然、经济、人力及其他资源，包括利用土地及建筑环境既有特征；

● 通过所有具有合法权益的利益相关方尽可能充分参与和合作，确保在城市更新中达成共识；这可以通过伙伴关系或其他工作模式，并通过居民的积极参与来实现；

● 认识到衡量实现具体目标的战略进展情况以及监测影响城市地区的内部和外部力量变化性质和影响的重要性；

● 承认初步执行方案需要根据所发生的变化加以修订的可能性；

● 认识到一项更新战略的不同要素可能以不同的速度取得进展，这可能需要重新分配资源或提供额外资源，以便在城市更新规划所包含的各项目标之间保持广泛的平衡，并使所有战略目标得以实现；

● 认识到为一个已更新地区的长期管理作出准备的重要性——这意

味着需要一个连续性战略和进展安排。

图 2.1 展示了这些因素与许多其他因素之间的相互作用。该图还显示了城市更新所涉及的各种主题以及相互关联的产出的多样性。

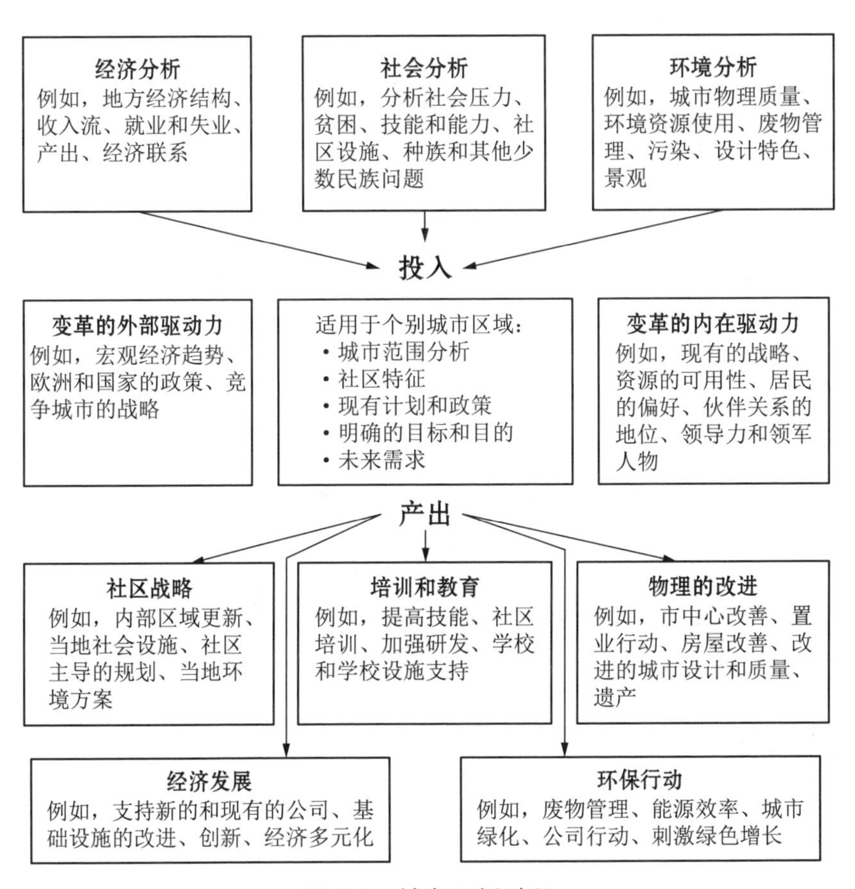

图 2.1　城市更新过程

除了这些原则外，我们还需要认识和接受地方的独特性——Robson (1988：ix)将其表达为"当地事物发生的独特性"，以及任何特定的城市更新模式都需要根据其运行的环境进行调整。这意味着，例如一个单独的城市更新规划应反映其所在城市或地区的更广泛的情况和要求

(Hausner，1993)，它应寻求减少社会排斥，并加强处于不利地位的城市地区的经济融合(McGregor and McConnachie，1995)，以及应该包含能够代表一个地方"特征"的元素(Reeve and Shipley，2014)。

除了这些支持上述城市更新原则的要求之外，还需要确保城市地区对国家经济业绩以及一系列其他社会和环境目标的实现作出积极贡献。在过去，一些观察家认为，处于不利地位的城市地区，特别是内城，拖累国家和地区的成功，应该被抛弃，但这种立场的证据至少是站不住脚的。大多数评估都否定了这样一种观点，即处于不利地位的城市中心地区应该被抛弃，因为它们对其所在区域和国家的成功和繁荣不再重要。大西洋两岸都强力表达了这一点。Stegman(1995:1602)指出，"内城的悲剧影响着每一个人"，"大都市地区的整体表现与其中心城市的表现有关，城市困境从核心向外扩散"(Stegman，1995:1602)。实际上，Stegman 和其他人说的是，城市很重要，确保城市地区有效更新的任务对广泛的参与者和利益相关者至关重要，包括地方社区、城市和国家政府、财产所有者和投资者、各种经济活动主体，以及从全球到地方各级的环保组织。

从理论到实践

本章这一部分将对一些主要理论进行简要回顾，为城市更新的实践提供基础。这里有两个迫在眉睫的问题:一是缺乏一种能够解释与城市变化的发生及其结果相关的整体性问题的公认性理论；二是对于什么构成城市更新的范围和能力有着广泛的不同观点。正如许多评论家所观察到的，城市更新是一个"模棱两可的词汇"(Jones and Evans，2013:3)。

对城市变化过程的解释，大多数研究都从单一因素开始考虑。然后，试图通过参考城市变化的结果而不是潜在的原因来扩展自己的研究。最终结果是,一些关于城市变化的理论只提供了对这个复杂和动态过程的部分洞察。

另一个需要解决的问题是区分城市更新的"理论"和在城市更新中起作用的"理论"的必要性。虽然这两方面理论对城市更新都是有价值的,但目前讨论重点在前者而不是后者。尽管这两方面理论之间的区分可能显得有些人为,但本节的重点在接下来的章节中会得到平衡,因为接下来的章节会阐述对城市更新特定方面做出特定贡献的理论领域。总之,本节及以下章节将提供城市更新的"理论"和在城市更新中起作用的"理论"的全面概述。

城市更新本质上是一种干涉主义活动。虽然传统上许多形式的干预都是由国家主导的,但为了纠正市场失灵而进行干预的可取性已日益成为公共部门与私人部门一致的共识。虽然很容易在此结束辩论,但认为在缺乏必要的体制结构的情况下,协商一致意见就能够出现或继续发挥作用是不够的。确定机构和建立体制结构需要确立商定的目标及目的,并采取一种动员集体努力的手段,以便通过有序的方式管理变革。鉴于私营和志愿部门承担了更多的责任,这在当今时代甚至更为重要。

规制学派的一种理论试图对创建一个体制结构框架的重要性进行解释和理解,在这个框架中,新的集体努力形式可以被开发和应用。这一理论基于"连续累积制度的概念",其中"每个制度都发展出一种相应的调节模式"(Knox, 1995:104)。因此,通过减小国家活动范围仍远没有消除规制,现实是新的社会、政治和经济关系模式出现了,包括正式和非正式的伙伴关系、网络安排,以及最近获得授权的社区治理(Iveson, 2013)。这些新的控制和干预形式的出现是为了应对意想不到的挑战。在这个已改变的制度中,参与城市管理和更新的行动者认为有必要采取达成协商一致的新方法。正如 Healey(1995:256)指出的,这种动员集体努力的最重要特征之一是,它鼓励了多样性的话语,“不仅是关于内容,而且是关于人们寻求讨论他们所关注问题的过程”。

城市更新理论主要关注管理城市变化的制度和组织动力学。然而,城市更新理论的这些制度和组织维度也显示出一些重要特征,这些特征有助于界定城市更新的角色、内容和运作模式。鉴于城市更新作为一项独特的活动,植根于实践而非理论,理论与实践的特点有高度的相似性是可以预料的。总结这些特征,城市更新可视为:

- 一种干预活动;
- 一种跨公共、私营和志愿部门的活动;
- 一项体制结构可能随经济、社会、环境和政治情况变化而发生相当大变化的活动;
- 一种动员集体努力并为协商适当解决办法提供基础的手段;
- 一种确定政策和行动的手段,旨在改善城市地区状况和发展必要的体制结构,以支持拟订的具体方案;
- 以正式和非正式安排的活动为重点;
- 一种发展和维持可持续和有弹性的城市系统的手段(Pearson, et al., 2014)。

这些特征和特点反映了之前的争论,主要关注城市更新的作用和运作模式。

城市更新理论另一个主要内容涉及城市系统作为一个整体的功能,以及决定城市更新内容的经济、社会、物理和环境过程的运作。Robson(1988)确定了城市变化过程中四个主要因素:追求收益最大化的产业结构调整,包括土地和建筑物可用性的一系列限制因素,城市地区真实的或感觉上的吸引力匮乏,以及城市地区的社会构成。对这些元素的识别有助于确定城市更新的需要和内容(Swinney and Thomas, 2014)。此外，这一内容还指出，必须考虑如何将参与更新的各种因素结合起来，以确保各项行动相互支持。

政策与行动的一体化是城市更新的一个主要特点，这一特点有助于把城市更新同以前管理城市地区变化的部分努力区分开来(Lichfield, 1992)。本章前几节考察了城市更新存在的原因，并展示了过去管理各种变化力量的方式。然而，虽然不希望提出个别部门的更新倡议是不受欢迎的，但显然不能指望以财产导向的孤立解决办法来解决城市地区所遇到的各种经济、社会和环境问题。针对城市变化的挑战，形成和提供一个综合的、塑造场所的解决方案是一项艰巨任务，但这是非常值得付出的努力(URBED, 2006)。在一个紧缩的时代，为了确保最有效地使用稀少资源，采取综合性解决办法更为必要。

这表明，城市更新理论的最后一个元素就是所谓的战略过程，或者用 Hickling(1974)的术语来说，它是通过战略选择的使用来管理决策。鉴于管理城市变化所涉及的问题范围广泛，并承认许多个体行动范围可能是有限的，持续时间很短，因此，将城市更新纳入战略议程至关重要。城市更新的战略管理制度应强调，必须明确更新的预期结果，提供一个具体计划和项目能被设计和执行的框架，建立并保持相关政策制度之间的联系，确定参与更新的行动者及组织的角色和责任，并形成共同目标和合作意识(Roberts, 1990)。然而，实际上，战略的逻辑可能会因不断变化的城市状况所固有的复杂性而偏离或遭破坏，这种危险始终存在；这类似于 Diamond 和 Liddle(2005)的“模糊世界”模型。有关伙伴关系、策略及城市地区更新管理的事宜，在本书的第 3 章和第 11 章有更全面的论述。

为什么要费力更新城市地区？

本章前几节已经讨论了“城市问题”的一些成因，这些理论已发展成为用来解释城市变化以及放任城市问题继续发展的后果。多年来，对城市问题的起因和发生提出了许多不同的解释，虽然其中一些强调了单个事件或特定政策决策的影响，但大多数分析人士都采用了多元因素的解释。同样，城市变化过程的结果是一维的，这是不寻常的。如本书第3、第5、第6章及其他部分所阐述的，大多数城市问题及其挑战影响到很多政府机构、当地社区、特别机构和私人公司。

城市变迁的原因及结果

城市变化的一个事件，比如一家工厂关闭，可能只是远在数千英里之外某个董事会做出经营决策的最终结果。而做出这一决策的董事们也许并不知道这一制造工厂的位置，在做出这一决策时，他们很可能除了考虑公司高效运作外，几乎不会去考虑其他任何事情。近年来，随着生产的国际化，这种使决策偏离其对当地影响的倾向日益加剧，这种趋势也暗示了企业在当地经济复苏计划中所扮演的角色（Curran and Blackburn, 1994）。同样的情况是，许多公共政策的决策是在没有充分认识到其空间后果的情况下做出的。

一种类似的因果关系也可能由不同性质力量所决定的其他推进事件所产生。最直接例子是2008年国际金融危机及其对经济复苏的影响；这一变化事件被描述为城市更新“物理再生和精神复兴”的“隐喻死亡”（Southern, 2013:402）。其他诸如犯罪率上升、身体疾病、社会两极分化及其他成因事件,可能永远改变一个社区或近邻社区的构成和社会结构。物理性老化,不断变化的交通和可达性要求,或者建筑难以适应新用途等,可能会摧毁一个工业、仓储、住宅或零售地区。

对于政策制定者和实践者来说,上述讨论最重要的含义是,很难找出"城市问题"的单一原因。由于许多变化事件起因是多重的,它们反映了来自城市内外部的一系列影响。在某种程度上,城市的更新可以被看作是全球化进程的结果,这意味着"世界上家庭生活的其他关键环境的重构,包括城市和社区"(Feagin and Smith, 1987:13)。在另一个层面上,可能会出现这样的情况:一种经济活动或一个紧密联系的社区的未来生存受到心血来潮的政策或专业判断错误的威胁(Jacobs, 1961; Boddy, 1992)。

在对城市变化的关键要素进行更详细讨论之前,有必要区分内城问题和更广泛的城市问题,并强调平衡城市问题与潜力的重要性。关于第一个问题,Hall(1981:4)曾简洁指出:"我们需要采取尽可能广泛的视角",并在"当代英国迅速变化的经济和社会地理的空间背景下"考虑城市变化问题。同样,重要的是,要避免在讨论问题时排除积极变革的可能性。Kuklinski(1990)认为,空间政策需要两个主要目标——经济效率和社会公平,而在这两个目标之间实现平衡可以通过调动潜力来帮助解决问题。这表明,同样关注城市地区,特别是内城的竞争优势的分析,往往比只关注福利政策在解决问题中所起作用的模型更有帮助(Porter, 1995)。

接下来将讨论城市变化的四个主要方面:

- 经济转型与就业变化;
- 社会和社区问题;
- 物理性陈旧和新的土地及财产要求;

- 环境质量与可持续发展。

经济转型与就业变化

经济变化不是一个新现象,对此问题也不乏相应分析或政策规定。必须解决的根本问题是,经济活动的结构、盈利能力和所有权发生了许多深刻变化。Hannington(1937)在描述贫困地区问题时指出,“当经济体系的基础产业陷入持续衰退”之际,就是传统城市经济秩序崩溃的证据(1937:31)。

与这一分析相呼应,可以确定我们所研究的“城市问题”应被视为一个更广泛的重组过程,旧的城市地区最受影响的原因是其经济基础结构的固有弱点,以及它们无法适应新的贸易和基础设施的需求(Robson,1988)。Hall(1987)在分析城市地区经济绩效时指出,“货物处理”场所(依赖于制造业、港口功能和一系列传统服务活动)的表现比“信息处理”场所要差;这些观察结果已经被其他观察者所证实,如 Swinney 和 Thomas(2014)等。

由于发现了老城市地区经济中明显的基本结构弱点,研究人员在 20 世纪 80 年代调查了各种因果因素,包括“城乡”转移(Fothergill and Gudgin, 1982)和“劳动空间分工”(Massey, 1984)。在 20 世纪 80 年代自上而下的分析之后,已有越来越多的关于城市劳动力获得新的经济机会方面所遭遇困难的其他方面的本地评估。在许多情况下,这被认为是由于缺乏适当的技能和经验(McGregor and McConnachie, 1995),导致劳动力的大量“社会排斥”。

20 世纪 60 年代末的一个标志性更新项目提出了对城市变化进行一个明确评估,该项目被认为是一个综合更新政策的案例,以解决利物浦内城明显的经济、社会和物理衰退。住房社区行动项目(SNAP)报告(Mc-

Conaghy，1972)建立在早期局部(通常是部门性)分析基础上，并阐述了在更广泛的经济趋势背景下看待城市经济变化的重要性，但也主张更新解决方案应立足于当地。此外，SNAP报告指出，需要在更广泛的区域和国家背景下考虑城市(特别是内城)经济的作用，报告认为"试图将城市贫困作为一种独立于城市单元进步的事物来处理是荒谬的"(McConaghy，1972:205)。这一观察结果在今天仍像过去一样真实，并反映在最近的经验实证方面(Jones and Evans，2013)。

社会和社区问题

前面的经济转型讨论使我们初步了解了困扰城市地区许多社会问题的根源。然而，经济变化虽然具有重大意义，但并不是决定城镇或城市社会问题规模及其发生的唯一因素。其他的影响也在起作用；这些影响反映了社会人口趋势的演变、传统家庭及社区结构的调整和崩溃、城市政策的性质和结果的变化以及社会观念和价值观变化的结果。

近几十年来，社会人口结构变化使人口从一般的老城区迁移出去，特别是内城。这种人口分散化既是有计划的，也是无计划的(Lawless，1989)。一些家庭由于城市综合再开发而迁移到周边的住宅区，而另一些家庭则是被原居城市直接影响范围之外的有计划的城市扩张和新城镇的建设所吸引。然而，大多数离开老城区的人是他们自己决定搬到新的私人住宅地区来。这种搬家的原因是多方面且复杂的，但总的来说，包括了更便宜和更有吸引力住房的可用性，寻求生活质量提高和获得更好服务的愿望等原因(Hall，2014)。此外，这种居住偏好调整也反映了就业机会地点的变化。

虽然郊区和旧城区边界以外独立定居点的吸引力是这种人口迁移分析的一个方面，但推动因素也相当重要。这些推动因素在最先进的社会中都可以看到;人们离开城市是为了“逃离喧闹拥挤的城市,寻求空间”(Fowler, 1993:7)。许多城市地区,特别是内城地区,已不再是富人的首选居住点;相反,在一些城市地区,社会贫困和弱势群体越来越集中。这种排他性分化(Healey, et al., 1995)加剧了许多城市居民所经历的问题,尽管一些旨在重新开发城市以期创造一个更平衡社会的项目取得了成功。

传统的社区和亲属结构的崩溃是上述变化的原因之一。一些传统就业来源的消失、旨在重新安置城市居民的政策效果、基础设施和商业地产开发的影响、环境恶化以及缺乏适当社会设施等因素综合起来,削弱了许多城市社区的凝聚力。随着社区提供的支持崩溃,其他问题也出现了,导致了进一步的不稳定和衰退。在这种情况下,新的问题出现了,包括移民和城市贫困人口在城市中心地区的空间集中。种族问题现已成为许多中心城区的一个重要问题,因此“重要的是,参与中心城区更新工作的人士应特别注意种族问题及其政策影响”(Couch, 1990:90)。新移民和前几代移民的子女为城市社区面临的许多问题增添了种族因素。更重要的是,这些新群体贡献了新的资源和潜力(Oc, 1995),并为社区更新中的凝聚力提供了很大帮助(Commission on Integration and Cohesion, 2007)。

在关于社会和社区方面的城市政策简要介绍中,最后很重要的一点是城市形象。在许多人眼里,城市不再是一个可以提供文明生活方式所有必要条件的有吸引力地方。更确切地说,我们城市和城镇的其中一部分:

> 扮演着16世纪和17世纪荒僻旷野的相同角色;这是一个充满了卑劣本能、丑陋动机、隐秘恐惧和无法言说欲望的地方,一个揭示了人类状况野蛮基础和文明社会脆弱的地方。(Short, 1991:47—48)

城市具有这样一种公众形象，还能恢复作为文明生活的中心地位吗？我们可以在许多旨在"打破这一愚蠢陷阱"(Robson and Robson, 1994: 91)的社会和社区更新实验，以及一些城市社区(如利物浦的 Eldonians)抵制消极的变化力量并由内而外实行改变的决心(Roberts, 2005)中找到答案。

物理性陈旧和新要求

我们城市许多部分的物理性陈旧是"城市问题"最明显的表现之一。在当地的衰退中，建筑功能陈旧、场地废弃、基础设施过时以及城市地区使用者可达性要求改变等，构成了城市更新的主要任务。虽然经济、社会和制度因素可以解释城市的物理性陈旧，但在许多情况下，这些因素也可被重新定位，以提供更新的基础(Bromley et al., 2003)。这种办法有助于指导物理性开发，以确保它是适当的，并有可能开始实施整个地区的物理、经济、社会和环境改革。建立一个更广泛的以财产为主导的更新任务将有助于确保城市的实际行动，也对这些地区经济和社会福利作出更大贡献(Turok, 1992)。

造成物理问题的原因，主要是城市土地和住宅使用者的要求发生了变化，城市建筑和基础设施存量恶化，以及土地所有权和控制机制的市场失灵。虽然有一些证据表明情况恰恰相反，但经济活动的区位选择在许多城市的中心地区往往受到空间限制。这种区位选择受限的观点不仅得到有关研究(Fothergill, et al., 1983)的支持，而且也被许多公司离开城市寻找新空间和更低运营成本实例所佐证。就业竞争日益激烈，加上雇员居住新偏好所产生的影响，导致了替代地点的出现，这些地点的现代基础设施通常带来更好的服务、更低的租金或地价(Balchin and Bull, 1987)。

除了这些因素外，还有一些与存在被遗弃和受污染的土地，清理场地和提供新的基础设施的成本,以及场地整合上的困难等相关的问题(Adair, et al., 2002)。尽管这些问题的解决方案通常是由技术上确定的并针对特定场地的,但重要的是,要认识到,城市物理性问题的发生及其持续既是物理维度的,也是制度维度的。缺乏足够的制度能力来干预物理性衰退周期已被证明是许多城市地区更新的一个主要障碍。正是为了解决这些问题,20 世纪 80 年代提出了新的城市倡议,包括企业振兴区和城市开发公司等;这些制度创新旨在"尝试重塑监管制度的方法"(Healey, 1995:262)。

关于城市地区物理性问题,最后应该注意的,是规划系统的影响。这里的证据远非决定性的;在某些情况下,由于规划方案过于雄心勃勃,超出了其执行能力,造成了破坏和忽略;而在其他情况下,规划是一种促进力量,产生了积极的变化。显然,实现城市更新所需要的远不止传统的土地利用规划;它必须包含一个更广泛的与"投资、物理干预、社会行动和战略规划相关的城市管理战略,并将其他相关政策领域联系起来"(Roberts, et al., 1993:11)。

环境质量和可持续发展

本节要讨论的最后一个问题,是关于城市地区的环境。上文所讨论的许多因素共同导致了城市环境的退化。虽然遗弃是城市化对自然环境施加影响最明显的外在标志,但不是令人担忧的主要原因。越来越多被称为"不可持续的城市化"存在表明了城市环境问题的起源及其影响,这些城市的发展是为了服务于经济增长的目标。一个城市"从遥远的地方获取水、能源和许多其他资源,在消费模式上留下了环境或生态足迹"(Roberts, 1995:230)。

从许多方面来看,城市地区产生的环境成本与收益是不相称的。这些成本包括能源过度消耗、原材料低效利用、对开放空间的忽视，以及土地、水和大气的污染。虽然过去“垃圾与黄金”的哲学曾经被视为通向繁荣城市的道路，最近的研究表明，人们的态度和期望已经发生了变化，一个成功的未来城市越来越可能以其环境表现和外观来评判（Ache, et al., 1990）。即使是传统上有吸引力的特点，例如现成的土地或充足的劳动力供给，从长远来看也可能不足以证明能确保城市地区的成功发展。与这些薄弱环节和成本相对照的是与城市地区有关的环境效益，包括公共交通网络的存在，使发展积极的废物管理成为合理的人口和经济活动的门槛，以及可以被重新开发的大量有服务的棕地的存在。最重要的是，来自英国和范围更广的西欧的证据表明，以一种不“庸俗和肤浅的”方式更新自然和建筑环境是至关重要的（Hall, 2014:2）。

城市更新面临的新挑战是为实现可持续发展做出贡献。“世界经济体系日益向城市经济体系发展”，这一体系“为自然发展提供了支柱”（World Commission on Environment and Development, 1987:235）。可供选择的实施模式包括“生态现代化”（Roberts, 1997），它们的价值已经在欧盟和英国政府发布的政策声明中得到强调。

城市更新政策：起源与发展

本章最后一部分对现代城市更新政策起源和演变作简要概述，主要是英国的城市更新政策。正如本章其他部分所指出的，尽管历届英国政府在制定城市更新政策方面广泛借鉴了其他国家的经验，但仍有可能找到一种独特的英国方法来试图解决城市问题。这种方法反映了中央政府和地方政府之间，以及公共部门、私营部门和志愿部门之间的角色和责任的分配。虽然城市更新政策的风格及其内容已根据图 2.1 所概括的特点而改变,但仍可看到更新政策连续性的若干要素,包括继续关注提高城市劳动力教育和培训水平(见第 7 章),不断更新和改造城市物理结构的必要性,以及财务和法律因素在决定可以实现更新什么方面仍然具有重要性。

早期更新政策

现代城市更新政策起源可追溯到 20 世纪 30 年代对贫民窟清除区的指定,以及根据 1947 年《城镇和国家规划法》划定的综合开发区。在 20 世纪五六十年代,城市更新政策进一步发展,包括 1966 年《地方政府法案》第 11 节规定,在英联邦移民集中地区提供特别援助,以及根据 1967 年《普洛登报告》(Plowden Report)提出的初级教育建议而制定的教育优先领域计划(Hall, 1981)。为了回应人们日益关切的内城地区,特别是移民大量集中的社区的状况,内政部于 1968 年颁布了《城市方案》。1969 年,《地方政府赠款(社会救助)法》为已通过的《城市方案》提供财政援助奠定了基础。

其他随后出台的政策举措,包括由内政部于 1969 年设立的社区开发项目,1972 年颁布的《扩大教育优先领域计划》和开拓性的社会救助地区项目(SNAP)。在 20 世纪 70 年代初,由咨询公司创办的一系列《内城地区研究》以及连同其他倡议(如 1974 年《住房法》指定"住房行动区域"),为通过 1978 年《内城地区法》改进城市议程提供了基础。尽管 1978 年法案引入措施的最初影响仅限于少数内城地区(Donnison and Soto, 1980),这项立法最重要的结果是它将城市更新政策置于中央政府政策的主流之中。

在 20 世纪 70 年代,中央政府对城市更新政策的责任部门进行了调整。由内政部进行控制和指导，工业和区域政策仍由工贸署负责，1975 年转由环境署负责。责任部门调整反映了更新政策重点的转变。内政部采用了一种社会病理学的方法，而环境署则强调需要从结构或经济角度来看待城市衰退及其政策(Balchin and Bull, 1987)。根据 1978 年法案，地方当局被指定为伙伴关系或规划当局。总共指定了 7 个伙伴关系、15 个规划当局和 14 个其他地区。在苏格兰，城市更新的责任被赋予了苏格兰发展局(成立于 1976 年)，该机构对许多主要地区计划进行了大量投资，包括格拉斯哥东部地区更新(GEAR)项目。

引入市场

1979 年，联邦政府更迭后，城市更新规划继续推进，但更加强调私人投资并更加关注更新"经济价值"。在整个 20 世纪 80 年代初期，城市更新规划的公共投资增加了，同时采取了旨在恢复和加强私营部门信心的新措施。在这些新措施中，第一个是根据 1980 年《地方政府规划和土地法》成立城市开发公司(UDCs)；在 1981 年，成立了两个城市开发公司，一个在伦敦码口区，一个在默西塞德郡。第二个新措施是在 1980 年预算报告中宣布设立企业振兴园区(EZs)；1981 年指定了 11 个企业振兴园区。这两个方案后来都扩大了；共建立了 13 个城市开发公司(12 个在英格兰，1 个在威尔士)，另外在 1983—1984 年的第二轮企业振兴园区设立中指定了 14 个企业振兴园区。

由于认识到城市开发公司和企业振兴园区无法解决城区内所有问题，1982 年引入了城市开发补助金(UDG)，同时成立了"内城开发企业"(由城市更新规划部分资助的房地产开发公司，其目的是寻找开发机会，否则将会被忽视或被认为风险太大)。虽然城市开发补助金部分是基于美国城市开发行动赠款的经验，但其与早期城市更新政策行动之间有明显联系，包括在A类废弃土地政府赠地安排下的特别开发计划(Jacobs，1985)。

20世纪80年代早中期推出的其他城市更新规划包括：

- 在伙伴关系领域成立五个行政部门工作组(这些城市行动小组汇集了中央政府各部门的官员)，设立人力资源服务委员会，并设置负责疏通公共服务和提高效率的管理人员(从工业界借调)；
- 创建由公共部门拥有的未使用和未充分利用土地登记册——这是1980年《地方政府法》对地方当局提出的要求；
- 运作和扩大“优先置业计划”，其在1987年更名为“置业行动”。

1987年，政府推出了“城市更新补助金”(URG)，以补充“城市开发补助金”；城市更新补助金的目的是协助私营部门推进主要更新规划。1988年，城市更新补助金与城市开发补助金合并成为新的“城市补助金”，这是作为《城市行动方案》下的主要政策工具引入的。“城市补助金”申请由私营部门借调人员评估，而且拨款直接发放给开发商，而不是通过地方政府中介机构。

进入20世纪90年代

1991年5月，推出了“城市挑战”项目。它邀请地方当局与其他公共部门、私人和志愿机构合作竞标资金。第一轮(1992—1997年)竞标中，有11个投标项目入选，1992年第二轮(也是最后一轮)竞标中又核准了20个投标项目。在这一阶段，“城市挑战”项目是城市更新政策预算中最大的单一要素(Mawson, et al., 1995)。第三轮招标被暂停，并最终被放弃，等待城市更新政策的重大审查。

20世纪90年代早期，更新政策审查的结果是在Stewart(1994)所描述的“新地方主义”(管理、竞争和社团主义)道路上进一步的前进。1993

年11月，出台了“单一更新预算”(SRB)。英格兰地区10个新的综合办事处(政府地区办事处，GORs)的任务是管理现有主要更新方案(1992年底已宣布预算削减的“城市方案”和“城市开发补助金”)和新的“单一更新预算”。同年11月，政府还宣布推出“城市自豪”的试点项目，邀请伯明翰、伦敦和曼彻斯特的多机构团体为其城市制定一个十年战略愿景，并提出实现目标愿景的行动计划。

1994年1月，政府发布了“单一更新预算”投标指南草案，其中指出，预期“单一更新预算”的大多数伙伴关系将由地方当局或“培训和企业理事会”(TECs)领导，但不排除其他领导安排。最后定稿的投标指南是在1994年4月开始的“单一更新预算”第一轮投标之前出版的。1994年12月，宣布了201个中标项目，其于1995—1996财政年度开始实施。另一轮招标于1995年进行(环境署已于3月发出了1995年招标指引)。

20世纪90年代早期和中期，值得在此评论的，是城市更新政策引入的最后一个要素，包括英国伙伴关系和私人融资倡议(PFI)的创建。1992年7月发布了一份咨询文件，建议设立一个城市更新机构。其目的是创建一个新的法定机构，以促进英格兰，特别是城市地区废弃、空置和未充分利用的土地和建筑的开垦和开发。该机构(英国伙伴关系)于1994年4月生效，合并了以前由英国地产(English Estates)、城市补助金和废弃土地政府批地(Derelict Land Grant)所履行的职能。

1992年，政府启动了“私人融资倡议”。其目的是减少公共部门的资金投入，并筹集更多的社会资金，以便说服私营部门在城市(和区域)更新方面发挥更积极的作用。

从1997年到经济衰退期

1997年5月，工党当选执政。虽然城市更新政策某些内容也向前推进(例如,“单一更新预算”一直延续到2001年,但更强调向更广泛的地方当局地区分配资金),但更多引入了新的政策内容。例如,“工作福利”是一项重大的刺激就业的新措施,同时还设立了“区域开发机构”及一系列其他新的政策倡议和机构。

1997年6月,为整合政府多个不同“部门”的政策,新成立了一个“环境、运输和区域部”(DETR)。随后,这个部门经历了一系列重组,权力有增有减,直到2006年,才最终成为“社区和地方政府部门”。与设立“环境、运输和区域部”并行,根据1998年《区域开发机构法》成立的“区域开发机构”也整合了其他中央政府部门和区域机构的职能,其法定职责是促进经济发展和复兴,提高技能和就业,支持企业及投资,为可持续发展做出贡献。9个区域开发机构都各自制定了自身的地区更新方式,并列出了标准的资金和其他功能的清单;尽管有些更新项目比其他项目更具前瞻性,但所有项目都提供了比以往经验更高程度的更新协调,特别是在2001年为取代“单一更新预算”而推行的“单一更新规划”模式下。

在采取区域开发机构和“单一更新预算”(后来的“单一规划”)方法的同时,1998年成立了一个城市工作组,以确定城市衰落的原因并提出可能的解决方案。1999年发布了城市工作小组的报告,并为《我们的城市:未来》(*Our Towns and Cities: The Future*)城市白皮书提供了素材,其强调了在更新过程中更好的地方参与和伙伴关系的必要性,强调了对经济和社会问题的更多关注,以及对于加强的城市设计的提升等,而所有这些都在混合和可持续的社区中进行的。这些优先事项影响了“环境、运输和区域部”政策的进一步发展,并帮助几个组织塑造行动,这些组织是:与88个最贫困社区合作的“社区更新机构”(NRU)及其基金(2001年成立),以及社会排斥机构(Social Exclusion Unit),该组织于2000年启动了“社区新政”(NDC)计划,第一轮有17个示范性伙伴关系。虽然社区更新机构的倡议是相对短期的，但社区新政的伙伴关系则是十年计划（Lawless，2012）。城市工作组带来的另一个直接结果是成立了城市更新公司；到 2005 年，英国获得批准的城市更新公司约有 20 个。

城市工作组工作及其城市白皮书提出优先事项的第二个结果是形成了“可持续社区发展计划”（ODPM，2003），其通过优先考虑投资及其他形式支持一系列地区更新，包括英格兰南部增长地区、棕地、前煤矿地区、住宅市场更新试点地区，以及 20％最贫困地区和北部增长走廊。从本质上讲，“可持续社区发展计划”是一种以地方为基础的可持续开发原则及其优先事项的表达，它也促成了一些超越传统城市更新界限的相关倡议，如 2005 年成立的可持续社区学院，在广泛的专业领域、社区和其他行动者中开发专业和技术能力。

1997—2010 年，有关城市更新的体制改革和调整是很明显的。沿袭下来的机构（如英国伙伴关系和住宅公司等），在支持区域开发机构、“社区新政”伙伴关系及其他倡议的新需求中，大都增加了其工作量和预算。2008 年，《住房和更新法》将三个现有机构和一些“社区和地方政府部门”合并为一个新的机构：“家庭和社区机构”。家庭和社区机构由英国伙伴关系、住宅公司的一部分、可持续社区学院以及社区和地方政府部门的一部分组成，其任务是：

- 改善住房供应和质量；
- 确保土地的更新或开发；
- 支持社区发展；
- 促进可持续发展。

简而言之，家庭和社区机构的成立是为了更广泛地帮助城市地区的更新和更好的管理，或许还有一个不成文的目标，就是防止许多地区恶化到需要更新的地步（HCA，2009）。

经济衰退和财政紧缩

2010 年，新上台的联合政府对 1997 年以来形成和发展起来的一系列复杂的政策、规划和机构进行了严格审查。在一个充满挑战的财政环境下，加上联合政府中的保守党要求削减公共开支并缩减政府规模，联合政府立即启动了一项对更新政策及其机构的激进审查。这次审查导致了区域开发机构及其他机构的撤销，以及一些更新政策措施的终止，包括住宅市场更新试点等。家庭和社区机构算是幸存下来，并在预算减少的情况下被重新分配新的任务，而大量土地和财产资源从区域开发机构转移到它的手里。

在撤销区域开发机构及其他中央政府机构的同时，新政府相当重视促进地方主义，并强调私营和志愿部门的作用。地方企业伙伴关系取代了区域开发机构的战略角色，其由企业和地方当局领导，能够协调和支持城市更新行动，而不是分配大量更新资金。地方企业伙伴关系还负责协调对中央政府设立的区域增长基金（RGF）的投标，旨在为私营企业和基础设施提供投资。2011 年，《地方主义法》扩大了地方当局的行政范围，鼓励他们在一般能力范围内进行创新。最近，一个尚未完成的开发项目引入了“城市交易”的概念，允许地方当局（或“联合”地方当局的团体）获得中央政府的资金流，如区域增长基金。这一系列政策为支持城市更新的更好资源分配提供了真正的潜力。

展望未来

上文概述的城市更新政策的演变，主要是在英格兰。在此时，我们需要注意的是，在过去十年中，英格兰的城市更新政策与威尔士、苏格兰和北爱尔兰地方政府的城市更新政策之间出现了相当大的差异。在紧缩和更强调地方主义的时代，这种更大差异化的趋势很可能会继续下去，将导致未来政策和实践风格产生更大的差异。

其他措施及政策

其他四个方面的政策与城市更新特别相关，尽管它们涉及事项超出了城市更新政策讨论的严格边界，或者这是由英国政府单独制定的政策领域。

第一个方面涉及继续执行与城市更新有关的一系列广泛的公共政策，包括医疗、社会政策、住房、教育、培训、运输、法律和秩序、规划和环境标准。从前面的讨论中可以看出，有些政策直接解决了城市问题，而另一些政策可能不利于城市更新的目标。第二个方面是自 20 世纪 30 年代以来一直在运作的地区援助的区域政策。虽然这些政策的目标多年来有所不同，但总体上都与城市更新目标一致。区域选择性政策的最新表现是 2011 年开始运作的区域增长基金。第三个方面是 20 世纪 70 年代以来越来越重要的欧盟“结构性与凝聚力基金”(Structural and Cohesion Funds)提供的支持。英国许多地区，无论是城市还是农村，都被指定有资格接受“结构性和凝聚力基金”的援助。尽管符合条件的地区比过去少了，但这类基金仍然很重要。这些基金是通过代表欧盟委员会、成员国政府以及地方和地区利益的伙伴关系安排来管理的。最后一个方面是，英国政府权力下放导致了城市更新政策和实践的日益多样化。这个主题反映在之后章节的许多地方。

结束语

这一章不同于本书其他大部分章节，它提供了一个城市更新的框架及其背景，而不是提出一个特定的更新主题。因此，本章最后一节更关注的是确定所感兴趣的问题，而不是给出答案或解决方案。

然而，从前面讨论中可以得出三个一般性结论。第一是评价城市更新理论和实践发展及其进一步加强的重要性。这个问题将在第10章进行更深入讨论。第二，必须通过采取综合和全面的办法来完成城市更新的任务。第三，重要的是，要认识到今天的新城市更新倡议只是城市和地区演变的一个中途站。城市更新是一项不断的挑战，在某一特定时间节点所采取的办法是一个复杂的社会、经济和政治选择制度的结果。

本书接下来的章节将论述城市更新的许多复杂性，并提供有助于确保这一代人对城镇、城市和区域的进步作出积极而持久贡献的洞见和指导。

关键问题和行动

● 为任何拟议的城市更新行动设置一个背景是至关重要的，这个背景应考虑到一个地区的历史演变及以前政策留下的影响。

● 所有城镇、城市和地区都表现出各种问题和潜力的特殊混合，这种混合既体现了外部影响，也体现了内部特征。

● 多年来，城市更新方法的风格不断演变，其政策和做法反映了主要的社会政治和经济态度。

● 城市地区的更新可以被视为地方、区域和国家成功的一个重要因素。

● 城市更新可以定义为一种旨在解决城市问题，并使已发生变化或提供改善机会的地区经济、物理、社会和环境状况得到持久改善的全面、综合的愿景及行动。

参考文献

Ache, P., Bremm, H.J. and Kunzmann, K.(1990) *The Single European Market: Possible Impacts on Spatial Structures of the Federal Republic of Germany*. University of Dortmund, Dortmund: IRPUD.

Adair, A., Berry, J., McGreal, S. and Quinn, A.(2002) *Factors Affecting the Level and Form of Private Investment in Regeneration*. London: Office of the Deputy Prime Minister.

Balchin, P. N. and Bull, G. H. (1987) *Regional and Urban Economics*. London: Harper & Row.

Binelli, M.(2013) *The Last Days of Detroit: Motor Cars, Motown and the Collapse of an Industrial Giant*. London: Bodley Head.

Boddy, T.(1992) 'Underground and overhead: Building the analogous city', in M. Sorkin(ed.), *Variations on a Theme Park*. New York: Hill and Wang.

Bromley, R., Hall, M. and Thomas, C.(2003) 'The impact of environmental improvements on town centre regeneration', *Town Planning Review*, 74 (2): 143—64.

Browne, H.(1974) *Joseph Chamberlain, Radical and Imperialist*. London: Longman.

Commission on Integration and Cohesion(2007) *Our Shared Future*. London: Commission on Integration and Cohesion.

Couch, C.(1990) *Urban Renewal Theory and Practice*. Basingstoke: Macmillan.

Couch, C. and Cocks, M.(2013) 'Housing vacancy and the shrinking city: Trends and policies in the UK and the city of Liverpool', *Housing Studies*, 28 (3): 499—519.

Crisp, R.(2013) 'Communities with oomph? Exploring the potential for stronger social ties to revitalize disadvantaged neighbourhoods', *Environment and Planning C*, 31(2):324—39.

Curran, J. and Blackburn, R.(1994) *Small Firms and Local Economic Networks*. London: Paul Chapman.

Diamond, J. and Liddle, J.(2005) *Management of Regeneration*. London: Routledge.

Donnison, D.(1993) 'Agenda for the future', in C. McConnell(ed.), *Trickle Down or Bubble Up?* London: Community Development Foundation.

Donnison, D. and Soto, P.(1980) *The Good City*. London: Heinemann.

Fainstein, S.S.(1994) *The City Builders*. Oxford: Basil Blackwell.

Feagin, J.R. and Smith, M.P.(1987) 'Cities and the new international division of labor: an overview', in M.P. Smith and J.R. Feagin(eds), *The Capitalist City*. Oxford: Basil Blackwell.

Fothergill, S. and Gudgin, G.(1982) *Unequal Growth*. London: Heinemann.

Fothergill, S., Kitson, M. and Monk, S.(1983) *Industrial Land Availability in Cities, Towns and Rural Areas*, Industrial Location Research Project, Working Paper No.6. University of Cambridge, Cambridge: Department of Land Economy.

Fowler, E.P.(1993) *Building Cities That Work*. Montreal and Kingston: McGill and Queens' University Press.

Gill, S.E., Handley, J., Ennos, A.R. and Pauleit, S.(2007) 'Adapting cities for climate change: The role of the green infrastructure', *Built Environment*, 33(1): 115—33.

Hall, P.(1974) *Urban and Regional Planning*. Harmondsworth: Pelican Books.

Hall, P.(ed.)(1981) *The Inner City in Context*. London: Heinemann.

Hall, P.(1987) 'The anatomy of job creation: Nations, regions and cities in the 1960s and 1970s', *Regional Studies*, 21(2):95—106.

Hall, P.(1988) *Cities of Tomorrow*. Oxford: Basil Blackwell.

Hall, P.(2014) *Good Cities, Better Lives*. London: Routledge.

Hannington, W.(1937) *The Problem of the Distressed Areas*. London: Victor Gollancz.

Hatherley, O.(2010) *A Guide to the New Ruins of Great Britain*. London: Verso.

Hausner, V.A.(1993) 'The future of urban development', *Royal Society of Arts Journal*, 141(5441):523—33.

Healey, P.(1995) 'Discourses of integration: Making frameworks for democratic planning', in P. Healey, S. Cameron, S. Davoudi, S. Graham and A. Madani-Pour (eds), *Managing Cities: The New Urban Context*. Chichester: John Wiley & Sons.

Healey, P., Cameron, S., Davoudi, S., Graham, S. and Madani-Pour, A.(1995) 'Introduction: The city-crisis, change and innovation', in P. Healey, S. Cameron,

S. Davoudi, S. Graham and A. Madani-Pour(eds), *Managing Cities: The New Urban Context*. Chichester: John Wiley & Sons.

Hickling, A.(1974) *Managing Decisions: The Strategic Choice Approach*. Rugby: MANTEC Publications.

Homes and Communities Agency (2009) *Creating Thriving Communities*. London: HCA.

Howard, E.(1902) *Garden Cities of Tomorrow*. London: Swan Sonnenschein.

Iveson, K.(2013) 'Cities within the city: Do-it-yourself urbanism and the right to the city', *International Journal of Urban and Regional Research*, 37(3):941—56.

Jacobs, J.(1961) *The Death and Life of Great American Cities*. New York: Vintage Books.

Jacobs, J.(1985) 'UDG: The Urban Development Grant', *Policy and Politics*, 13 (2):191—9.

Jones, P. and Evans, J.(2013) *Urban Regeneration in the UK*, 2nd edn. London: Sage.

Joss, S., Cowley, R. and Tomozeiu, D.(2013) 'Towards the ubiquitous eco-city: An analysis of the internationalisation of eco-city policy and practice', *Urban Research and Practice*, 6(1):54—74.

Knox, P.(1995) *Urban Social Geography: An Introduction*. Harlow: Longman.

Kuklinski, A.(1990) *Efficiency versus Equality: Old Dilemmas and New Approaches in Regional Policy*, Regional and Industrial Policy Research Series No.8. Glasgow: University of Strathclyde.

Lawless, P.(1989) *Britain's Inner Cities*. London: Paul Chapman.

Lawless, P.(2012) 'Can area-based regeneration programmes ever work?', *Policy Studies*, 33(4):313—28.

Lichfield, D.(1992) *Urban Regeneration for the 1990s*. London: London Planning Advisory Committee.

Massey, D.(1984) *Spatial Divisions of Labour*. London: Macmillan.

Mawson, J., Beazley, M., Burfitt, A., Collinge, C., Hall, S., Loftman, P., Nevin, B., Srbljanim, A. and Tilson, B.(1995) *The Single Regeneration Budget: The Stocktake*. University of Birmingham, Birmingham: Centre for Urban and Regional Studies.

McConaghy, D.(1972) *SNAP: Another Chance for Cities*. London: Shelter.

McGregor, A. and McConnachie, M.(1995) 'Social exclusion, urban regeneration and economic reintegration', *Urban Studies*, 32(10):1587—600.

Ministry of Town and Country Planning(1947) *The Redevelopment of Central Areas*. London: HMSO.

Mumford, L.(1940) *The Culture of Cities*. London: Secker & Warburg.

Oc, T.(1995) 'Urban policy and ethnic minorities', in S. Trench and T. Oc(eds), *Current Issues in Planning*. Aldershot: Avebury.

Office of the Deputy Prime Minister(2003) *Sustainable Communities: Building for the Future*. London: ODPM.

Pearson, L., Newton, P. and Roberts, P.(2014) *Resilient Sustainable Cities: A Future*. London: Routledge.

Porter, M.(1995) 'The competitive advantage of the inner city', *Harvard Business Review*, 73(3):55—71.

Pugalis, L. and Liddle, J.(2013) 'Austerity era regeneration: Conceptual issues and practical challenges', *Journal of Urban Regeneration and Renewal*, 6(4):333—8.

Reeve, A. and Shipley, R.(2014) 'Heritage-based regeneration in an age of austerity', *Journal of Urban Regeneration and Renewal*, 7(2):122—35.

Roberts, P.(1990) *Strategic Vision and the Management of the UK Land Resource*, Stage II Report. London: Strategic Planning Society.

Roberts, P.(1995) *Environmentally Sustainable Business: A Local and Regional Perspective*. London: Paul Chapman.

Roberts, P.(1997) 'Sustainable development strategies for regional development in Europe: An ecological modernisation approach', *Regional Contact*, 11:92—104.

Roberts, P.(2005) 'Urban and regional regeneration', in E. Hulsbergen, I. Klaasen and I. Kriens(eds), *Shifting Sense*. Amsterdam: Techne Press.

Roberts, P., Struthers, T. and Sacks, J.(eds)(1993) *Managing the Metropolis*. Aldershot: Avebury.

Roberts, P., Ravetz, J. and George, C.(2009) *Environment and the City*. London: Routledge.

Robson, B.(1988) *Those Inner Cities*. Oxford: Clarendon Press.

Robson, B. and Robson, G.(1994) 'Forward with faith', *Town and Country Planning*, 63(3):91—3.

Ross, A. and Chang, M.(2013) *Planning Healthier Places*. London: Town and Country Planning Association.

Short, J. R.(1991) *Imagined Country: Society, Culture, Environment*. London:

Routledge.

Smailes, A.E.(1953) *The Geography of Towns*. London: Hutchinson.

Southern, A.(2013) 'Regeneration in a time of austerity will mean the death of this metaphor', *Journal of Urban Regeneration and Renewal*, 6(4):399—405.

Stegman, M.A.(1995) 'Recent US urban change and policy initiatives', *Urban Studies*, 32(10):1601—7.

Stewart, M.(1994) 'Between Whitehall and Town Hall', *Policy and Politics*, 22 (2):133—45.

Stohr, W.(1989) 'Regional policy at the crossroads: An overview', in L. Albrechts, F. Moulaert, P. Roberts and E. Swyngedlouw(eds), *Regional Policy at the Crossroads: European Perspectives*. London: Jessica Kingsley.

Swinney, P. and Thomas, E.(2014) *A Century of Cities*. London: Centre for Cities.

Tallon, A.(2010) *Urban Regeneration in the UK*. London: Routledge.

Turok, I.(1987) 'Continuity, change and contradiction in urban policy', in D. Donnison and A. Middleton(eds), *Regenerating the Inner City*. London: Routledge & Kegan Paul.

Turok, I.(1992) 'Property-led urban regeneration: panacea or placebo?', *Environment and Planning A*, 24(3):361—79.

URBED(2006) *Making Connections: Transforming People and Places*. York: Joseph Rowntree Foundation.

World Commission on Environment and Development(1987) *Our Common Future*. Oxford: Oxford University Press.

第3章
城市更新的战略及伙伴关系

安德鲁·卡特* 彼得·罗伯茨

引言

在英国及整个欧洲有一个既定共识，即为了应对城市地区面临的相互关联的挑战，需要在城市地区层面制定战略框架（Healey，1997；Diamond and Liddle，2005）。这一共识基于这样一个前提：成功的城市更新需要战略设计，以及基于地方或区域的多部门、多机构的伙伴关系方法。

建立伙伴关系是人们对在过去几十年中经历的社会、经济和体制迅速而根本变化的一种特殊反应和挑战。经济全球化及其结构调整使许多城市所面临的经济、社会和环境挑战增加，同时削弱了公共、私人和志愿机构对影响社区福祉的经济及其他决策的控制（Parkinson，1996）。这些发展的主要后果之一，是城市和地区的命运越来越依赖于它们自身政策反应的成功。

单一部门、单一机构的方法在解决许多城市地区的社会、经济和环境

---

* 安德鲁·卡特（Andrew Carter），城市中心研究主任、副首席执行官。曾为大伦敦规划的更新战略顾问、城市论坛的董事和英国城市更新协会工作人员。

问题时有很大的局限性。“20 世纪 80 年代初的那种快速的解决方案已经一去不复返了。在抓住机遇和执著于把事情做完的地方，有一种基于全面、多机构方法的综合发展模式”(Roberts, 1997:4)。大多数参与城市更新的组织(不管它们正在解决什么样的需求)都认识到，所面临的问题有多种原因，因此需要一个多机构方法来设计和实施解决方案。

本章探讨若干主要问题：

- 需要采取战略方法进行城市更新；
- 制定战略远景和框架；
- 战略框架的原则；
- 城市更新的伙伴关系方法；
- 伙伴关系模式及其类型；
- 伙伴关系的管理流程；
- 伙伴关系的政策和实践原则；
- 伙伴关系方法的优缺点；
- 结论和未来展望。

战略需要

在过去，城市更新的战略环境并不总是得到较好发展。20 世纪 90 年代以前，缺乏战略眼光和长期眼光是许多城市更新政策的特点之一。过分强调小范围、分散化的更新项目以及与产出有关的资金，没有给更广泛的考虑留下什么空间(Turok and Shutt, 1994)，而且几乎没有或根本没有尝试对整个城市应该发生什么提出战略性观点。

> 其结果是，城市问题正在以一种零碎化方式得以解决，而城市更新不同方面之间的联系尚未发展起来。整个城市或区域层面的更新规划和行动也因侧重于地方措施而被边缘化。因此，正在出现重复性的更新努力，经济活动因公共开支而转移，随着经济结构调整的进行，荒废和贫困问题不断重新出现和加深。（Turok and Shutt, 1994:212）

在许多区域开发机构自20世纪90年代后期以来开展的其他行动中，这种更加注重战略的观点一直被接受和认可（Roberts and Benneworth, 2001），而且一直持续到今天的地方企业伙伴关系和新兴的城市—区域安排的活动中。

Healey(1997:109)声称，“我们不再可能通过孤立地促进城市改造项目来实现城市更新”，“重点应放在为经济、社会和环境更新创造条件上”。实现这一目标的关键，是要有一个长期战略框架，它反映了一个能够促进问题与有关问题之间联系的进程。

城市—地区层面的战略框架可以使政策得以组织和整合。这样一个框架有助于城市的更新，并有助于确定在不损害长期经济发展的情况下，不同措施反过来又能在多大程度上可以实现环境和社会目标。

专栏3.1　考文垂和沃里克郡伙伴关系

考文垂和沃里克郡伙伴关系（CWP）于1994年成立，是为考文垂和沃里克郡次区域提供战略经济发展平台的早期尝试。该伙伴关系包括该地区的所有七个地方当局、培训和企业委员会、商会、两所大学、学院、私营公司、志愿组织和工会。

该伙伴关系主要用于使私营部门和高等教育机构参与该区域未来的

发展。在战略层面上,CWP 工作得很好,将关键机构聚集在一起,确保英国的更新和欧洲的资金。但在操作层面,伙伴关系秘书处和伙伴机构之间有时会发生冲突,这主要是由于将伙伴关系的责任分开的问题。

尽管最初有这些困难,但伙伴关系蓬勃发展,并经历了一系列的转变,直到今天。目前关于地方企业伙伴关系的安排反映了这种伙伴关系历史的许多特点。

资料来源:ECOTEC(1997), CEDOS(2014).

Hall(1997:873)在对周边住宅区重建政策的评论中也提出了类似观点。他认为,英国城市政策的特点是“内向型的更新政策”,而这样的一种政策不能解决衰退的许多根源。Hall 建议,政策需要转向“外向型的政策”,其主要特征见表 3.1。这种类型的政策应设法通过列举外部环境中的因素来解决城市衰落问题。这种方法强调地方倡议和伙伴关系之间的战略联系,特别是在区域层面。这种方法还将特定区域置于城市—区域整体的更广泛视野之中。

表 3.1　“外向型”政策

政策方面	政策重点
制度安排	强调全区域伙伴关系;强调机构内部及机构之间的横向和纵向联系
空间尺度	贫困与潜力地区之间的联系;全区域战略规划框架
经济发展	教育、招聘和安置;连接地方至城市及区域发展;吸引外来投资
社会凝聚力	采取旨在克服歧视和社会排斥的措施
环境、通道和便利设施	克服衰落地区的物理隔离;交通规划;改善设施以吸引外来人员
居住	改善住房以吸引新居民;注重区域住房分配过程

资料来源:Hall(1997).

欧洲层面

大约20年前，Alden和Boland(1996)认为，欧盟委员会关于区域发展和空间规划的政策在“欧洲2000+”得到最清晰的表达(European Commission, 1994)。该文件强调了成员国的规划政策要上升到欧洲层面，并提倡在扩大后的欧盟(EU)中强化区域发展战略在实现国家、地区和地方目标方面的作用。从那时起，这些区域发展战略作用和方法已经融入成员国及其更新规划中。

在此背景下，“欧洲2000+”确定了一些来自成员国的主要趋势，表明了空间规划在设计和实施区域发展战略方面的作用。

第一个主要趋势是，人们越来越认识到空间规划已从纯粹的物理规划和土地使用问题转向更广泛的社会、经济、环境和政治问题。这反映了在规划中的战略思维重要性的回归，特别是考虑到城市和地区在欧盟和全球经济中的重要性，战略决策的水平具有重要意义(Alden and Boland, 1996)。

第二个主要趋势是，不仅需要确定战略议题，而且需要将这些议题整合到一个更全面和复杂的空间规划形式中。人们认为，不同空间层次的规划所涉及的问题比以往更广泛，包括经济发展、交通、零售、旅游、住房、城市更新、乡村及其相互融合。

第三个主要趋势是，将政策和控制的责任更多下放给区域和地方各级政府。与此同时，在区域内，负责提供服务的组织数量也有所增加。

战略性思考及行动的能力，对于英国乃至整个欧洲的长期成功仍然至关重要。正如Roberts(1990:6)所说，“在缺乏战略远见的情况下，英国能否在欧洲地区维持一系列可行的经济、社会和物理环境是值得怀疑的”。在欧洲国家，实施战略愿景原则的好处已经很明显；从伯明翰到布达佩斯，从哥本哈根到加的斯，许多城市和地区已经使用战略远景方法来帮助更新规划和城市改造。

在整个欧盟范围内，对于战略性干预政策的优缺点进行了广泛监测和评估。因此，欧盟委员会(European Commission，2014)和其他评论人士就战略的运作提供了大量具体经验教训和一般性指导。

战略方法的要素

在过去 20 年里，政策制定者对城市更新战略办法所包含的可能基本内容达成了普遍共识。正如 Parkinson(1996)所观察到的，当欧盟委员会在 1988 年修订其结构性基金(凝聚政策)时，它确定了改革政策的四个必要特征：它应该带来附加价值，以伙伴关系为基础，有明确的目标，以及将不同政策工具和方法予以整合。同样，苏格兰政府在 1988 年提出"苏格兰城市新生活"倡议时，将城市更新战略方针定义为全面、多部门和以伙伴关系为基础。这种观点在最近英国城市更新规划中得到了呼应，包括由"区域增长基金"和"城市交易"项目资助的活动(Cabinet Office，2011)。

McGregor 及其同事(1992)在试图确定城市更新战略方针的基本要素时指出，要关注资源利用，通过对相互作用的地方活动进行补充投资，以确保持久性的社会和经济变革。这些变革的目的是促进预期进一步变化，并对地方或区域经济其他部门和领域产生有益的影响。这种方法意味着需要了解投资与其他变化如何相互作用，以促进地方变化，创造一个动态的环境并产生积极的溢出效应。同样，Diamond 和 Liddle(2005)指出了在对单个城市地区背景有一个清晰和全面了解的情况下，以改善社会福利和经济增长为目的，制定和应用战略的重要性。

Parkinson(1996)指出，城市更新的战略途径应该为：

- 有一个清晰的愿景和战略；
- 说明所选择的机制和资源如何有助于实现长期目标愿景；
- 明确整合城市更新战略的不同经济、环境和社会的优先事项；
- 确定战略的预期受益者及其受益方式；
- 确定私人、公共部门和社区在规定时间内所承诺的以资金和实物形式投入的资源数额；
- 详细说明公共、私人和社区合作伙伴将在城市更新中发挥的作用和贡献；
- 将这些合作伙伴的政策、活动和资源在纵向和横向上整合为一项全面的战略；
- 将明确的城市更新政策与住房、教育、交通、保健和财政方面更广泛的主要方案联系起来，这些方案构成隐含的城市战略；
- 明确短期、中期和长期目标之间的关系；
- 在进行政策干预之前，确定经济、社会和物质基础条件，以便对随时间的变化进行评估；
- 达成更新进展的时间表；
- 监测战略的实施和结果，并评估其效果。

正如Parkinson(1996)正确指出的，这代表了一套令人生畏的标准，在现实的政策世界中是极其难以实现的。尽管如此，作为评估实际战略发展的理想模型，它们还是很有用的。在 Parkinson 的研究中显而易见并反映在许多其他研究中的因素是(Carley, 2000)，实现整合作为战略关键主题的重要性。

战略框架原则

设计战略框架需要“建立联系——设置环境以促进关系；以及战略愿

景——调动关于未来的想法”的技巧（Healey, et al., 1995：284）。这个框架应该：

● 提供“自上而下”和“自下而上”方法之间的桥梁；

● 实事求是，并能够转化为具体的政策、目标和行动；

● 由包括所有主要利益相关方在内的广泛伙伴关系共同起草和决定；

● 解决各区域的整体生存能力、繁荣和竞争力——提高它们对本国居民以及它们所在区域和国家的贡献；

● 改善弱势，促进机会和流动性，支持贫困社区的发展；

● 维持城市作为文明、文化、创新、机会和企业的发动机。

战略框架的建立，可以确保诸如土地、资本和劳动力等资源的使用能达到最佳的整体效果（Roberts, 1990）。为了反映这一点，战略框架应强调：

● 行动的相互依赖，而不是把每个行动都看作是独立的；

● 主要考虑短期成本以外的长期效果和收益；

● 注重一个地区的整体需求，而不是强调单个地点（或项目）的潜力；

● 建立共同基础，并在可能的情况下产生协商一致意见，而不是鼓励冲突的重要性；

● 创造对部门间相互协作的积极态度，而不是维持公共—私营部门之间的鸿沟。

这种城市更新战略通过可持续社区的理论和实践，特别是通过空间营造得到进一步深化和强化（Academy for Sustainable Communities, 2008）。一些当地社区的更新反映了可持续社区模式的原则和工作方法，可以看作是对战略优点的实际展示，特别是当这些战略使居民的愿望得到实现时。Eldonians 是利物浦内部的一个面临挑战的社区，这个案例提供了一个将战略转化为行动的很好的实践案例(Roberts，2008)。

从实施战略愿景的尝试中，可以得出许多重要的经验教训：

● 在构建基于战略愿景的(资源)管理方法时，了解其中涉及的复杂性，十分重要。

● 需要目标的一致性；在短期内，采用战略眼光的好处不太可能完全显现出来。

● 重要的是鼓励“自下而上的”和“自上而下的”利益团体尽可能广泛地参与目标制订，形成一个或多个目标愿景，确定和取得必要的资源，以及管理执行工作。

● 最好建立起一个能够自我维持的战略愿景和管理制度，并在一开始就认识到有必要对所执行的政策进行调整和微调。

● 同样重要的是，在达成协商一致意见和商定战略愿景之后，执行进程也要确保坚持所商定的目标。

● 最好能定期监测、评估和广泛传播关于议定战略的进展情况。

战略规划是一个重要工具，使社区能够确定其相对于地方、区域、国家和国际外部环境的优势。这种对外部因素的强调鼓励了一种伙伴关系的方法，这种方法吸收了来自公共、私营、志愿和社区部门的广泛组织和个人。

合作的方法

伙伴关系、多机构提供和协作的精神等已成为城市更新的核心概念。

尽管在1978年的《内城地区法案》下成立了7个内城伙伴关系，但该方法直到20世纪80年代后期才真正得以显著发展。到20世纪90年代初，所有主要的政党达成了一项共识，即公共部门和私营部门应更密切地参与，加上地方社区的直接参与和跨越传统政策界限的能力，都是有效的城市更新战略的基本要素(Bailey，1995)。这一原则后来实际上扩展到公共政策的几乎所有方面：技能和培训、住房、社区照顾和社会服务、文化活动和景观美化。

然而，尽管认识到建立伙伴关系的必要性，

> 但要建立适当的体制机制，提供充分的奖励、制裁和资源，以便将国家与地方、公众与私人以及社区与机构的行动结合起来，使伙伴关系成为现实，而不是陈词滥调，这一问题仍然是一个挑战。(Parkinson，1996：31)

为什么要有伙伴关系？

采取多机构伙伴关系作为处理社会、经济和环境广泛问题的首选工作方法的背后，有若干主要原因。第一，当前的政治议程继续推动这一合作步伐。“区域增长基金”等项目的资金需求，要求发展伙伴关系。二十多年来，伙伴关系一直是筹资投标的必要因素。1995年，指南指出，需要“伙伴关系代表适当范围的利益，其中应包括私营和公共部门以及当地志愿和社区组织的相关利益”(Department of the Environment，1995：2)，而目前的期望是，地方企业伙伴关系将与一系列组织和行动者密切合作(BIS，2010)。

第二,城市问题的多层面和复杂性需要涉及广泛行动者的综合性战略。20 世纪八九十年代,对以财产为主导的城市更新和内城政策所提出的质疑,产生了变革势头,从而导致对城市更新采取更长期、更具有战略性、综合性和可持续性的办法。伙伴关系被认为是实现这些目标的最有效手段。伙伴关系的倡导者认为,由于伙伴关系能让所有部门更大程度地参与决策过程,因此它被天生视为一种更有效、更公平的公共资金分配方式。

第三,面临城市地区权力集中化与职责和组织分散化相关的困难。涉及广泛机构和组织的伙伴关系将有助于跨越传统政策边界进行协调活动。

第四,在许多政策领域,例如住房、教育、保健和犯罪预防等,个体正在挑战中央和地方政府采取的家长式作风。当地居民越来越多地要求在确定和实施最适当的对策以应对当地面临的挑战方面拥有发言权。在过去十年中,志愿者和社区部门的广泛参与越来越受到鼓励(Holman,2013),并通过诸如"大社会"(Big Society)政府的政策得到加强。

伙伴关系模式

伙伴关系不存在单一模式。伙伴关系是公共政策中的一个概念,它"包含非常高水平的模糊性"(Mackintosh, 1992:210),其潜在含义范围可能受到"冲突和谈判"的影响。Mackintosh(1992)设计了三种与城市更新相关的伙伴关系的主要理论模型:

● 协同效应模型表明,通过结合它们的知识、资源、方法和运营文化,合作伙伴组织将能够取得比单独工作更多的成果,或者,换句话说,整体大于部分之和。

● 预算放大模型建立在这样一个前提之上:通过共同努力,各伙伴将获得各自无法获得的额外资金。

● 转型模型(具有不同的重点)表明,让不同的合作伙伴接触其他合作伙伴的设想和工作方法可以获得好处(也就是说,这将刺激创新,作为持续发展和变化过程的一部分)。Mackintosh(1992)认为,成功的伙伴关系总是会导致这种转变。

Diamond 和 Liddle(2005)提出了伙伴关系的另一种分类:

● 战略伙伴关系(时间有限,目的明确);

● 战略伙伴关系(时间无限,一般目的);

● 薄弱的伙伴关系(没有资源或人员);

● 强有力的伙伴关系(有明确的人员和资源)。

实际上,许多伙伴关系是上述类别的混合体。

伙伴关系的类型

在过去三十年里,伙伴关系的种类显著增多。伙伴关系往往依附于复杂的组织和政治环境中,任何一个地区的潜在伙伴数量都是巨大和多样化的。所采取的战略因当地情况、国家和地方政策以及伙伴关系安排内不同利益的相互作用而异(Bailey, 1995)。

表3.2提供了不同类型的伙伴关系。它定义了六种类型,并以英国的城市更新为例。它的构成不是为了评估广泛的伙伴关系,只是为了表明伙伴关系存在着多样性。贯穿所有伙伴关系类型的一个重要考虑是,需要确保"自上而下"的管理方法不会取代或抑制当地社区成员的潜在贡献(Southern, 2003)。

表 3.2　合作伙伴关系类型

类　型	覆盖面	合作范围	活　动	示　例
发展伙伴关系，联合经营	单一地盘或小面积，例如市中心	私人开发商，住房协会，地方当局	商业/非营利发展产生互利	伦敦道路发展署，布莱顿媒体中心
发展信托	明确界定作重建用途的地区，例如邻近地区或住宅区	以社区为基础，重要的是，独立于公共机构，但经常是一些来自地方当局的代表	以社区为基础的更新一般涉及创造和传播社区利益，由于这些利益是非营利的，因此将所有盈余都纳入信托	可茵街，北肯辛顿市容信托，艺术工厂
非正式的安排	区、全市	私营部门为主导。由商会或发展机构主办	地方营销，促进增长和投资。涉及有关各方共同关心的问题、议题和战略确定	纽卡斯尔倡议、格拉斯哥行动、东伦敦伙伴关系
机构	城市，或分区域	赞助机构的职权范围。实施可以通过从合作伙伴中借调人员团队进行，也可以通过独立于合作伙伴的开发公司(担保有限)进行	多任务定向，通常在指定的时间范围内	城市开发公司，城市挑战，“单一更新预算”，“新生活”伙伴关系
战略	分区域，城市	所有部门	确定增长和发展的总体战略。可以作为活动的最初催化剂。通常作为开发指南。实现通常通过第三方。可以作为引导其他机构(包括开发公司)的保护伞	考文垂和沃里克郡伙伴关系，切斯特市伙伴关系，泰晤士河道伦敦伙伴关系

资料来源：Boyle(1993)；Bailey(1995).

Stewart 和 Snape(1995)进一步尝试明确合作关系安排的异同,确定了三种"理想类型"或合作关系的组织模式,如专栏 3.2 所示。每一种类型都反映了对伙伴关系的三个关键方面的不同理解:伙伴关系目标的性质;伙伴之间的关系;以及伙伴关系的具体活动。

专栏 3.2 伙伴关系的模式

促进型伙伴关系:对有争议或政治敏感问题进行协商;针对合作伙伴的不同观点;有广泛的目标;关注深层次问题;强大的利益相关者;力量平衡至关重要。

协调型伙伴关系:召集合作伙伴来监督合作伙伴本身或独立机构采取的行动;处理相对较新的和无争议的问题;通常由一个合伙人领导或管理;力量的平衡没有那么脆弱。

实施型伙伴关系:具体目标和时间有限;负责实施商定的项目,通常涉及获得资金和资源;给出明确界定;权力关系不成问题。

资料来源:Stewart and Snape(1995:4).

伙伴关系过程的管理

虽然伙伴关系规模和范围以及应参与的行为者类型和数目将根据所确定的更新目的及其目标而有所不同,但仍有一些确定性原则应作为管理这一进程的基础(Joseph Rowntree Foundation, 2000)。

伙伴关系的质量至关重要。研究表明,伙伴关系质量和城市更新战略质量之间存在共生关系(Carley, 1995)。

> 成功的伙伴关系显示出适应不断变化的政治、经济和商业环境的能力。它们展示了成功组织的“松—紧”特征：清晰地追求确定的战略目标，同时保留战术上的适应能力，以克服困难和障碍。(Boyle，1993:321)

最有力的伙伴关系是那些尊重每一个伙伴作用及其贡献的关系；最富有成效的是那些灵活和深思熟虑的工作；而最有益的是那些超出特定规划要求的可持续性项目(Roberts，2008)。

伙伴关系进程必须建立在共同利益、相互支持和互惠互利的基础上，每个合作伙伴根据各自的资源、优势及专长领域作出贡献。每个合作伙伴的不同诉求必须予以承认，比如政府需要对公众负责，私营部门组织需要盈利，志愿者需要个人效用满足。同样，在一开始，就应认识到制约合作伙伴的限制，并应确定和落实补偿措施，以处理可能出现的任何不足；现实的情况是，合作伙伴在权力和资源方面是不平等的(Diamond and Liddle，2005)，这影响了他们参与的能力。

专栏 3.3 伙伴关系管理流程

阶段 1：合作伙伴通过相互承认共同的需要，或为共同努力获得公共资金走到一起。如果他们以前没有一起工作过，他们将开始克服不同背景和方式上的差异性，建立信任和尊重的进程。这可能需要进行培训，培养每个合作伙伴在这一新组织中有效运作的能力。

阶段 2：通过对话和讨论，伙伴们建立了共同基础，并努力对更新规划愿景和使命达成一致。最初的核心合作伙伴可能同意有必要让更多个人和组织参与到更新规划中来。这些合作伙伴制定了评估需求和量化其提议承担任务规模的机制。这项倡议将需求评估工作所产生的资料与理想及任务说明结合起来，以拟订行动纲领。

阶段 3：伙伴关系的正式框架及组织结构已被设计并落实到位。合作伙伴制定了与行动议程相联系的具体目标、指标和任务。在适当的情况下，合作伙伴的执行部门会选择或任命一个管理团队来监督项目的工作。

阶段 4：合作伙伴实施其行动计划，无论是通过提供服务还是其他功能。执行部门寻求让所有合作伙伴参与，制定政策决定，并确保考核、评估和完善伙伴关系的运作的持续过程。

阶段 5：在适当的情况下，合作伙伴应该规划他们的未来战略。这涉及以某种形式为该更新规划的生存和继续工作制订一套新的目标。他们将通过把合作伙伴的资产转移回他们工作的社区来寻求创造"死后重生"。

资料来源：Wilson and Charlton(1997).

专栏 3.4　亨伯地方企业伙伴关系

亨伯地方企业伙伴关系涉及地方当局、地方企业和其他合作伙伴参与经济发展及其他活动。四个主要机构处理业务的具体方面：

- 投资委员会负责分配业务支持资金；
- 就业和技能委员会与教育机构开展合作；
- 营销委员会制定和执行贸易计划；
- 中小企业支持委员会与小公司开展合作。

在区域增长基金的支持下，亨伯地方企业伙伴关系已经获得了 2 570 万英镑用于支持绿港赫尔风力涡轮机的开发和制造，并获得 3 000 万英镑用于支持可再生能源部门和促进关键领域的业务扩张。

亨伯地方企业伙伴关系是作为一家担保有限公司进行运作的。

资料来源：CEDOS(2014).

发展阶段和关键问题

Boyle(1993)在对苏格兰中西部伙伴关系分析中提出了伙伴关系发展的若干关键阶段:

1. 启动及需要为早期良好开局而建立信誉;

2. 执行早期行动方案;

3. 巩固和重新评估目标和目的;

4. 更长期、更雄心勃勃的结构性改革计划。

随着伙伴关系的发展,在很多情况下,在实际到达第一阶段之前,会出现一些对伙伴关系的发展和最终成功具有重要影响的政策和实践问题。除了 Boyle(1993)的四个阶段,很明显,许多伙伴关系需要考虑继承和发展的长期问题。这些考虑事项最好在伙伴关系开始时就在大纲中商定下来,尽管它们不可避免地将受到审查和修正(Roberts, 2008)。

以下一系列问题提供了不同利益集团在建立和管理伙伴关系时需要考虑的问题"清单"。显然,这不是一份详尽的清单,随着伙伴关系发展及工作经验积累和深化,这份清单将会扩大。

战略语境

认识到所有伙伴关系的外部环境和基本社会经济现实,至关重要。

> 必须提请伙伴关系注意区域和国家经济的基本情况、当地劳动力市场的状况、更广泛的政治背景和商业世界的严酷现实。(Boyle, 1993:322)

考虑到现有的实力和资源,伙伴关系的目标必须是现实的和可实现的。

只有在战略规划的整体框架内确定明显的优先次序，并认识到在可用资源范围内可以实际达到什么目标时，个别计划才能最佳地实施。一个战略性框架可以提供一个蓝图，在这个蓝图中，社区更新方案的多样性可以确立如何为整个地区作出贡献的地方愿景。这种方法下可以对一个地方的主要优势与劣势进行分析，并在总体战略中规划和管理各地区的更新方案。

专栏 3.5　布里斯托尔的城市协议

城市协议是由英国政府引入的，目的是促进地方当局及其合作伙伴更有效地获得中央政府的权力和资源。布里斯托尔的城市协议于 2012 年宣布，涉及四个地方政府、英格兰西部当地企业伙伴关系及其他合作伙伴。布里斯托尔的城市协议包括：

- 建立公共部门资产管理安排；
- 公共交通合作协议；
- 提高经济增长速度为经济发展筹集资金；
- 制作一份人力资本投资计划；
- 建立一个没有外来投资服务的城市增长中心。

集成

Taylor(2008)认为，运用综合性城市更新方法是根本。在此背景下，Carley(1996:8)认为，“垂直”和“水平”集成是可持续城市更新的先决条件。垂直集成是在国家、区域、地方、社区和家庭等适当空间层次上的有益联系及政策和行动协调。用欧盟的术语来说，这是“辅助性原则”，在此情况下，每一级的行动都很重要，但仅凭行动本身还不足以实现政策目标。

横向集成有两个方面。第一，中央和地方的政府部门之间的跨部门联系，以便对多重贫困和可持续更新的要求作出更有效反应。第二，所有适当的利益相关者或利益集团的参与，共同应对城市更新的复杂挑战。

保证关键主体

有效和负责任的伙伴关系具有所有相关参与者和组织的平等代表权。除了确定所涉及的关键利益相关者之外，还需要确保他们能够获得信息、管理程序、决策权以及专业技能和培训。

活动重点

伙伴关系往往需要迅速取得成功，以便在当地社区中建立起信心和支持。伙伴关系经常采用经过考验的程序，特别是改善住房和环境，使其在困难和有争议情况下的生存得以合法化。有一种危险是，有关创新企业发展或社区发展等更雄心勃勃的初始目标，可能会因伙伴关系所要实现的诉求而被边缘化。在从低风险、传统的更新项目转向更具创造性、更高风险的更新项目时，伙伴关系常常面临真正的政治上和组织上的困难。长期的外部支持是必要的，以便使伙伴关系的即时要求与基本现实情况以及缓慢、稳步进展可能带来的长期利益相协调。

构建网络

成功的伙伴关系在很大程度上取决于网络质量（Skelcher, et al., 1996）。有效的网络可以通过与其他机构的联合来增强单个机构的实力。特别是，它们提供了在不同群体之间进行更多信息交流和发展共同观点的可能性。由那些受更新规划影响的人群组成的网络，增加了其对当地需求更加敏感的潜力。这种网络在空间规模上各不相同，从社区安排到由欧洲联盟和其他组织赞助的跨欧洲集团（Tallon, 2010）。

领导力

如果没有领导力和创造力来产生共同的目标感和发展共同愿景，伙伴关系就不可能很好地利用资源。政府部门的政治意愿及其支持是有效的先决条件，同时高级行动者的积极参与可以显示其真正的承诺。如果没有政府部门的基本支持，伙伴关系的能量很容易被内部冲突和持续的额外资源争夺所吞没。在这方面，重要的是，多个机构要尽早参与这一进程，不同部门的伙伴要相互了解对方的战略。此外，必须确保行政总裁（主任）和召集人能够携手合作，得到合作伙伴的支持，并在整个伙伴关系中培养领导技能和机会。

独立性

伙伴关系的管理需要超脱单一部门利益，并代表所有的利益相关者。在任命或借调工作人员到独立的伙伴关系机构而不是由现有行政机构负责的情况下，伙伴关系安排似乎最有效。同样，伙伴关系需要有自己的资源预算，以便通过谈判、项目选择和杠杆作用对其他伙伴施加更大的影响。

工作人员

伙伴关系机构工作人员素质似乎是其长期取得成功的一个关键因素。这些工作人员与伙伴关系机构的行政领导及其代表建立有意义关系的能力往往是提高效率的一个重要组成部分。也有证据表明，存在经验的转移，主要工作人员将其专业知识从一个更新项目转移到另一个更新项目。这有助于突出专业人员在伙伴关系演变中的重要性，并提出了专业/技能关注可以超越乃至取代由社区或其代表确定的最初问题的可能性（Boyle，1993）。在这些专业技能的基础上，重要的是当地居民从他们参与的项目中学习，并发展当地管理城市更新的能力。

成就测度

对伙伴关系能力的监测和评估至关重要，以表明它们正在跟踪各项更新方案的进展，并取得了有价值的成果。伙伴关系成就的衡量需要进一步细化，并更好地适应伙伴关系的目标。要求进行目标可量化测度的压力，对态度改变、认知提高、形象改善和能力建设等缺乏令人满意的定性测度，以及难以测量的“梦想”目标，都已成为必须解决的关键问题(Stewart and Snape，1995)。另一个重要的因素是，希望通过评估来促进学习(Holden，2007)。

创造附加值

伙伴关系评估中需要解决的另一个问题是伙伴关系能否提供附加值。这包括评估额外性(通过伙伴关系应用获得的资源是否比通过在其他地方单独使用而获得的更多)、协同性(两个或更多伙伴相互激励能否使二加二大于四)，以及换置性(伙伴关系的活动是否意味着当地其他地方失去了一些活动)。

所要关注的问题

虽然似乎越来越多的人意识到，在地方层面建立伙伴关系的灵活性必不可少，但正如 Bailey(1995:226)指出的，“在地方伙伴关系和中央政府之间建立必要联系，还有很多工作要做”。这一要求在一定程度上已经得到认可，这种方法在提供给当地企业伙伴关系的指导中已经很明显。

伙伴关系的优点

伙伴关系有可能确保通过集中关注那些对城市问题有最大影响的因素来克服以往城市更新办法的弱点。此外，伙伴关系可以将社会、经济和物理活动集中在同一战略层面上，并可以在现有利益相关方之间建立新的联系。

专栏 3.6　诺斯利战略委员会(KSB)

这一伙伴关系源于诺斯利的地方战略伙伴关系，其于 2001 年建立，是英国国家社区更新战略最初计划的一部分。该伙伴关系在过去十年中有很大发展，并在 2014 年作为英国国家政策及其优先事项变化的反映进行了重组。诺斯利伙伴关系委员会的许多核心合作伙伴仍然存在，包括诺斯利自治市议会、诺斯利商会、第一方舟集团、默西塞德郡警方、默西塞德郡客运经营、当地国家医疗服务体系和一系列其他组织。诺斯利战略委员会为一些国家和地方更新项目提供全面的战略协调，并与利物浦城市区域的合作伙伴进行合作对话。

当地个别伙伴的弱点可以通过联合行动来加以克服，而其优势也可以通过伙伴关系的互联互通得以加强（Holman，2013）。如果私营部门合作伙伴能够继续做出有效的商业决策，它们就提供了商业智慧，可以变得更有社会责任感。社区组织是灵活的，接近非正式网络，并支持社区的长期利益；但它们往往没有什么经济来源。国家和地方政府在鼓励合作、支持地方更新方案和决策、利用资源和提供行政支持方面可发挥关键作用（Bailey，1995）。

注意事项

对于伙伴关系，要避免采取“最小公分母”的做法，以鼓励更大胆的行动，并将“清谈会”转变为积极主动、以问题为导向的创业，在伙伴之间更平等地分担风险。

最初建立伙伴关系的热情，往往限于很短的时间内，这意味着重要的管理、代表和责任问题，以及报告安排等可能会被忽视或边缘化，导致冲突、疲惫和停滞（Stewart and Snape，1995）。

领导机构也有以自己的形象创建伙伴关系的趋势（Mawson，et al.，1995）。私营部门倾向于选择由主要企业高管进行管理的精简、小型机构，而地方当局倾向于创建大型官僚机构。在以社区为基础的伙伴关系中，私营部门代表往往很少；而在私营部门主导的伙伴关系中，情况正好相反。这可能导致在确定优先事项方面缺乏平衡，无法充分调动集体力量。

在不同伙伴的不同程度的承诺和参与之间可能会出现冲突。对成本与收益分配不均的看法各不相同，而且在初期阶段缺乏相互了解的时间，这往往意味着“能力建设”被忽视。

有些合作伙伴是很难接触的。在伙伴关系不稳定或目标非一致的地方，利益相关者的动机主要是为了保护其既得利益。经济实力和政治影响力、年度预算、规划周期和工作风格（尤其是语言）等不同，会给合作伙伴带来不同的压力，并可能在合作伙伴之间造成紧张关系。因此，需要花费相当多时间和精力在信任和分享的氛围中建立起伙伴关系。如果要取得可持续的成果，参与和伙伴关系工作需要有一种联合工作及行动的新文化。

结论

显而易见，采取战略性方法进行城市更新有许多潜在好处。它鼓励地方当局和其他组织在商定的战略环境下建立明确的目标，为他们提供机会来制定评估个别政策优点的标准。这使选择反映长期愿望的更新方案的可能性更大（Roberts，1990）。

战略框架的实际制定可以帮助促进参与城市更新的各种机构和组织之间的合作和鼓励伙伴关系（Diamond and Liddle，2005）。此外，战略框架可作为监测和评估城市更新成果的基础，从而使未来的政策制定、资源分配和项目评估变得更加明智（Martin and Pearce，1995）。

因此，战略愿景和框架需要强调：

- 建立真正有效的多部门伙伴关系；
- 要有协调和一体化的更新方案，而不是集中于单一的问题；
- 要有一个长期的承诺，而不是强调短期产出和成本；
- 制定地方城市更新战略。

正如 Martin 和 Pearce(1995)指出的：

> 这一进程的核心是需要制定符合协商一致的政策和方案，并确定和实施符合方案需要的相关项目。因此，必须明确表达政策、方案和项目之间的相互关系，基于更新目标的项目选择应符合政策和方案两级所确定的内容。(1995:109)

关于以伙伴关系为基础的更新战略愿景的组织和管理，目前已有相当多的知识。然而，在创建这样一个框架时，显然还没有统一的方法。因此，没有所谓的理想的解决方案，因为方法的选择不仅取决于所期望的结果，还取决于伙伴的可用性、问题严重性及其性质、现有组织和制度结构以及国家政策框架等。

在 20 世纪 80 年代和 90 年代初，随着个人和组织的“干中学”，伙伴关系工作是渐进的、务实的和零散的(Stewart and Snape, 1995:11)。自 20 世纪 90 年代中期以来，在建立和管理伙伴关系过程的经验交流方面也已有更多的努力。与过去相比，现在更多要求个人和伙伴关系组织就他们的经验和教训提供反馈。

许多参与伙伴关系工作的人现在处于有利地位，可以为发展新伙伴关系和开展现有更新活动的“最佳实践”指导作出贡献。一些合作伙伴已经制定了这种类型的内部指导，但为了有效的伙伴关系工作，所有可能参与伙伴关系的各方都应该认识到伙伴关系工作的基本规则。

根据经济合作与发展组织(OECD, 1996)和英国城市更新协会(1996, 1997)在城市更新良好实践方面归纳的经验,我们可以提出有关建立成功伙伴关系的一些政策原则:

● 战略愿景和框架,提供了预期结果的清晰画面,鼓励合作伙伴在作出适当贡献的同时调整其目标;伙伴关系应建立在共同利益、共同理解和共同行动的基础上。

● 应发展适合当地和区域条件的伙伴关系;地方性、利益相关者和既得利益的特殊性决定了合作伙伴关系的结构、构成和运作方式。

● 伙伴关系应结合“自下而上”和“自上而下”的更新方案;在所有部门中,能力建设和相互理解都是至关重要的,以确保伙伴关系能够有效开展工作。

● 伙伴关系不能孤立地发挥作用;以地方为基础的更新项目必须纳入该区域更广泛的框架,如果它们的行动要成功和可持续的话,需要城市、区域和国家一级机构的支助。

● 有效的伙伴关系工作,需要伙伴组织内部明确的责任分配,同时要有足够的资源、时间和结构。

● 伙伴关系应包括作为平等伙伴的本地居民和社区组织;这往往需要文化和运作方式的改变,以照顾社区参与者,确保他们充分致力于实现共同确定的目标,并确保他们是采取任何更新行动的主要受益者。

本章强调战略及其本地伙伴关系在设计和实施城市更新规划方面所能发挥的重要作用。这表明,在政策制定者、实践者和更广泛的社区中,对于伙伴关系有效工作所能获得的收益以及一些成本和限制,已有一定程度的共识。

本章还表明,如 Geddes(1997:130)所说,“没有一种伙伴关系模式可以发展成为适用于所有情境的最佳模式。这需要在研究和评估支持下的持续的灵活性、创新和实验，以推进优秀的实践”。这一结论也反映在其他对伙伴关系优缺点的评论中，包括 Joseph Rowntree Foundation(2000)和 Holman(2013)。

关键问题和行动

- 伙伴关系应建立在明确的战略愿景和行动框架基础上。
- 伙伴关系应反映共同所有权、共同利益、地方多样性、共同抱负和共同理解。
- 伙伴关系要因地制宜、兼容并蓄。
- 在伙伴关系中，明确的责任分配是至关重要的。
- 伙伴关系会随着时间的推移而变化。
- 伙伴关系应该从一开始就要考虑和规划可持续发展问题。

参考文献

Academy for Sustainable Communities(2008) *Making Places: Creating Sustainable Communities*. Leeds: Academy for Sustainable Communities.

Alden, J. and Boland, P.(1996) *Regional Development Strategies: A European Perspective*. London: Jessica Kingsley.

Bailey, N.(1995) *Partnership Agencies in British Urban Policy*. London: UCL Press.

BIS(2010) *Local Growth: Realising Every Place's Potential*, Department for Business, Innovation and Skills, Cm 7961. London: The Stationery Office.

Boyle, R.(1993) 'Changing partners: The experience of urban economic policy in west central England, 1980—90', *Urban Studies*, 30(2):309—24.

British Urban Regeneration Association(BURA)(1996) 'Best practice awards 1996', booklet prepared for the BURA Best Practice Awards Ceremony, 21 May, Sheffield.

British Urban Regeneration Association(BURA)(1997) 'Best practice awards 1997', booklet prepared for the BURA Best Practice Awards Ceremony, 3 June, London.

Cabinet Office(2011) *Unlocking Growth in Cities*. London: Cabinet Office.

Carley, M.(1995) 'Using information for sustainable urban regeneration', Scottish Homes Innovation Paper 4, Edinburgh.

Carley, M.(1996) *Sustainable Development, Integration and Area Regeneration*. York: Joseph Rowntree Foundation.

Carley, M.(2000) *The Strategic Dimension of Area Regeneration*. York: Joseph Rowntree Foundation.

Chief Economic Development Officer's Society(2014) *Local Authorities, Local Enterprise Partnerships and the Growth Agenda*. London: CEDOS.

Department of the Environment(1995) *Bidding Guidance: A Guide to Bidding for Resources from the Government's Single Regeneration Budget Challenge Fund*. London: Department of the Environment.

Diamond, J. and Liddle, J.(2005) *Management of Regeneration*. London: Routledge.

ECOTEC(1997) *Planning in Partnership: A Guide for Planners*, a final report to the Royal Town Planning Institute. London: RTPI.

European Commission (1994) *Europe 2000+*. Luxembourg: Cooperation for European Territorial Development, European Commission.

European Commission(2014) *Guidance Document on Monitoring and Evaluation*. Brussels: European Commission.

Geddes, M.(1997) *Partnership against Poverty and Exclusion?* Bristol: The Policy Press.

Hall, P.(1997) 'Regeneration policies for peripheral housing estates: Inward and outward-looking approaches', *Urban Studies*, 34(5—6):873—90.

Healey, P.(1997) 'A strategic approach to sustainable urban regeneration', *Journal of Property Development*, 1(3):105—10.

Healey, P., Cameron, S., Davoudi, S., Graham, S. and Madani-Pour, A.(eds) (1995) *Managing Cities: The New Urban Context*. Chichester: John Wiley & Sons.

Holden, R.(2007) *Evaluation and Local Area Regeneration—Local Work 77*. Manchester: Centre for Local Economic Strategies.

Holman, N.(2013) 'Effective strategy implementation: Why partnership interconnectivity matters', *Environment and Planning C*, 31(1):82—101.

Joseph Rowntree Foundation(2000) *Urban Regeneration Through Partnership: A Critical Appraisal*. York: Joseph Rowntree Foundation.

Mackintosh, M.(1992) 'Partnership: Issues of policy and negotiation', *Local Economy*, 3(7):210—24.

Martin, S. and Pearce, G.(1995) 'The evaluation of urban policy project appraisal', in R. Hambleton and H. Thomas(eds), *Urban Policy Evaluation: Challenge and Change*. London: Paul Chapman.

Mawson, J., Beazley, M., Collinge, C., Hall, S., Loftman, P., Nevin, B., Srbljanin, A. and Tilson, B.(1995) *The Single Regeneration Budget: The Stocktake Interim Report Summary*. Birmingham: University of Birmingham and Central England.

McGregor, A., Maclennan, D., Donnison, D., Gemmell, B. and MacArthur, A. (1992) *A Review and Critical Evaluation of Strategic Approaches to Urban Regeneration*. Edinburgh: Scottish Homes.

Organisation for Economic Co-operation and Development(OECD)(1996) *Strategies for Housing and Social Integration in Cities*. Paris: OECD.

Parkinson, M.(1996) *Strategic Approaches for Area Regeneration: A Review and a Research Agenda*. York: Joseph Rowntree Foundation.

Roberts, P.(1990) *Strategic Vision and the Management of the UK Land Resource*, Stage II Report. London: Strategic Planning Society.

Roberts, P.(1997) 'Opinion', *BURA Journal*, October.

Roberts, P.(2008) 'Social innovation, spatial transformation and sustainable communities', in P. Drewe, J. Klein and E. Hulsbergen(eds), *The Challenge of Social Innovation in Urban Revitalization*. Amsterdam: Techne Press.

Roberts, P. and Benneworth, P.(2001) 'Pathways to the future?', *Local Economy*, 16(2):142—59.

Skelcher, C., McCabe, A. and Lowndes, V.(1996) *Community Networks in Urban Regeneration: 'It All Depends Who You Know!'*. Bristol: The Policy Press.

Southern, A.(2003) *The Management of Regeneration: Processes and Routes to Effective Delivery*—Local Work 50. Manchester: Centre for Local Economic

Strategies.

Stewart, M. and Snape, D.(1995) 'Keeping up the momentum: Partnership working in Bristol and the West', unpublished report from the School for Policy Studies to the Bristol Chamber of Commerce and Initiative.

Tallon, A.(2010) *Urban Regeneration in the UK*. London: Routledge.

Taylor, M.(2008) *Transforming Disadvantaged Places*. York: Joseph Rowntree Foundation.

Turok, I. and Shutt, J.(1994) 'The challenge for urban policy', *Local Economy*, 9(3):211—15.

Wilson, A. and Charlton, K.(1997) *Making Partnerships Work: A Practical Guide for the Public, Private, Voluntary and Community Sectors*. York: Joseph Rowntree Foundation.

第二部分
主要内容和议题

第 4 章
经济更新的融资

奈杰尔·伯克利[*]　戴维·贾维斯[**]　戴维·努恩[***]

引言

本书第一部分阐述了城市更新的定义、目的和演变,本章基于第一部分提供的背景,考察经济发展的融资是如何通过城市更新政策的历史阶段发展起来的。这是通过英国经济变化以及围绕经济发展采取不同金融和政策干预来观察的,这些干预旨在改善结构性衰退的影响。在此过程

---

* 奈杰尔·伯克利(Nigel Berkeley)教授,考文垂大学的地方经济发展教授。在经济发展研究方面有着丰富的经验,这些研究旨在塑造、影响政策和相关讨论,为欧盟委员会、英国政府机构、地区发展机构、地方当局、第三方和私营部门组织完成研究项目。目前的研究集中于产业政策,特别是交通部门领域,审查电动汽车在刺激经济增长中的作用,并批评旨在支持这一转变的政策。

** 戴维·贾维斯(David Jarvis)博士,《地方经济发展》(*Local Economic Development*)审稿人,考文垂大学商业与社会中心(CBiS)联合主任。曾在商业和高等教育设置中担任研究和评估角色。目前任职于考文垂大学,负责领导跨学科研究团队,在经济和社会层面上提供有影响力的更新项目。更新项目通常寻求"弥合知识鸿沟",并提供以研究为导向的情报,以便为政策和实践提供信息。

*** 戴维·努恩(David Noon)教授,考文垂大学经济更新名誉教授。曾在城市规划实践中担任顾问和高级学术职位,最近担任考文垂大学商业、环境和社会学院院长。研究兴趣集中在地方和区域经济发展和更新。

中，考察政治意识形态的影响及其对所采取的办法（包括公共部门和私营部门的作用）、提供资金类型、方案和执行机制的影响。

自20世纪60年代以来，英国城市更新政策的基本原理一直很明显。当时，许多城市显然面临着长期问题，其典型表现是人口和就业外流，导致物理性和社会性衰退。在寻求解决这些问题的办法时，政策制定者需要了解城市市场的动态，特别是其供求特点，以便以最佳效果来配置资源。

经济的需求侧取决于一个城市保留本地支出和吸引外来新支出的能力。这可能表现为对工业生产或服务部门产出的需求。为了促进该城市的发展，必须努力吸引新的开支来源。许多内城更新项目取得了成功，因为在确定开发范围时，就已经考虑到了需求的性质。在这方面，特别重要的是消费者行为和支出模式的变化，这本身就与经济结构从工业向消费驱动的服务业的根本转变有关。这为许多地区在财务上可行的城市更新规划提供了机会，从而在以前的工业棕地上进行开发和发展。全英国各地大量的零售和休闲公园，就是这种变化过程的证明。

在供给侧，必须投资于对基础设施的改善，包括修建新道路或改善现有道路和其他交通联系。与此同时，土地利用规划及其开发系统必须响应去工业化进程和不断变化的需求模式，以腾出土地进行重建。例如，通过发展大学、政府和开发商之间的联系，推进科技园区和企业园区建设，促进知识驱动型经济得到加强。

供给侧也受到城市生产能力的影响。在这方面，特别重要的是，通过新公司成立和现有企业增长来促进当地发展的投资吸引能力。实体经济的投资环境将明显受到当地经济竞争力的影响，其体现在基础设施质量及其区位优势，包括教育提供者开发符合当地经济的雇主需求的劳动力技能的能力。

因此,经济更新政策要取得成功,就必须同时解决供求两方面问题。如果没有足够的需求来支撑其使用,提供新的主要基础设施是毫无意义的,而如果一个城市没有足够的基础设施和服务设施,则会因缺乏竞争力而注定失败。因此,本章将首先回顾城市背景下英国城市更新政策的发展,因为它提供了一个可以理解经济更新融资演变性质的框架。

城市政策发展趋势

从20世纪60年代中期至今,可以确定以应对城市衰退为目标的城市政策发展的五个阶段。每个阶段都反映了当时明显的主要经济状况以及对这些挑战的政治意识形态反应(见表4.1)。

第一阶段从20世纪60年代中期开始,直到1977年内城白皮书(HMSO, 1977)的出版。在这一阶段,有一种基于"贫困文化"的特殊的贫困观点,其由Banfield(1970)等作者在美国提出,通常将城市问题归咎于集中在小地区的家庭不当经营上。"它假定贫穷是一个有限问题,集中在可界定为反社会文化的小地区,这些地区可以被确定并最终消除"(Lawless, 1988:532)。

第二阶段从1977年至20世纪80年代初。1977年的内城白皮书标志着城市政策关注焦点的变化,1979年选举后的政府更替使这一阶段得以进一步发展。这是一个强调土地和房屋开发以实现城市经济更新的时期。基本的理论方法与一个所关注的问题有关,即在经济运行上存在着严重的供给限制,用于现有企业扩张的土地有限,吸引新的主要外来投资的机会很少。人们一致认为,应要求公共部门提供大量资金,以改善内城发展机会和解决场地遗弃问题。

表 4.1　20 世纪 60 年代中期以来英国城市经济发展和融资的主要特征

阶　段	政治背景	资金来源	方　法	倡　议	实施机构
20 世纪 60 年代中期至 1977 年（内城白皮书）	贫困文化	地方和中央公共部门	大规模物理更新计划，包括新的房屋类型（如高层公寓）	综合开发项目（CDPs）	中央和地方政府推动
1977 年至 20 世纪 80 年代早期	解决供给侧的制约和疏忽	公共部门较早尝试以吸引私营部门投资	房地产开发，以克服所受限制的地点	废弃地拨款、城市开发区拨款、企业振兴园区、工业开发区	加大中央政府对政策的控制，削弱地方当局的作用
20 世纪 80 年代	消除地方官僚主义和商业发展障碍	白皮书推动公共部门融资，从而撬动私人部门投资	新的合作伙伴关系和实行代理方式（如半官方机构）	放松法规和控制（如规划），以区域为基础的方法，包括示范项目	城市开发公司、城市工作小组和特别工作组
20 世纪 90 年代	重建当地地区及其社区在经济更新方面的作用	通过竞争性招标提供的中央控制的公共资金；继续强调调动私人投资	以增值和长期可持续性为基础，资源用于项目	“城市挑战”项目和“单一更新预算”	以项目为基础的公共部门、私营部门和社区部门伙伴关系
1997—2010 年	融合经济、社会和物理要素的更新（“第三条道路”）	中央政府资金用来撬动私人投资；根据需求评估分配	以地区为基础的干预措施，旨在居民区和社区的物理、社会和经济复兴	“社区新政”“社区更新及工作基金”“社区基金”	区域开发机构和地方战略伙伴关系

第三个阶段是从20世纪80年代初到1988年《城市行动报告》的出版，这一阶段是城市政策从地方到中央控制的持续转变。在此期间，城市政策受到流行观点的影响，即地方当局过于官僚化，扼杀和限制了地方企业发展和增长。因此，要鼓励私营部门在城市开发公司等新机构协助下积极参与城市更新。它们的特点是公共部门和私营部门的利益相关者建立伙伴关系，创造一个更有效和更有活力的城市更新方法。新出台的“资金杠杆计划”的政策，涉及土地混合用途的开发，以及通常由中央政府向地方当局和城市开发公司提供资金资助的更大规模的城市更新规划。更新示范项目是这种方法的一个很好的例子，寻求刺激大量的投资和客户需求，同时与供应侧的住宅相匹配。更新示范项目的例子，包括伦敦的金丝雀码头和朴次茅斯的冈沃夫码头（见专栏4.1）。

专栏4.1　冈沃夫码头

朴次茅斯的冈沃夫码头是英国南海岸一个大型码头改造项目。该处占地约六公顷，有历史悠久的船坞，可追溯到1526年，并有许多历史悠久的建筑物，包括建于1811年的海关大楼。该场地和相关的总体规划是开发一个节庆的滨水区，它借鉴了以下类似方案的经验，包括南非开普敦的维多利亚码头和阿尔弗雷德码头方案。该项目的愿景是建设成为一个高质量的混合用途发展，提供全天候的旅游目的地和游客景点。

高度的土地污染和具有重大历史价值的建筑翻新所需花费的成本，导致了资金的巨大缺口。此外，要建造一个类似帆船的观察塔，即“三角帆塔”的地标性建筑，也增加了项目成本。

这些因素使由私营部门主导的伙伴关系的项目总成本为8 600万英镑，在千禧年竞标成功后，公共部门提供了约4 000万英镑的资金用于该项目缺口。对该项目的评估表明，更新方案已经改变了该地区，其反映在成功的贸易和游客数量上。

第三阶段的一个关键特征是，城市更新规划的重点逐渐从地方当局及社区转向由中央政府及其建立的各种半官方机构控制和管理。然而，1988年的《城市行动报告》表明了对于加大地方当局及其社区在城市更新方面发挥作用的愿望。

在20世纪90年代初，第四阶段的特点是由私营部门/地产主导的城市更新转向一种新的模式，即在竞争性招标和可持续性的框架下，以公共、私营和地方为基础的社区伙伴关系为工作模式。这种模式的转变反映了这样一种观点，即如果有当地的积极参与，城市更新项目将更具针对性，因此，公共投资中将会有更多的增加值创造。尽管地方当局及其社区在确定项目重点、授权和协调方面被赋予了更大的作用，但中央政府仍然在资源分配方面占据主导地位（Tallon，2010）。这种方法的早期例子是北爱尔兰煤岛的成功项目（见专栏4.2）。

专栏 4.2　社区参与:煤岛更新项目

北爱尔兰的煤岛更新项目是当地社区、公共机构和当地企业的伙伴关系项目，它使这个衰落的工业城镇中心得到了显著改善。在翻新的玉米磨坊提供了一组社区设施，以及停车场、水景和景观区，并将一个废弃工厂和空置房屋转变为经济用途。社区作为合作伙伴积极参与了开发过程，这带来了更深层次的所有权感。更新的力量在于社区的活力，这导向了强有力的伙伴关系方法。

政府资助个别商业地产业主翻新空置楼宇及改善铺面。更新是进一步复兴的基础，未来的计划包括运河连接、工业旅游和更多的工作小单元。煤岛计划表明，如果运用得当，公共资金会产生强大的杠杆效应。

1997 年后，在新工党的旗帜下当选的工党政府，寻求一个新的方向，通过更综合和具有空间针对性的方法进行经济、社会和物理的更新，旨在开展贫困社区的更新。城市政策第五阶段的重点是让当地社区参与到最需要的地区更新中来，这是根据贫困的统计指标来判断和确定的，因此改变了前届政府强调竞争性招标的做法。除了出台新的更新规划外，新工党政府也保留了从上一届保守党政府继承下来的既有项目，反映了需要一个全面框架来解决城市问题的看法，特别是在那些经济成功但并没有解决社会排斥问题的地区。这一阶段的城市政策是由大量公共部门投资所支撑的。

随着 2010 年保守党和自由党联合政府的当选，城市政策已经站在了十字路口，新的政策重点是在次区域层面实施经济发展，并让私营部门发挥更大的领导作用。虽然在新保守党政府（2015 年）的领导下，最近的政策重点是在大曼彻斯特联合管理局（Greater Manchester Combined Authority）领导下创建更大的城市管理机构，但总体上经济发展受到阻碍：自 2010 年以来，主要机构和基础设施被取消或削减；过去以地区为基础的更新活动被终结；在全球金融危机及随后公共部门紧缩后，以房地产为主导的开发项目已明显放缓。

在明确了英国城市更新的政策背景后，本章下一节将阐述融资的演变和发展，以及支持城市更新实施的个别措施。

英国经济更新的融资

自 1977 年白皮书后的现代城市更新方案开始以来，城市更新的融资方式一直在演变。融资方式已从 20 世纪 70 年代和 80 年代初的以公共部门资助为主，转向 20 世纪 90 年代和 21 世纪初的公私合作，再到 2010 年后的新公私合作模式。在这一转变过程中，竞争性招标原则、私营部门资金的杠杆作用和空间目标市场选择影响了反映不同时期政治意识形态主导的政策举措。

现代更新方案初期，公共部门为城市更新提供主要资金来源。在 1977 年白皮书发表之前，城市更新规划由内政部主管，其向许多地方当局和一些志愿团体提供了 75％的拨款援助。1977 年，当时的工党政府加大了城市更新规划的力度，将其管理权转移到环境署，并创建了 7 个城市伙伴关系，将公共资金用于最需要的地区。

1979 年大选之后，有了如何资助城市更新的新想法。其重点是鼓励私营部门更多地参与城市更新行动。这相当于“由国家干预担保的新自由主义……通过基础设施投资向私营部门提供补贴”（Atkinson and Moon，1994：165）。尽管仍有相当多的政府资金直接投入，但重点已转向私营部门，以期能够在一定程度上调动起企业的积极性。这一政策方向的改变反映了保守党政府把经济重点放在城市政策上的愿望，并引入了以发展为主导的进程，重点是翻新、建造、基础设施改善和再开发。

这一时期，保守党政府的许多政策都基于“杠杆计划”（Atkinson and Moon，1994：192），即“通过公共资金支出来筹集额外的私人资源，从而增加公共支出的净效益，促进经济更新”（Robson，1988：152）。这可以从保守党政府在 20 世纪 80 年代推行的一些更新规划中得到充分反映。杠杆计划措施的例子，包括城市开发补助金和城市更新补助金。“缺口资金”的概念也是这种方法所固有的，即利用公共资金来调和使场地恢复有益使用的成本与其市场价值之间的差异。

城市开发补助金（UDG）设立于 1982 年，以美国的城市发展行动补助金为基础。在英国，这是一项地方政府与私营部门进行利益合作来开展资本投资项目的计划，而私营部门提供了大部分投资融资。它对投资项目类型没有任何限制，尽管从1984年起资助重点主要是物理更新项目，其中要求私营部门的出资要比公共部门多几倍。虽然这些补助金投放仅限于少数几个地方，但帮助刺激了更多的私人部门投资，并在原本不可能建成的地方建造了内城住宅。

城市更新补助金于1987年推出，扩大了城市开发补助金的适用范围和覆盖范围，其主要变化是开发商可以绕过地方当局而直接从中央政府那里获得资助。为了具有获得基金资助的资格，开发用地必须大于8公顷。城市更新补助金和城市开发补助金后来合并为城市补助金，成为城市行动方案的主要政策措施。城市补助金通过直接向开发商发放资助，更加重视私营部门的领导作用。

1980年的《地方政府规划和土地法案》赋予了地方政府设立城市开发公司的权力。城市开发公司的目标是"撬动"私营部门的资源，从中央政府年度预算中获得资金，并出售房地产。城市开发公司有获取、改善和服务地区土地的权力，然后作为自己开发的控制者。尽管审计委员会(1989)担心这类机构过于复杂且缺乏有效解决城市衰退所需的资源，但它们经常被认为是"保守党政府城市政策的旗舰代表"(Imrie and Thomas, 1993:1)。首批两个城市开发公司于1981年成立，其后在1987—1993年又成立了11个城市开发公司。到1989年，城市开发公司开发了约16 200多公顷的土地，中央每年对其拨款2亿英镑。1988年，当时的政府认为，城市开发公司是"有史以来对城市衰退最重要的反击"(HMSO, 1988)。例如，1987年成立的卡迪夫湾城市开发公司，在一个价值约24亿英镑的更新规划中，公私部门投资的杠杆目标为1∶4(参见专栏4.3)。

专栏 4.3 卡迪夫湾

卡迪夫湾是南威尔士的一个大型更新项目，代表了一个综合更新方案的例子，该方案拟重新开发一个在很大程度上被遗弃的地区，其在 20 世纪下半叶经历了财富的迅速下降。在 19 世纪末和 20 世纪初，卡迪夫湾地区成为一个主要的港口和商业中心，重点是煤炭出口及相关的活动，如钢铁制造。即使到了 1987 年，该地区还提供了大约 15 000 个工作岗位。随着这些传统经济活动的减少，这个地区陷入了废弃和荒废。

在卡迪夫湾城市开发公司领导下，制定了一项全面的更新规划，通过重大的基础设施投资，包括建造一个横跨海湾的拦河坝以改善海滨环境，更新了 1 100 公顷的区域，成为新建的威尔士议会的所在地，并创建了威尔士千禧中心等主要旅游景点。该更新规划还包括建造零售店、酒店和餐厅、商务办公楼及一系列住房。虽然有大量的公共部门投资(2.2 亿英镑)，改善铁路连接和公共领域项目的主要目标是吸引私人部门投资。许多人认为，就物理更新而言，整体更新方案是一个重大成功；然而，就业增长预期偏高，实际水平低于预期，但这可能是由于更为广泛的经济因素，而不是该规划本身的问题。此外，提供多种住宅类型的尝试至今未能完全实现。

作为由城市开发公司获得实际杠杆规模的例证，公共账户委员会(1989)指出，伦敦码头开发公司 1989 年的杠杆规模超过 20 亿英镑，泰恩—威尔郡开发公司在头两年的操作中有 2.5 亿英镑的私营部门资金承诺。然而，20 世纪 90 年代，由于经济衰退导致房地产市场停滞不前，这种杠杆水平未能继续保持下去，突显出这种高度依赖于变幻莫测的宏观经济条件的融资方式所带来的风险。

大约15年后，城市开发公司的概念再次被引入。2003—2004年，在三个新的区域(北安普敦郡西部、伦敦泰晤士门户和瑟罗克)成立了城市开发公司。这些新设立的城市开发公司吸取了以往的教训，完善了地方协商和代表制度安排(Tallon, 2010)。

在创建城市开发公司的同时，1980年的预算宣布设立企业振兴园区。这种以空间为目标的更新办法，为鼓励当地企业扩大规模和吸引新投资提供一系列优惠。企业振兴园区采用了不同的融资模式，其为园区内开展业务的公司提供地点性的激励，包括免收营业税、100%的资本免税额、豁免职业培训费征收，并有一个非常简化和宽松的规划系统。这些激励措施旨在解决市场失灵，削减官僚主义，使该地区成为一个具有竞争力的商业场所(Hirasuna and Michael, 2005)。1981年，有11个企业振兴园区获批设立，到1996年，又有27个企业振兴园区获批设立。每个企业振兴园区的激励措施，实施期限为10年。

2011年3月，联合政府批准重新引入企业振兴园区，重点是刺激经济增长。但这些企业振兴园区主要是设在正经历高速增长的地区，包括牛津郡的"科学谷"和剑桥郡的阿尔康伯里机场，而不是像以前那样试图用来解决地区衰退和被遗弃的问题。共有24个企业振兴园区在运营中，地方企业伙伴关系负责在地方层面领导这些企业振兴园区发展。

正如本章前面所指出的，20世纪90年代的城市更新发生了重大变化，重点已不再是将财政补助金投入被认为最需要的地区，而是转向面向全国所有地区的开放的竞争性招标、合资企业和伙伴关系。与此同时，欧洲区域基金和社会资金的可用性变得更加重要。这一转变强调合作伙伴在地方层面共同努力，创建实现经济发展的战略框架，并开发投标书写技能，以在地方、区域、国家和欧洲层面获得更新资金。伴随着这些变化，为促进地方经济发展，对公共资金安排和使用的问责制得到加强。

这种新方法第一个广泛应用的例子是“城市挑战”更新方案。于1991年发起的“城市挑战”更新方案不同于以往的倡议，它授权地方当局控制政策议程，使它们能够申请资金，以更新被确定为最需要更新和经济发展的地区。它涉及与企业和商业部门的密切联系，并利用地方志愿部门的资源，反映出从单纯的经济更新动机向更强有力的社会政策方面转变。“城市挑战”鼓励地方当局有远见地行动，并将当地人民和社区组织（当然包括私营部门）纳入更新项目。强调采取综合办法，将城市更新项目与就业培训、儿童保育、住房、环境问题以及预防犯罪和安全联系起来。该方案的创新之处在于，它采用了竞争性投标程序，目的是鼓励地方政府具有企业家理念。人们还认为，即使是那些没能中标的地区也将从招标过程中受益，随后将更好地与私营部门合作。

审计委员会（1989）和国家审计署（1990）的报告指出，政府的内城更新方案有一定程度的重叠，并认为这是浪费时间和资金。这些报告促使1994年制订了“单一更新预算”，将20个现有更新方案和倡议纳入一个综合更新预算中。单一更新预算引入了比以前更广泛、更多样化的更新活动，为包括小城镇和农村地区在内的更多地区提供了申请资金的机会，也为更新项目实施提供了更长时间跨度，最长可达7年。由“城市挑战”更新方案引发的地方层面整合与协调，得到“单一更新预算”的进一步鼓励和加强。1993年，设立了各地区政府办事处（Government Offices for the Regions），以控制地区层面的开支和政策执行，并解决过去由于未能让地方社区参与而造成的伙伴关系努力的缺失，从而进一步支持了这种地方重点。1994—2000年，“单一更新预算”总共开展了六轮竞标，涉及1027项更新方案和260亿英镑资金，其中大约30%来自私营部门（Tallon，2010）。在新工党政府的领导下，“单一更新预算”持续了一段时间，反映出仍然需要一个全面的框架来解决城市问题，特别是在社会排斥仍未得到解决的地区。"单一更新规划"在2002年后成为"单一更新预算"的新工具,最终方案是在2007年完成,尽管后来的项目更多针对贫困社区。

"单一更新预算"还被用于资助英国伙伴关系(EP)的活动,该伙伴关系在1994—2008年运作,之后被纳入家庭和社区机构。EP的目标是通过与地方当局、私营部门、志愿团体和其他方面的战略伙伴关系,通过填海造地,以及对空置、废弃、未充分利用或受污染的土地和建筑物进行开发,促进就业机会的创造、外来投资和环境改善。英国伙伴关系也有一定的法定权力,使其能够通过财政资金援助、贷款和担保提供缺口资金。

1997—2010年,除了"单一更新预算"外,工党政府还提出了一些基于地区的综合伙伴关系的更新方法,运用空间定向融资以解决社区和邻里层面上更地方化的贫困问题。并通过国家多重贫困指数统计确定接受资助的地区。

基于地区的综合伙伴关系的更新方法包括一项示范性项目"社区新政",将目标锁定在多重贫困地区,通过社区伙伴关系提供更新资金。这表明,在更新项目上,不再依赖竞争性投标,而是根据最需要的地区采取更综合、全面和长期的办法。1998—2011年,英国共有39个"社区新政"项目,每个项目都有十年的使用寿命。与"社区新政"倡议一起,工党政府的"社区更新基金"也于2001年设立,并将更新资金分配给英格兰88个最贫困的地方政府地区。通过"社区更新基金"分配的资金在地方层面通过地方战略伙伴关系进行管理,目的是将公共、私营、志愿和社区部门的主要利益相关方聚集在一起。然而,与"社区新政"相比,"社区更新基金"的资助规模较小、更短期和相对零碎(Jarvis, et al., 2012)。

"社区新政"和"社区更新基金"先后投资了近20亿英镑。对于"社区新政"来说,资金主要用于投资高可见性的基础设施发展,比如新的和更新的社会住宅、社区设施、学校和休闲设施等，并期望在方案结束后能有一个继承机构继续其工作。“社区更新基金”于 2008 年进行了改革，并延续至 2011 年更名为“工作地区基金”（WNF）。这两种机制都没有通过 2010 年综合支出审查。

在新工党执政期间，城市更新的关键执行机构是在英格兰 9 个地区以及威尔士和苏格兰设立的区域开发机构。这些机构控制着城市更新的“钱袋”，以战略眼光管理包括“单一资金池”（Single Pot）和“欧洲结构基金”在内的各种资金流。此外，区域开发机构往往成为城市更新的催化剂，开启其区域内休眠多年的闲置场地的更新方案。伯明翰邓禄普堡遗址就是一个例子(参见专栏 4.4)。

专栏 4.4　邓禄普堡

邓禄普堡是一个地标性建筑，位于 M6 高速公路旁，距离伯明翰市中心约 5 英里。以前的轮胎仓库已被废弃了大约 20 年，要让这座建筑重新得到有益利用是对开发商的一大挑战。在经历了多次错误尝试后，伯明翰市议会、城市亮点（Urban Splash）和西米德兰兹郡经济发展署（当地的区域发展机构）组成的一个联盟，草拟了一份更新规划，打算将这座七层楼的大楼改造成 34.5 万平方英尺的办公和零售空间。此外，还增加了一个新的酒店，使地理区位的好处最大化。高质量的设计和主题性的方法，反映了建筑的遗产性，突出了重点。更新工程于 2004 年 12 月—2006 年 6 月进行。

认识到公共部门需要大量的资本投资补贴，一个创新的融资方案是每个合作伙伴对 9 000 万英镑的总投资贡献三分之一份额。“城市亮点”负责管理已完成的项目，并在开发协议中约定了 999 年的租约。如果没有市议会和区域发展机构的参与，这一标志性建筑很可能今天仍然被遗弃。区域发展机构通过资助土地的复垦为该项目提供资金。

2010 年,保守党和自由党联合政府当选后,以“区域增长基金”的形式,更新资金竞争性投标又回到了城市政策议程上。在宣布这项基金设立的同时,废除了区域开发机构和“单一项目预算”。在可能被视为模式转变的情况下,“区域增长基金”的资金通过向私营部门公司和私营或公共部门伙伴关系开放的竞争性招标程序进行分配,重点是摆脱对公共部门资金用于经济发展的依赖。这反映在政府经费水平的降低上,四年的 24 亿英镑资助只占之前区域开发机构安排下可获得资助(每年约 18 亿英镑)的一小部分。

除了通过英国政府支出提供资金外,自 1995 年以来,英国国家彩票为各种以伙伴关系为基础的更新项目提供了主要的新的财政资源。否则,这些独特而又引人注目的更新项目就会超出常规公共资助的范围,或者要求过高。彩票基金支持了五项“公益事业”。其相应机构分别为千禧委员会、体育理事会、国家遗产纪念基金、慈善理事会和艺术理事会。这些机构通过彩票基金,主要以公开招标程序来支持更新示范项目和更多小型项目。示范项目被用作城市更新的催化剂,例如索尔福德的劳瑞中心、纽卡斯尔国际生活中心、布里斯托尔 2000、格林威治的千禧穹顶(位于格林威治的 O_2 体育馆)、唐卡斯特的地球公园会议中心和伯明翰的千禧点。

欧盟委员会(European Commission)通过区域发展援助的资金分配,也成为英国城市更新的重要资金提供者。许多地方当局和地方更新伙伴关系从欧洲获得大量额外资源,以实施它们原本无法资助的更新项目。其中绝大多数来自欧洲结构性基金(European Structural Funds),如欧洲区域发展基金(ERDF)和欧洲社会基金(ESF)。这些基金旨在通过重新分配资源，有利于较不繁荣地区的发展，从而促进欧盟的经济和社会凝聚力。随着时间的推移，结构性基金的管理和具体目标已经发生了变化，以反映欧盟内部不断变化的经济环境和新成员国的加入。对于英国而言，结构性基金目前集中于两个目标：地区协调发展（原目标 1）和领土合作（原目标 3）。后者包括决策、研究和能力建设领域的区域间合作，并包括（非结构性）资助项目，诸如 INTERACT、ESPON、INTERREG 和 URBACT 等。

通过对英国经济发展融资历史的简要回顾，可以明显地看到，在过去四十年里，出现了大量的更新规划、方案和倡议。有些项目比其他项目更成功，但它们往往时间过短，无法对目标社区和地区产生长期和可持续的影响。物理更新的发生往往没有对社区内的生活质量产生积极的影响。此外，最近的转变模式强调私营部门的领导作用，在经济不确定性和紧缩情况下，意味着获得经济发展资金现在更容易面临与更广泛的经济条件相关的风险，因此可能会加剧地区发展不平衡。尽管如此，但自 20 世纪 80 年代中期以来，英国为促进城市更新和经济发展而采取的伙伴关系所培养的合作精神，为跨界和跨部门的合作留下了持久的遗产。

更新融资的未来展望

在撰写本章时，公共部门支出持续紧缩，英国的经济更新政策正处于十字路口（Broughton, et al., 2011）。与世纪之交的情况相比，目前的资金、政策手段和机构能力都大大削弱。在这样的背景下，像过去四十年那种大规模的更新活动已不再可能。与此同时，城市更新的需求仍与四十年前一样强烈。在这方面，为了使有限的投资获得最大回报，将有若干因素产生影响：

- 集中有限的资源实现有益的结果；
- 继续与广泛的合作伙伴进行接触；
- 赋予地方社区以解决自身需要的能力；
- 对经济中发生的部门调整和技术变化作出反应；
- 展示创新方法；
- 确定和分享最佳实践。

从经济发展政策的角度看，英国最近取消区域开发机构，并成立了新的私营部门主导的地方企业伙伴关系，造成了不确定的环境。地方企业伙伴关系的次区域重点不一定是解决当前政府经济议程的恰当空间层次，因为当前的政府经济议程是基于引导和鼓励私营部门主导的高附加值产业的增长。此外，地方企业伙伴关系缺乏必要的规模及能力来应对政府交付给它们的重大挑战。在其目前的形式下，地方企业伙伴关系实际上是志愿组织，依靠利益相关者组织的善意来运作。这与以前的区域开发机构形成了对比，那些机构实际上是区域内的准政府部门，因而可获得大量的人力和财政资源。除非地方企业伙伴关系能够转向由政府或成员组织资助的机构，而不是仅仅寻求资助，否则这些不确定性将持续存在。尽管如此，2015 年当选的保守党政府提出了通过向城市地区政府下放权力来实现空间增长的再平衡以及相关的建设"北方经济引擎"概念，这可能会在未来几年为经济发展政策和实践带来重要的新维度。

虽然企业振兴园区可能会在一些地区提供新的增长机会，但目前数量有限。此外，企业振兴园区的以往经验表明，虽然园区内放松监管促进了发展（ODPM，2003），但一些评论人士担心，创造就业和增长的净效益有被夸大的嫌疑（Tallon，2010；Larkin and Wilcox，2011；Granger，2012）。

另外,资金来源也大幅减少。与前区域开发机构的“单一资金池”相比,区域增长基金对经济发展的支持水平大大降低。此外,欧盟预算的下行压力以及新成员国对这些预算的更大需求,将进一步减少可用于英国国内经济发展活动的资源。从这个意义上说,执行机构和合作伙伴在申请欧盟资助的过程中需要更加集中。

综上所述,在过去四十年里,英国的经济发展政策和融资格局在政治意识形态和经济因素的驱动下发生了巨大的波动。上述两方面在未来几年里将继续在英国政策的制定和实施中发挥重要作用。

关键问题和行动

● 通过全球化和后工业化,城市和区域经济的运作方式发生了变化,从而导致了城市衰退和更明显的空间不平等的形成,由此产生对经济发展和更新的干预。

● 城市更新旨在吸引和刺激投资,创造就业机会和改善城市环境。自 20 世纪 90 年代初以来,这涉及公私部门合作,最近还涉及公私部门伙伴关系的实施安排。

● 在政治意识形态和经济环境的推动下,为各种更新规划和方案提供资金的形式越来越多样化。

● 以新的地方企业伙伴关系取代区域开发机构及其重要的财政资源,引发了人们对英国未来雄心勃勃的经济发展和增长目标的机构支持能力的质疑。

● 私营部门在领导经济发展方面所需要发挥的更大作用,在很大程度上取决于志愿行动,而且可能还会产生将增长进一步集中在目前私营部门最强大的国内较繁荣地区的影响。

● 在这种充满挑战和不断变化的环境下，重要的是要广泛传播取得经济发展成果的最佳实践范例。

● 目前，国家和地方层面的经济发展战略政策框架存在缺陷，城市政策不能有效地与经济增长的重点相结合。

参考文献

Atkinson, R. and Moon, G.(1994) *Urban Policy in Britain*. London: Macmillan.

Audit Commission(1989) *Urban Regeneration and Economic Development: The Local Authority Dimension*. London: HMSO.

Banfield, E.(1970) *The Unheavenly City*. Boston, MA: Little, Brown and Co.

Broughton, K., Berkeley, N. and Jarvis, D.(2011) 'Where next for neighbourhood regeneration in England?', *Local Economy*, 26(2):82—94.

Granger, R. C. (2012) 'Enterprise Zone policy—developing sustainable economies through area-based fiscal incentives', *Urban Practice and Review*, 5(3):335—41.

Hirasuma, D. and Michael, J.(2005) *Enterprise Zones: A Review of the Economic Theory and Empirical Evidence*, Policy Brief, Minnesota House of Representatives. Available at: www.house.leg.state.mn.us/hrd/pubs/entzones.pdf(accessed 17 June 2015).

HMSO(1977) *Policy for the Inner Cities*, Cmnd 6845. London: HMSO.

HMSO(1988) *Action for Cities*. London: HMSO.

Imrie, R. and Thomas, H.(eds)(1993) *British Urban Policy and the Urban Development Corporations*. London: Paul Chapman.

Jarvis, D., Berkeley, N. and Broughton, K.(2012) 'Evidencing the impact of community engagement in neighbourhood regeneration: The case of Canley, Coventry', *Community Development Journal*, 47(2):232—47.

Larkin, K. and Wilcox, Z.(2011) *What Would Maggie Do?* London: Centre for Cities.

Lawless, P. (1988) 'British inner urban policy: A review', *Regional Studies*, 22(6):531—42.

National Audit Office(1990) *Regenerating the Inner Cities*. London: HMSO.

ODPM(2003) *Transferable Lessons from Enterprise Zones*. London: HMSO.

Public Accounts Committee(1989) *Twentieth Report: Urban Development Corporations*. London: HMSO.

Robson, B.(1988) *Those Inner Cities*. Oxford: Clarendon.

Tallon, A.(2010) *Urban Regeneration in the UK*. London: Routledge.

第 5 章

物理及环境方面的更新

保罗・杰弗里[*]　蕾切尔・格兰杰

引言

城市及其街区的外观和环境质量是其繁荣度、生活质量以及企业和公民信心的有力标志。破败的住宅区、大片的空地、废弃的工厂和衰败的城市中心是贫困和经济衰退的明显表现。它们往往是城镇衰落或无力较快适应社会和经济迅速变化的征兆。然而，低效和不适当的基础设施或破旧和过时的建筑物可能是其自身衰落的原因。这些城镇不能满足新的部门和不断增长部门中的企业需要，而且在其使用和维护上的费用高于平均水平，也超出了贫穷者或微利企业所能承受的水平。它们破坏了那些居住或工作在附近的人的投资、房产价值和信心。

同样，环境恶化和不重视对资源的合理使用也会损害城市的功能和

---

* 保罗・杰弗里(Paul Jeffrey)，接受过特许城市规划师的培训，在公共政策方面有超过三十年的研究和顾问经验。主要研究兴趣是城市、区域和经济发展，但作为顾问、研究人员和评估人员指导了有关卫生、交通、就业和创新的更新项目。工作范围从小型社区更新计划到国家(英国)的更新研究和欧盟委员会的更新项目。他所居住的城市伯明翰，在过去的三十年里经历了巨大的变化。

声誉。除此之外,城市区域的生态“足迹”或“影子”经常超出城市的行政边界,反映了与城市生活相关的更大资源消耗。

即使不是充分条件,物理更新通常是成功城市更新的必要条件。在某些情况下,它可能是城市更新的主要引擎。在几乎所有的情况下,它都是承诺改变和改进的重要的可见性标志。成功的物理更新,关键在于了解现有物理存量的限制和潜力,以及在区域、城市或社区层面,改进角色在促进更新方面所能发挥的作用。成功地实现这一潜力需要一项实施战略,认识并充分利用经济和社会活动、筹资制度、所有权、体制安排、政策和城市生活新愿景,以及城市角色方面正在发生的变化。

本章讨论这些物理和环境更新的主要议题,包括以下方面:

- 物理和环境更新的演化;
- 更新实践者目前面临的挑战;
- 制定解决方案;
- 管理关键的成功要素。

物理和环境更新的组成部分

在城市更新中,建筑物状态往往是决定该地区物理条件的主要因素。然而,物理存量的组成部分远不止于此。尽管可能没有必要对物理存量所有组成部分采取更新行动,但至少有必要对物理存量的所有方面进行评估。这包括:

- 建筑物;
- 土地及地块;
- 城市空间;

- 露天场所和水域；
- 公用事业和服务设施；
- 交通基础设施；
- 电信基础设施和数字能力；
- 环境质量及可持续性问题。

物理和环境更新所涉及的活动是多种多样的，从基础设施、建筑物和开放空间，到环境保护和可持续发展的问题。在过去二十年中，城市物理更新规划的突出地位，加上环境可持续性的全球重要性，可以说使物理更新在整个城市更新中发挥了更关键的作用。

今天提出的许多城市问题往往涉及经济复兴的问题，其通过贫穷、经济活动减少、财政收入低下和经济转型困难等表现为城市危机。然而，许多这类紧迫问题的根源在于土地使用及其位置，以及诸如基础设施和环境等物理资产问题。正如第4章讨论供给与需求中指出的，拥有适当的支助性基础设施，对于更广泛的城市更新取得成功是至关重要的。我们可以确定三种基础设施需求：

- 支持更广泛发展的基础设施投资。例如，伦敦港区开发公司（LDDC）在变电站和卫星连接方面进行了大量的电信能力及其服务的预安装工作，以便在鼓励新发展之前提供新的能力。

- 有助于确保更广泛的更新规划成功的基础设施投资。例如，伦敦港区开发公司在其促进住房发展的地区投资新建学校，以确保配套设施到位，吸引金丝雀码头综合大楼的新工人或居民。

- 具有未来经济用途但没有即时市场价值或像公益类的基础设施投资。例如，河流改善、污水处理、单位生物量治理或地下热能厂、一次性使用无菌医疗器械（SUD）计划或可食用的景观设计。

电信能力对更新也越来越重要，不仅有助于促进商务增长和竞争力，而且有助于居民获得服务和提高生活质量。铺设宽带光纤和建设移动基站方面的投资将使农村和城市家庭获得可靠的宽带互联网接入,以克服目前信息通信技术带来的数字鸿沟。与此同时,对街道机柜、移动电话和数据基础设施的投资将使“超级互联城市”(拥有 80—100 Mbps 宽带)的发展成为可能,使企业能够在数字经济领域进行全球竞争。

在数字时代,交通基础设施并不会变得过时,它可能是一个重要的区位决定因素。城市地区是社会和经济活动“面对面接触”的地方。竞争性公司相同的区位选址具有内在的好处,创造了强大的集群经济,而在城市地区选址的好处是随时可以获得客户、零部件等,这意味着需要通达的公共交通系统。此外,一些可能依赖来帮助城市更新的增长部门(如可交易的商务服务、软件公司、专业和高附加值的制造业)在国内和国际市场上运作,需要高质量的铁路和航空连接到它们的市场和其他地点。因此,铁路服务的质量和机场容量的适宜性可能成为相关的考虑因素,这取决于正在进行更新地区的空间规模及其方案中所设想的未来可能经济结构。

与此同时,随着运输需求的变化,交通基础设施既可以有积极影响,也可以有消极影响。既有的交通基础设施可能会造成不规模经济,街道布局和设施的恶化和/或投资不足,现代化的成本高昂。通勤(特别是从一种交通方式转向另一种交通方式的通勤)所涉及的时间和费用会降低公共交通吸引力或一个城市相对于另一个城市的吸引力。随着中心城区人口进一步向外疏散,人们可能被剥夺重要服务的权利,或在社会上失去活动能力。在一个知识驱动的社会,增长和竞争力越来越依赖于人力资本,城市尤其必须提供进入、吸引和留住所需投资及其人员的途径。

现在,环境质量被认为是许多公司及高技能员工选址决策的关键和必要组成部分。因此,无论从经济发展角度来看,还是从给予居民良好生活质量和表达对一个地区信心的角度来看,环境质量都很重要。环境质量是新旧建筑、城市空间和自然空间的一个整体特征。然而，重要的是，要凭借自身能力解决这个问题。虽然一个地区的整体形式和结构可能提供重要的发展潜力——运河的存在是现在的“旧帽子”例子——但反过来也可能成为“新帽子”。例如，在东达勒姆煤田及其他地方，有一些现在已经过时的煤矿村，那里的整体结构是劣质建筑和单调布局，但可以通过大规模安置和可能的选择性拆除来产生戏剧性的改变。更详细地说，在索尔福德码头利用开放水域作为更新重点可能需要大量清理和维护水质的工作；或者由于工厂控制不力，空气污染可能会阻碍新的发展，就像黑乡*某些地区受到铸造厂排放影响的情况一样。解决这样的问题，绝不会便宜，但它们对更新计划的成功至关重要，因此在制定更新战略早期就需要加以考虑。

除此之外，还有一个日益重要的问题，即环境的可持续性和应对“碳达峰”和“碳中和”时代的准备工作。在我们所做的一切中，必须直面不断增长的可持续生活现实，无论是食物、就业、住房还是能源、交通等。要确保所有这些方面都是可持续的，就必须对工作地点、工作性质、人们怎么生活和在哪里生活，以及城市空间如何使用等实行重大转变。这些变化不仅本身将成为重大的更新项目，而且即使在现在也将成为影响更广泛的更新长期规划和决策的关键因素。

物理和环境更新的作用

社会和经济变化的速度远比物理存量要快。事实上，有时正是这种

---

* 黑乡是英格兰的密集工业区。——译者注

情况导致了城市衰退问题，当然也增加了城市更新的成本。任何城市更新规划都必须建立在现实和可持续的社会与经济趋势基础之上，因此对物理存量的考虑（它的适用性、优缺点及其未来需要）是在充分了解市场、经济和社会条件或需求的情况下进行的。例如，如果对该地区可能或希望发展的商务活动类型缺乏明确了解，就不可能评估办公楼的存量。大型商务服务公司对“后台功能”办公室的要求与适合法律和专业服务的办公室有很大的不同。

因此，在更新早期阶段，需要把该地区将发挥的作用、经济和社会功能的发展愿景与物理评估及其更新倡议紧密结合起来。无处不在的数字社会和快速到来的“碳达峰”状态的双重影响，给社会经济偏好及我们利用和开发物理存量的方式带来了压力，使未来投资的实践更具挑战性且令人兴奋。我们似乎正处在一个转折点，即改变人们对居家办公的态度，改变我们对就业场所及办公大楼的看法，改变城市中私家车的使用，并随之改变人们对公共交通系统的态度。制定生活—工作计划的兴起是这些态度变化的一个明显标志。

SWOT 分析

在对一个地区进行评估和拟订更新战略构想的早期阶段，对物理存量进行快速评估是有帮助的。这也许是非常一般地了解物理存量目前对该地区企业和家庭发展是否造成限制，在数量和质量上是否存在明显的重大缺口，但其通常被认为是支持现代开发形式的必要条件。很明显，在某些情况下，例如针对劣质住房的更新规划，许多限制及问题是显而易见的。快速了解该地区的特色和潜力（自然特点、水景、历史或有趣的建筑风格等）也是很有用的。然后，这样一种快速鉴别可以与对该地区经济实力和潜在作用的新认识相结合，有助于制定总体更新战略。

物理更新，就像所有形式的经济发展一样，随着时间的推移也受到时尚的影响——例如，“住房引导更新”或“示范项目”的时尚。因此，在某种程度上，重点发生了变化，从一种“解决方案”转向另一种“解决方案”。这与其说是向更合适的方法迈进，不如说是采取一系列不同的方法——其中每一种方法的作用取决于待更新地区的问题、当时有效的政策背景及其对融资的影响，以及当前的市场状况。因此，将每一种方法潜在的作用区分开来看是很有用的，因为它们可能在适当情况下都是合适的。在一个区域的全面更新中，物理更新至少可以发挥四种不同作用：

● 消除制约——被遗弃和受污染的场地是一个典型和常见的制约因素，这些场地更新的成本非常高，但市场需求却很弱。补救措施的选择及其标准对财务可行性和规划方面的可接受性至关重要。

● 引领变革——物理开发在建立一个地区的形象方面起着重要的作用，例如通过示范项目，或动员贫困住宅区进行社区开发，开始改善房屋本身的物理条件。

● 抓住机遇——通过识别和基于现有资产（如水、运河、露天场所等）的质量。

● 供给侧投资——从传统服务场所及建筑供给、新的或改善的交通通道，到专业投资，诸如运输园区的冷库，或者为新的旅游目的地投资博物馆、酒店和便利设施。

物理与环境更新的演化

尽管传统的物理和环境更新方法通常基于一个原则方法的使用，但今天可能已涉及多种方法，更新团队的任务是采用社会经济和物理的综合性方法。确实,早期的物理和环境更新方法基于对市需求作出反应,通过物理评估,消除制约和修复或改善的方式让资产价值回到市场水平。在世纪之交,人们则以更加积极的态度看待物理和环境的更新。20世纪八九十年代,利用"英国伙伴关系"对前工业污染的棕地进行"改造"是普遍做法,但新千年开始之际,在城市工作组的主持下,区域的物理和环境质量问题被认为并不是去工业化的结果,而是越来越多地将其作为未来的资源及其改变的催化剂。物理和环境更新团队的职责是积极解决环境和物理问题,通过最大限度地利用现有资产和空间,实现投资回报,无论是通过重新利用旧空间来提高生活质量(例如伯明翰的运河开发),还是通过改善一个地区或创造空间或建筑来进一步吸引投资(如伯明翰的布林德利工业区开发或会议中心区)。伯明翰围绕"街区"进行城市重新设计的积极做法,以及用步行区和运河工程对城市进行大胆重塑,作为一个关键的示范模式,帮助了整个欧洲及北美的主流城市更新项目,后来成为亚太地区城市的主要更新方法。

到2005年和2006年,这种方法的明显成功体现在城市地区的私人部门投资的规模及其开发商在城市地区物理和环境更新方面所起的关键作用上。在英国,住房和社区局、城市工作组、环境署和英国城市更新协会成为可持续城市更新方法的重要倡导者,其试图对抗私人开发商利益的变幻无常和区域开发机构的竞争性做法,其推动了规模更大、但有时也很平庸的示范更新项目。这种情况导致了物理和环境更新演化过程中四个显著而持久的变化:

- 城市社区的士绅化及其空间炫耀性消费导致了城市环境土地利用的变化;
- 注重物理环境的设计和宜居性;
- 空间和单一用途住宅或零售空间的私有化趋势;

● 关注综合改造和场所营造，这创造了功能性和可持续的场所，而非不受控制和猖獗的开发。

表 5.1　物理和环境更新的演变

政策类型	20 世纪 90 年代 被动更新	1997—2003 年 主动更新	2003—2008 年 宜居地方—新地方主义	2008—2014 年 次区域 保增长
战略取向	反应式战略	主动性战略	主动的地区协议	响应关键战略需求
所有权	公共部门主导	公共—私营部门	公共主导，私人投资浸透	地方企业伙伴关系
工具	城市方案，“单一更新预算”	以区域为基础的行动，区域开发机构—综合经济和环境规划	区域经济策略，区域单一资金池，社区更新基金，设计框架的使用	本地/区域增长计划，区域增长基金，部分企业振兴园区，社区基础设施税，当地经济增长协议(2015 年起)
物理或环境重点	做好工业老化修复和市场准备工作	受到城市工作组的启发，示范项目作为更新的催化剂	空间营造，强调福利、质量和设计，创造宜居和功能性空间	与经济改善、规划系统简化相关联的物理和环境需求
关键主体	英国伙伴关系和地方当局	副首相办公室，区域开发机构，私人开发商的关键角色	当地战略伙伴关系，社区和地方政府部门，城市更新公司，家庭和社区机构	地方企业伙伴关系，市长
空间区域	废弃棕地，城市开发公司继承的地块	市政当局与地方战略伙伴关系的“次区域规划”	本地战略转移伙伴关系的“本地规划”	次区域地方企业合作领域
关键的立法	地方政府法案，1980 年《规划和土地法案》，1987 年《城市开发公司法案》	1998 年《区域开发机构法案》	2000 年《地方政府法》	2011 年《地方主义法案》，2011 年《社区基础设施征费条例》，《国家规划政策框架》(NPPF)

最终,2008 年全球金融危机及随后的紧缩措施,英国区域开发机构等关键更新基础设施的废除,以及资本项目公共支出的缩减,形成了一个具有分水岭意义的时刻。这将影响未来数年的物理和环境更新,其中很多仍是未知的。在英国,虽然许多城市继续见证了城市地区的投资减少,但像伦敦这样的一些城市中心的地方其吸引力和凝聚力仍然很高,例如在东伦敦,这重新引起了人们对“南北分水岭”的兴趣。北美城市的经验,例如芝加哥,表明城市的最初投资减少和物理更新的崩溃,正如我们所知,它会及时恢复并很可能带来城市更新模式的延续,尽管是以一种更加深思熟虑的方式,将环境和物理投资与实现经济机会联系起来。例如,确保基础设施和便利设施保持最新状态,实现高速铁路等宏伟愿景。所有这些都与保守党政府关注经济增长地区而非城市本身的“重新平衡经济”的目标相一致。物理和环境更新的工具(尽管稀缺)将在新的地方企业伙伴关系和新的城市伙伴关系(如与地方当局合作)的经济驱动力中找到,如指定的企业振兴园区、资本增长基金,以及更地方层面上的社区征税,地方当局可以将其回收用于更广泛的环境和便利设施投资。由于社区征税由本地开发商(例如,住房或零售)提供,从而一个问题是,当地的更新团队会在多大程度上陷入一个恶性循环,即需要通过社区征税从开发商那里获取资源,通过供给侧的投资吸引新的开发商到一个地区。

物理和环境更新面临的挑战

物理和环境更新的关键挑战之一是操作环境的变化——从世纪之交的相对丰裕资源转向紧缩驱动的资源限制。同样重要的是,更广泛的操作环境变化，包括立法变化、区域性变化、新政府地方治理变化，以及可持续发展/“碳达峰”规划的需要等，所有这些都要求改变我们对区位及土地使用的思维方式。

进一步的关注是从 SWOT 分析及其评估转变为更复杂的决策和规划(见图 5.1)，其考虑了一系列问题，如：

- 可持续发展；
- 融资；
- 建设长周期；
- 未来考虑——预测趋势；
- 确定最终用户；
- 区位及土地用途；
- 开发的独特性；
- 整体规划；
- 法律障碍。

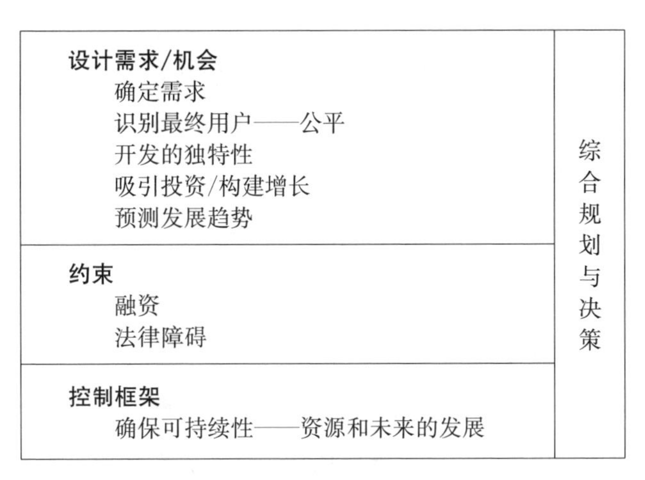

图 5.1　物理和环境更新的综合决策

成功的关键因素

Turok(1992)强调了一种趋势,即现有的当地公司从城市地区的其他地方搬迁到新的地方,利用现有的补贴,从而取代城市地区的老单位的空缺。这将表明,如果要实现整体经济净收益,就需要制定城市全域范围(而不是特定场地)改造/更新空置场地的办法。

Healey(1995)指出,把政策工具聚焦在集中地区(以企业振兴园区和城市开发公司为例)也会引起某些其他危险。首先,存在着因政策工具聚集而导致土地和房地产市场扭曲,使之具有有利于某些地区的风险。其次,在缺乏协调的战略方法的情况下,促进城市地区的不同部分的不同开发机构之间可能会出现竞争。Healey(1995)列举了纽卡斯尔皇家码头与相邻"城市挑战"更新区域之间冲突的例子。其结果可能是市中心区(棕地)的更新提议被更多倾向于外围(绿地)的更新提议所破坏。Healey(1995)总结道,基础设施提供、土地使用规划政策和房地产开发补贴的协调是克服这些与物理更新有关的问题的必要先决条件。

关键问题和行动

- 明确拟议更新行动的空间尺度和时间尺度。
- 了解物理存量的所有权归属及对其产生影响的经济/市场趋势。
- 明确物理存量在更新战略中的作用——主导/示范/供给方面;"激活"或对需求做出反应;整合。
- 对物理存量进行 SWOT 分析。

● 为物理和环境更新制定一个清晰的愿景和战略设计。

● 确保物理和环境更新符合该地区的新兴角色,以及与城市更新其他方面相结合,并在该地区合适当伙伴关系参与下进行开发。

● 建立实施和维持物理和环境更新方案的体制机制。

● 建立资本、运维资金机制。

● 熟悉环境改善的经济原理。

● 确保更新方法能够响应不断变化的政府实施战略以及不断变化的社会和经济趋势。

参考文献

Breheny, M.(1997) 'Urban compaction: Feasible and acceptable?', *Cities*, 14(4): 209—17.

Department of the Environment(DoE)(1994) *Planning Policy Guidance Note Transport*. London: HMSO.

Department of the Environment, Transport and the Regions (DETR) (1998) *Planning for the Communities of the Future*. London: HMSO.

ECOTEC(1988) *Improving Urban Areas*. London: HMSO.

ECOTEC(1996) *The Economic Impacts of Canal Development Schemes*, report to British Waterways. Birmingham: ECOTEC.

ECOTEC(1997) *Encouraging Sustainable Development through Objective 2 Programmes: Guidance for Programme Managers*, report to DGXVI of the European Commission. Birmingham: ECOTEC.

Gibbs, D. (1997) 'Urban sustainability and economic development in the United Kingdom: Exploring the contradictions', *Cities*, 14(4):203—8.

Healey, P.(1995) 'The institutional challenge for sustainable urban regeneration', *Cities*, 12(4):221—30.

Loftman, P. and Nevin, B. (1996) 'Going for growth: Prestige projects in three

British cities', *Urban Studies*, 33(6):991—1019.

Roberts, P.(1995) *Environmentally Sustainable Business*. London: Paul Chapman.

Turok, I. (1992) 'Property-led urban regeneration: Panacea or placebo', *Environment and Planning A*, 24(3):361—79.

UK Government(1996) *Household Growth: Where Shall We Live?* Cmnd 3471. London: HMSO.

延伸阅读

Department of the Environment(1995) *The Impact of Environmental Improvements on Urban Regeneration*. London: HMSO.

Department of the Environment(1997) *Bidding Guidance: A Guide to Bidding for Resources from the Government's Single Regeneration Budget Challenge Fund (Round 4)*. London: DoE.

English Partnerships (1995) *Investment Guide*. London: English Partnerships. Includes criteria against which EP assess bids for resources.

English Partnerships(1996) *Working With Our Partners: A Guide to Sources of Funding for Regeneration Projects*. London: English Partnerships. The first edition is now out of print but provides a brief introduction to the variety of activity undertaken by EP and an excellent overview of the range of sources of funding for regeneration. An updated second edition is expected.

Granger, R.C.(2010) 'What now for urban regeneration? A decade of entrepreneurial urbanism', Proceedings of the ICE, *Journal of Urban Design and Planning*, 163(1):7—16.

Granger, R.C., Piercy, E. and Goodier, C.(2010) 'Peak oil and planning post-carbon cities: Learning from Cuba's "Special Period"', Proceedings of ICE, *Journal of Urban Design and Planning*, 163(4):169—76.

Kennedy, L.(2004) *Remaking Birmingham. The Visual Culture of Regeneration*. London: Routledge.

Lees, L. (2008) 'Gentrification and social mixing. Towards an inclusive renaissance?', *Urban Studies*, 45(12):2449—70.

Lees，L.，Slater，T. and Wyly，E.K.(2008) *Gentrification*. London：Routledge.

Levine，M.V.(1987) 'Downtown redevelopment as an urban growth strategy：A critical appraisal of the Baltimore Renaissance'，*Journal of Urban Affairs*，9(2)：103—23.

Llewelyn Davies(1996) *The Re-use of Brownfield Land for Housing*. York：Joseph Rowntree Foundation.

Raco，M.(2005) 'Sustainable development，rolled-out neoliberalism and sustainable communities'，*Antipode*，37(2)：324—47.

Robertson，D. and Bailey，N.(1995) 'Housing renewal and urban regeneration'，*Housing Research Review*，8：10—14.

UTF(2002) *Towards a Strong Urban Renaissance*. Urban Task Force.

第 6 章

社会及社区议题

蕾切尔·格兰杰

人们现已广泛认识到就业与社会福利之间的联系，因此社会和社区福利问题已被纳入关于就业与收入的讨论中。然而，本章的重点则是在社会和社区需要的背景下讨论更广泛的贫穷和社会排斥问题，第 7 章将更详细地讨论就业和培训。

个人及社区的生活可以被改变地方经济和生活轨迹的更广泛的变革进程不可逆转地塑造。20 世纪 30 年代大萧条和 20 世纪七八十年代西方经济体的去工业化，代表了金融、社会和物理上的许多严重冲击。全球金融危机仍在欧洲部分地区持续，尚未完全释放，这是最近的一次重大冲击。虽然在干预期间个人和社区的额外收入和财富有所增加，但也有损失不断累积的证据。在这种情况下，损失指的是增长放缓、失业、社会困境加剧和越来越多的人被排除在社会的某些部分之外，一些重新分配收入的政策措施加剧了这种情况。因此，尽管有过去三十年的城市更新，但高收入与低收入群体之间的差距已变得越来越明显，正如皮尔和劳埃德在第 13 章中讨论的，一些社会问题需要持续关注，以便全面解决。除此之外，还可以加上不稳定的宏观经济形势和持续的紧缩措施，这些都继续影响社会和社区的需要。

本章分为两个部分：第一部分着眼于社会需要或更新的理由，以及“需要”在当代语境中的含义。第二部分着眼于更新对社会和社区的影响，了解最近的更新工作如何改善社会和社区问题。本章考虑以下几点：

● 社区的定义；

● “社会需要”在城市更新背景下意味着什么，包括对贫困和社会排斥的考察；

● 民主治理以及越来越多的社区主导的更新；

● 与更新负面影响相关的未来可持续性问题。

社区定义

社区传统上被定义为一个地方，但日益被认为是一个利益共同体。“让社区参与城乡更新”(DETR, 1997)为社区提供了工作政策的定义，即在更新方案所涵盖的指定地区工作和生活的人。这一政策定义将社区描述为有物理边界的(以基于区域的更新倡议为代表)，但正如Bartle(2007)所指出的，社区也是社会学的建构。换句话说，它们包括一系列互动和人类行为，这些行为在成员之间有意图和期望，但也塑造了相应活动。因此，地方政府管理委员会(Jacobs and Dutton, 2000: 110)指出，社区可以根据其特征来定义，这些特征表达了一种对社区更经验性的看法，例如：

● 地点；

● 个体属性，如种族；

● 信仰，如宗教；

● 技能，其影响经济潜力；

● 经济地位，因职业或就业地位或者由住房所有权而产生的经济地位；

● 与当地服务机构的关系，如住房信托基金的租户、医疗设施的病人、学校的学生。

有时，一个过于狭窄的社区定义可能产生负面效果，人们开始会觉得自己是多个社区的一部分，或者社区变得难以捉摸。此外，人们现在被连接到不同的群体中——人们可以感觉自己是宗教社区的一部分，但同时也是物理街区的一部分。企业对社区也有自己的定义，因此越来越多的更新实践者需要考虑人们在哪里生活、工作和交易。另一个问题是，社区并非一个静态实体。个人可以属于不同的社区，会随着时间的推移，根据他们的环境或家庭情况而变化，也因为他们想从社区获得不同的东西。这可能对服务提供者和政策制定者在试图满足当地需求或根据已确定的目标发展社区方面构成重大挑战。

更新的社会理由：承认贫困

在第 2 章，我们是从“城市需要”的原则确立了更新的理由，前几章则对“城市需要”提出了不同的观点。在本章中，我们将对“社会需要”进行概述。Rowntree(1901)在对约克郡失业和贫困的开创性研究中(在第 7 章中详细讨论)，将贫困作为一种社会需要，并建立了社会需要与经济财富之间的联系。这与文化感知的贫困观点不同，例如，文化感知的贫困观点将其归咎于个人社会化不足、贫穷或缺乏教养，以及包括酗酒和吸毒在内的享乐主义的生活方式，这些被认为对劳动的破坏，使一些家庭和社区的贫困持续循环。但在 Rowntree(1901)的经济学观点中，贫困则是无法获得工作的结果(解决办法是改善进入劳动力市场的途径)，或者被视为资本主义的必然产物。

也许令人惊讶的是,尽管许多发达经济体在20世纪引入了国家福利制度,但至今仍然存在各种形式的贫困。这是因为人们认识到并在某种程度上将贫困定义为收入、相对消费、支出和财富不足的函数。因此,如果不消除失业和低收入,就不可能消除贫困。从这个角度来看,社会需要被理解为是一个资源及其脆弱性的问题;或者说如1995年哥本哈根社会发展问题世界首脑会议所概括的"相对贫困"(UN,1995)——与低收入发展国家严重的生理和营养类型需要有关的绝对贫困不同。哥本哈根会议后,包括英国在内的117个国家承诺消除绝对贫困和减少相对贫困,并制定了国家扶贫计划。

专栏6.1 贫困的两层定义

绝对贫困

严重缺乏人类基本需求,包括食物、安全饮用水、卫生设施、健康、住房、教育和信息的状况。它不仅取决于收入,还取决于获得服务的机会。(UN, 1995:57)

相对贫困

缺乏维持可持续生计的收入及生产性资源;饥饿和营养不良;健康欠佳;有限或缺乏获得教育和其他基本服务的机会;疾病发病率和死亡率增加;无家可归和住房不足;不安全的环境及社会歧视和排斥。它的另一个特点是,缺乏对政策制定以及公民生活、社会生活和文化生活的参与。它发生在所有国家:许多发展中国家出现大规模贫困,发达国家则在富裕中出现贫困,经济衰退导致生计丧失,灾难或冲突导致突发性贫困,低薪工人的贫困,以及脱离了家庭支持系统、社会机构和安全网的那些人的赤贫。(UN, 1995:57)

在过去五十年里，尽管定义“贫困”似乎是较难的（Piachaud，1987），但一直被视为一种预算标准（即贫困线）和社会共识的福利的一部分（例如，儿童应该获得食物和住房）。人们也普遍同意与福利有关的社会经济因素及贫穷的原因，这些因素被认为是部分经济的或绝对经济的。因此，《2010 年儿童贫困法案》将贫困定义为家庭收入低于中位数收入水平的60%，这既是一个相对指标，也是一个财务指标。在定性分析方面，当谈论发达国家的贫困时，我们很少指的是那种非洲或 20 世纪 30 年代大萧条时期发生的营养不良；而是“资源严重低于普通家庭所能支配的水平，以至于他们被排除在普通生活模式、习俗和活动之外”（Townsend，1979，引用于 JRF，2009:15）。同样，欧盟委员会也认为，贫困是指个人的“收入和资源不足，以至于无法达到他们所生活的社会所认可的生活标准”（EC，2004:1）。正如他们所说，由于贫困：

> 个人可能因失业、低收入、住房条件差、医疗保健不足以及终身学习、文化、体育和娱乐等方面的障碍而处于多重不利条件。他们经常被排斥和边缘化，无法参与对其他人来说是常态的各种（经济、社会和文化）活动，他们获得基本权利的机会可能受到限制。（出处同上）

在这一定义中，贫困与社会排斥和不利条件是在同一背景下使用的，而且在其他地方常常被合并在一起。这是因为尽管这些术语有不同的含义，但日常的现实是，贫穷作为一种经济计量，对生活、社会需求和生活质量有着根本性影响，正如美国漫画家朱尔斯·费弗所表达的：

> 我过去以为我很穷。然后他们告诉我，我不穷，我需要帮助。接着他们告诉我，认为自己需要帮助是自欺欺人的。我被社会排斥了。

(哦,不是被社会排斥,而是社会地位低下。)继而他们告诉我,社会地位低下被滥用了。我处于社会不利条件下。我仍然一毛钱也没有。但用在我身上的词汇很多。(Feiffer, 1969:1)

因此,对某些群体来说,贫困的现实更多是一种日常生活的挣扎,表现在:

- 个人与社会网络的隔离和接触;
- 没有希望,感到无能为力;
- 缺乏帮助信息;
- 住房、医疗服务、学校和终身学习等基本需求得不到满足;
- 居住在犯罪和暴力发生率高,环境条件差,缺乏水、燃气、电等基本公用设施的不安全社区;
- 生活中没有积蓄可用于救急。(EAPN, 2007)

贫困影响到一个人生活的许多方面,个人和家庭可能陷于贫困之中,因为没有足够的措施来实现社会和经济发展,并且存在严重的经济困难或经济衰退,从而影响就业。作为一项经济衡量指标(家庭收入低于中位数收入水平的60%),贫困发生率是由高收入与低收入之间的差距决定的。扩大化的差距将不可避免地导致更大的贫困,而更大的趋同——就像欧盟的目标所支持的那样——将减少贫困,但不是消除贫困。因为贫困是一个相对的标准。

贫困的社会划分

对城市更新实践者来说,重要的是,贫困的人更有可能健康状况不佳、受教育程度低、面临未来的失业和贫穷，因为贫困限制了充分开发的潜力。这就是所谓的“贫困悖论”。在 Jargowsky 和 Bane（1991）对美国贫困的研究中，通过“贫民区的贫困”表现来描述永久贫困和下层群体的概念。贫民区的贫困在非裔和西班牙裔社区中出现，因为以下原因：

1. 持续贫困——个人和家庭长期处于贫困状态并将其传给了后代。

2. 街区贫困——这是由地理上所定义及通过低就业水平、服务差等现象被观察到的。

3. 底层贫困——这是根据态度和行为来定义的（对劳动力的依恋程度低，少女怀孕，习惯性犯罪行为）。

因此，在美国一些城市地区，严重贫困（定义为一个地区的贫困率超过 40%）与非裔和西班牙裔社区有关。为此，Jargowsky 和 Bane（1991：8）认为，贫困可以被定义为“一个非裔穷人有一个贫穷邻居的概率”。在英国和欧洲也存在类似的模式，贫困在主要社会群体（包括少数族裔群体、残障者群体、儿童、养老金领取者和移民）中造成了脆弱性。

尤其是在英国，去工业化重新定义了城市地区的人口结构，其将定义为非裔贫民区，这些地区面临着一系列的社会经济和社会空间分割，并在 1980—1981 年（伦敦、布里斯托尔、利兹、曼彻斯特）以及 2001 年（奥尔德姆）、2005 年（伯明翰）和 2012 年（伦敦）的种族骚乱中达到顶峰。Owen（1995）对 1991 年人口普查的研究显示了一个“将少数族裔群体排除在英国经济的成功部分之外的明显模式”，他们倾向于集中在（城市）衰退的地区（Owen，1995：32）。歧视加上贫穷的生活经历会加剧少数族裔群体的社会和经济困难，造成低收入者和经济增长受益者之间的差距（Pacione，1997）；实际上创造了一种“对立”的心态（Hutton，1996）。因此，虽然许多城市地区的人口和物理结构由于城市更新而发生了变化，但一些社区的种族贫困问题仍未解决。最近的统计数据显示，英国约有五分之二的少数族裔生活在低收入家庭中，这一比例远高于英国白人（10%）（HBAI，2007），而且在不同族裔之间存在很大的差异。生活在低收入家庭的白人占20%，而非裔占50%，巴基斯坦人占60%，孟加拉国人占70%（同上）。

同样值得关注的是贫困与残疾之间的关系——在英国，残障者陷入贫困的可能性是一般人的两倍，而残障进一步降低了通过就业实现经济进步的可能性。类似的模式在儿童和老年贫困方面也很明显。根据2007年低于平均收入家庭（HBAI）报告，现在英国有400万儿童（或31%）生活在贫困中，200万养老金领取者（18%）经历着多方面的贫困。此外，尽管宏观经济状况有所改善，但由于劳动力市场和福利国家制度的变化，这将导致实际家庭收入下降，近年来的趋势是儿童贫困状况日益恶化，到2020年将增加30万名贫困儿童（IFS，2015）。实际上，儿童贫困发生率更令人沮丧。人们往往假定家庭收入是平均分配的，因此统计数字意味着只有低收入家庭中的儿童才有贫困的危险，然而实际上，由于儿童获得家庭收入的机会不平等，儿童贫困更为普遍。

例如，统计数字很少告诉我们贫困如何影响孩子们的生活经历，比如他们的学校生活境遇（是否有校服、保暖的鞋、防水外套、参加学校旅行）、闲暇时间（假期、拥有爱好的能力、是否有自行车、是否有书籍或玩具），还有家庭生活（是否拥有自己的床或卧室，居室是否有地毯，是否有热水、一日三餐、新鲜水果和蔬菜）。然而，众所周知，贫穷家庭比其他人口更有可能成为犯罪、营养不良、缺乏食物、酗酒和吸毒、住房条件差、家庭破裂、精神健康问题，以及不就业、不受教育或培训的受害者。这意味着，除了现有的受影响成年人数量之外，英国三分之一的儿童面临着未来成人社会和社区需求的风险，需要通过更新来打破这种循环。

需求认知的转变

在考虑实际意义上的需求时，对需求的解释可能在不同群体之间有所不同，而且也会超出对食物、住所、衣服和燃料的正式定义，并以一种统计数字根本无法捕捉的方式，涉及社会习俗、义务和社区活动等问题。社区确定并塑造一些习俗，如宗教节日或场合（如圣诞节、婚礼或葬礼），并将家庭聚会和聚餐视为必要，这远远超出了简单的食物摄入量。此外，为了社区或宗教目的而穿的某些衣服、采访时穿的衣服、校外穿的衣服等，都超出了基本的保暖问题（White Rose, 2000）。社会生活的这些方面涉及与文化义务、社会地位、获得基本供应或服务和经济机会相关的其他社会需求，这些需求重新定义了在当今社会中贫困或被社会排斥的含义。在此基础上，可以假定存在比正式定义中所描述的更多的人处于贫困之中，原因是：

● 尽管有收入，但由于家庭生活费用很高，或收入最近才获得或不稳定，无法负担基本生活必需品的家庭。这导致家庭在贫困中成长。

● 由于失业而导致收入急剧下降，无法负担基本生活费用的家庭。这使家庭容易陷入贫困。

当以这种方式来衡量时，受贫困影响的人数显然要多于初步统计评估所假定的人数。例如，约瑟夫·朗特里（Joseph Rowntree）在关于《英国贫困和社会排斥》（White Rose, 2000）的研究中指出：

● 英国有 950 万人负担不起合适的住房，房屋里无法取暖或阴冷潮湿，没有像样的装修；

● 800 万人买不起冰箱或洗衣机等一件或多件基本家庭用品；

● 750 万人因太穷而不能参加婚礼、葬礼等普通社会活动或置办特殊场合活动；

● 660 万成年人没有必要的衣物，比如保暖的防水外套；

● 按照目前的标准，有 400 万人吃不饱——他们没有足够的钱购买新鲜的水果和蔬菜，或者一天两餐；

● 1 050 万人遭受经济不安全的折磨，他们没有能力储蓄并为他们的住房或财产投保。

贫困、社会排斥与更新

1997 年，新工党政府的当选代表了英国政治和城市更新格局的变化，虽然比前几届政府更加折中，但引入了一种更民主的治理和社会包容的持久关系。1997 年，新工党政府设立了社会排斥问题机构，以处理贫困、多重剥夺、收入和就业等问题，这些问题十年或更久以来一直影响着城市更新政策的方向。新工党政府关注社会排斥而不是贫困，这是很有趣的，因为"社会排斥更具活力，意味着个人可以以一种机会主义的方式摆脱排斥"(Kearns, 2003)。此外，"如果某人被排除在外，那么还有其他人(个人、团体或群体、机构或市场)进行排除"(Kleinman, 1998:9)，这表明更新需要及政策方法的一部分应该是制度性的。因此，城市更新政策的重点放在了社区领导、能力建设和社会资本上(见 Wilks-Heeg, 2003)，新工党和联合政府(2010—2015 年)实施的更新方案将参与代表、利益相关者、伙伴关系和社区赋权等问题置于突出地位，以动员基层活动。这种做法在过去十年中进一步演变，包括建立新的或强化更新、住房、医疗保健和其他方面社会福利和凝聚力之间的关系。在苏格兰和北爱尔兰，通过法定的社区规划(详见第 13 章)，这一综合性方法得以正规化，而在其他地方，这一方法的实施依赖于组织之间的联合工作。专栏 6.2 提供了一个多活动联合方法的示例。

专栏 6.2 案例研究:默西塞德郡普雷斯科特的钟表厂

这个更新项目利用一个废弃的二级钟表厂作为主要房屋更新方案的中心,旨在为老年人和弱势群体提供新的照顾。根据伙伴关系的办法,第一方舟小组领导了一项综合更新方案,将住房、医疗保健和社会关怀结合起来。在地方当局、地方医疗保健提供者和其他组织的支持下,更新方案向 70 个住房单元提供了相关的医疗保健和社会关怀设施。该方案使老年人和弱势群体能够继续生活在社区,减少他们对医院护理的依赖,并满足急需家庭的需要。

更新计划的总成本为 1 080 万英镑,包括来自家庭和社区机构的拨款在内。显然,通过以这种方式更新该废弃场地,减少了保健和社会保健预算的压力,提高了保健标准。

资料来源:第一方舟小组(www.firstark.com)。

"新工党议程"明确提出,如果不是在决策过程中,那么肯定是在战略设计和实施过程中,让更广泛的利益相关者群体参与进来,这与美国等地的"社会资本"运动相呼应。正如 Diamond 和 Liddle(2005)所指出的,代表性不足的群体(如妇女、少数族裔、年轻人或志愿部门)参与和协商过程已成为 1997 年后城市更新的特征,尽管对传统的管理主义和敷衍机制有一些批评。更新管理人员被鼓励采用多层次利益相关者分析的标准来识别和管理多样性,然后解决参与群体与决策脱节的边缘化问题。鼓励更新战略适合所有需要代表和参与的利益相关方和利益相关方团体。因此,当时基于区域的更新行动也旨在通过更多利益相关者参与,并形成多机构的伙伴关系,最终形成"地方战略伙伴关系"来解决治理问题,所有这些都取得了不同程度的成功。

因此,社会排斥问题机构(SEU, 2000)认为“振兴社区”是指:

- 广泛的社会组合;
- 有一套居民都同意的规则;
- 具有人们可以互动的场所和设施,特别是社区场所。

这里隐含的意思是,如果要想取得基于地区的更新成功,就必须解决低社会资本的缺陷,即:

- 缺乏非正式的网络;
- 心胸狭隘和视野狭窄;
- 缺乏积极作为的榜样;
- 低预期。(SEU, 2000: 53)

在英国社会和社区更新中,向愿意倾听当地居民和社区意见并让当地居民和社区参与的范式转变,是从 1995 年的“单一更新预算”开始显现的,并在“单一更新预算”第 5 轮和第 6 轮中发现的以地区为基础的多机构伙伴关系,以及随后的“社区新政”和“社区更新基金”计划中予以推进和巩固。他们的方法是通过经济正义来解决社会需要;他们的想法是通过培训及其他社会经济措施改善社会包容性和进入劳动力市场的机会。在实践中,“单一更新预算”和“社区新政”的做法受到了严厉批评。Morrison(2003:154)认为,“单一更新预算”等国家更新规划旨在用深思熟虑和让人望而生畏的方式来抑制居民参与。毫无疑问,一个特定社区的技术技能和知识以及吸收能力是保证居民参与当地更新的质量的关键所在。因此,在解决社会排斥问题时,作为一项初步行动措施,文化公正似乎比经济公正更重要。这是因为一些社区(和其中的个人)难以获得机会或受到主导机构的压制,因此需要建立与社区联系的机会和参与,在某些情况下,需要通过谈判才能实现发展。正如 Jacobs 和 Dutton(2000)指出的，建立可行和成功社区的条件并不总是存在的，但社区及其志愿努力为实现社会和社区更新提供了坚实基础。然而，在实践中，这可能是一把双刃剑。许多城市更新从业者提到让群体参与当地更新的困难，而矛盾的是，社会排斥过程凭借服务排斥和个人隔离而进一步剥夺了最受排斥群体的权利。因此，许多更新从业者必须首先在一个特定的社区中识别出最受排斥的群体，然后制定计划动员他们参与当地规划的设计，这将在未来帮助他们。如果不这样做，更新工作就有可能进一步剥夺社区中最边缘化群体的权利，因为这只是让最具组织性和联系最紧密的群体主导这一过程。

环境、运输和区域部制定的《让社区参与城市和农村重建》(DETR，1997)提到设立代表性委员会来执行地方更新方案的重要性。然而，正如Jacobs 和 Dutton(2000)所强调的，成功取决于代表当地群体问题的代表性，而不是以他们自己的问题为主导。这在以代表性为主导的理事会选举中可能尤其成为问题，并会引发前面提到的授予他人权力和能力的问题。授权方法要求地方利益相关者在社区资源使用和社区战略方向上有更多的发言权，但如果没有支持和指导，就可能会被更成熟的群体的利益所支配，这些群体具有第三部门代表和尤其是通过全国志愿组织理事会(NCVO)广泛联系的历史。能力建设为当地人民提供了掌握自己未来的技能，并建设适当的基础设施和网络以协助这一进程。

因此，在环境、运输和区域部(1997)看来，能力建设是关于：

● 技能——项目规划、预算和筹资、管理、组织、发展、经纪和网络；

● 知识——关于更新方案及其机构、它们的系统、优先次序、主要人员；

● 资源——如果地方组织想要把事情做好，资源是必不可少的；

● 实力和影响力——对主要地方(和国家)机构的计划、优先事项和行动施加影响的能力。

在动员社区努力和更新活动之后，更新从业者关注的第二个领域是实现可持续更新。这里的关键是要确保更新方案是正确的，即满足社区的需要和可持续发展。同样重要的是，确保更新规划在长期内不会带来进一步的社会和社区困境。例如，虽然历史上的贫困和社会排斥的形象主要集中在破旧住房中的失业家庭，但要了解相对富裕社区中的社会和社区需求，就要对新自由主义和财富分配有更广泛的理解，并对农村和郊区等地区的需求进行评估。在英国，农村和城市郊区的工薪家庭正日益受到贫困问题的冲击。来自就业和养老金部(ONS)的数据显示，1991—2004年，五分之三的英国家庭至少有一年经历过收入贫困，甚至还有更多不寻求社会救济的家庭，因为担心被人瞧不起且未来不能享受税收抵免政策(JRF, 2009)。因此，越来越多的证据表明，农村地区和城市郊区的工薪家庭由于生活成本提高，特别是由于士绅化(在某些情况下，士绅化是由早期城市更新尝试引发)的结果，正被他们的社区边缘化。例如，虽然西南部、东北部和苏格兰的农村地区被认为是田园生活的一部分，但拥有第二套住房、低薪工作(特别是在农业和旅游业)、糟糕的出行及主要服务等造成了严重的负担问题。同样，伦敦及东南部等主要城市地区，住房成本由于较少住房建设和密集的外来投资而加剧，造成了贫困趋于急剧上升的状况。由于租金上涨，家庭可支配收入降至临界水平，实行"零时工"或兼职等弹性劳动合同的家庭变得更加脆弱。拥有更稳定就业的家庭也存在一些问题，特别是年轻的毕业生，他们在千禧年开始时受到经济和城市更新的刺激，在高增长地区获得了稳定的就业，但现在由于同样的结构调整过程，他们正经历着严重的士绅化冲击。这些都体现在"超越士绅化"(Lees, 2003)和"城市权利"运动(Lefebvre, 1968; Harvey, 2008)日益重要的描述中。在这种背景下，"城市权利"被视为对一些城市地区日益增长的不平等（由士绅化和空间私有化推动）的回应，这要求更大参与性的社区发展和政策改革，以在不被边缘化的情况下实现多样化和繁荣的社区。这并不是说所有的城市更新都不好，将不可避免地导致士绅化，并延伸到社会排斥，而是说城市更新需要一如既往地富有同情心地进行，并在考虑现有社区实际情况的更广泛的可持续更新规划范围内进行。

结论

与许多发达经济体一样，英国正处于社会和社区发展的十字路口。外部冲击及其导致的结构性变化对社区的社会、经济和物质生活造成重大破坏，虽然全球金融危机带来了新的社会和社区问题，但一些社区仍遭受旧冲击的影响。在这一章中，贫困的复杂性以及广义上的社会排斥被视为社会需要的一个领域。贫困人口增长是英国目前面临的最严峻的社会问题。统计数字表明，在二十多年的时间里，尽管更新实践者作出了努力，但贫困环境仍在恶化。约瑟夫・朗特里基金会（Joseph Rowntree Foundation）等实证研究指出，存在着错位、不安全感、多重剥夺、冲突、丧失信仰及群体之间的主要社会分化等问题，这些问题超出了收入不足的简单定义，需要更细致的更新工作。在本章中，少数族裔群体、残障者、儿童和老年人、移民以及难以接触的社会排斥群体的社会分化是重点考虑的问题。

更新工作需要采取有效措施，制止并扭转造成贫困加剧的破坏性结构趋势。从根本上说，这些都是资本主义的问题，需要采取适当的政策应对，以促进经济增长，并确保社会中最需要帮助的人获得这些机会。同样重要的是，英国需要变得包容，减少贫困和社会排斥，这在一定程度上需要社区更新及其对更新和社区治理实行制度变革。成功的城市更新在于实现基层的发展；在这当中，"社区"不仅有代表性，而且热衷于当地发展和实施变革，并对社区的维持给予了应有的关注。因此，社会和社区更新的两个优先领域是：第一，需要确定被排斥在外的群体，对他们包容并进行动员，确保他们积极参与和拥有对更新规划及其实施的话语权；第二，识别并防止未来社会排斥的发生。本章提出的建议是，城市地区的重大转变作为城市更新规划及其短期投资的结果，如果任其发展，会产生破坏性影响，造成新的贫困和社会排斥，这要成为对当前社会和社区更新工作认知的一部分。

关键问题和行动

● 理解社会和社区的需要可能非常复杂，要对"社区"进行细致入微的研究和理解，这远远超出了简单的统计分析。

● 在当代情况下，社会和社区的需要与财富、贫困和社会排斥问题密不可分，这些问题是由更广泛的结构进程和政策范式所决定的。

● 虽然许多发达国家的福利制度防止了绝对贫困，但在英国和其他发达国家，有大量证据表明相对贫困的存在，这限制了弱势群体的生活质量。

● 在英国，最近尝试让当地社区参与更新规划和实施，在解决社会排斥方面取得了若干成功，但这些问题很复杂，在很多情况下是根深蒂固的，通常要有长期性支持和强有力合作的努力。此外，不断变化的经济环境可以创造新的社会和社区需要，要建立强有力的伙伴关系来确定和解决新的需要问题。

参考文献

Bartle, P.(2007) *What is Community? A Sociological Perspective*. Community Empowerment Collective. Available at: www.cec.vcn.bc.ca(accessed 12 July 2015).

DETR(1997) *Involving Communities in Urban and Rural Regeneration*. London: The Stationery Office.

Diamond, J. and Liddle, J.(2005) *Management of Regeneration*. London: Routledge.

EAPN(2005) *Report of the European Anti-Poverty Network*. Available at: www.poverty.org.uk/summary/eapn.shtml(accessed 19 May 2016).

EC(2004) *European Commission Joint Report on Social Inclusion*. Strasbourg: Commission of the European Communities.

Feiffer, J. (1969) *Feiffer's People: Sketches and Observations*. New York: Dramatist's Play Services.

Harvey, D.(2008) 'The Right to the City', *New Left Review*, 53:23—40.

HBAI(2007) *Households Below Average Income*, based on the Family Resources Survey, Department for Work and Pensions. London: Office for National Statistics.

Hutton, W.(1996) *The State We're In*. London: Vintage.

IFS(2015) *Child and Working-Age Poverty from 2010 to 2020*. London: Institute for Fiscal Studies.

Jacobs, B. and Dutton, C.(2000) 'Social and community issues', in P. Roberts and H. Sykes(eds), *Urban Regeneration: A Handbook*. London: Sage. pp.109—28.

Jargowky, P. and Bane, M.J.(1991) 'Ghetto poverty in the United States, 1970—1989', in C. Jencks and P.E. Petersen(eds), *The Urban Underclass*. Washington, DC: Brookings Institute Press. pp.235—72.

JRF(2009) *Reporting Poverty in the UK: A Practical Guide for Journalists*. York: Joseph Rowntree Foundation.

Kearns, A.(2003) 'Social capital, regeneration and urban policy', in R. Imrie and M. Raco(eds), *Urban Renaissance? New Labour, Community and Urban Policy*. Bristol: Policy Press. pp.37—60.

Kleinman, M.(1998) *Include Me Out? The New Politics of Place and Poverty*,

CASE paper 11. London: London School of Economics.

Lees, L.(2003) 'Supergentrification: The case of Brooklyn Heights, NYC', *Urban Studies*, 40(12):2487—509.

Lefebvre, H.(1968) *La Droit a la Ville*. Paris: Editions Anthropos.

Morrison, Z.(2003) 'Cultural justice and addressing 'social exclusion': A case study of a Single Regeneration Budget project in Blackbird Leys, Oxford', in R. Imrie and M. Raco(eds), *Urban Renaissance? New Labour, Community and Urban Policy*. Bristol: Policy Press. pp.139—61.

Owen, D.(1995) 'The spatial and socio-economic patterns of minority ethnic groups in Great Britain', in *Scottish Geographical Magazine*, 111(1):27—35.

Pacione, M. (1997) 'Urban restructuring and the reproduction of inequality in Britain's cities', in M. Pacione(ed.), *Britain's Cities. Geographies of Division in Urban Britain*. London: Routledge. pp.7—60.

Piachaud, D.(1987) 'Problems in the definition and measurement of poverty', *Journal of Social Policy*, 16(2):147—64.

Rowntree, B.S.(1901) *Poverty: A Study of Town Life*, centenary edition. Bristol: The Policy Press.

SEU(2000) *National Strategy for Neighbourhood Renewal: A Framework for Consultation*. London: The Cabinet Office.

Townsend, P.(1979) *Poverty in the United Kingdom*. Harmondsworth: Penguin.

UN(1995) The Copenhagen Declaration and Programme of Action, World summit for Social Development 6—12 March. New York: United Nations Department of Publications.

White Rose(2000) *Poverty and Social Exclusion in Britain*. York: Joseph Rowntree Foundation.

Wilks-Heeg, S. (2003) 'Economy, equity or empowerment? New Labour, community and urban policy evaluation', in R. Imrie and M. Raco(eds), *Urban Renaissance? New Labour, Community and Urban Policy*. Bristol: Policy Press. pp.205—20.

第 7 章

就业与技能

特雷弗·哈特[*]

就业与更新

长期以来，人们所关注的当地就业及其繁荣一直是发展的主要动力，现已被纳入“更新”视域中。因为就业以及由此而来的收入是决定财富、生活水平、生活质量以及社会和经济发展的关键性因素。因此，就业和财富被视为是城市更新的“触发器”——解决失业问题或改善就业条件的干预措施——也是更新活动的结果，这些更新活动在有利的情况下可导致可持续、高工资的就业。

在 20 世纪的早期，对就业问题的关注是由地方政府主导的，部分原因是地方经济及其就业下降导致了地方政府收入的下降（Ward, 1990）。然而，到 20 世纪 30 年代，一种区域政策形式的出现反映了中央政府对此问题的兴趣。中央政府采取了一系列措施，包括财政奖励、提供场地和房

---

* 特雷弗·哈特（Trevor Hart），现任纽卡斯尔大学建筑、规划与景观学院客座研究员。最初是一位经济学家，在地方政府和咨询公司从事经济发展的经验激发了他对劳动力市场问题的兴趣。

屋等，目的都是为了促进地方的就业基础多样化及其扩展。与此同时，人们还对失业和低质量工作对于收入和福利的影响以及贫困发生率表示出更大的关切。Rowntree(1901)在其开创性著作《贫困：城市生活研究》(*Poverty: A Study of Town Life*)中考察了约克郡的生活，确定了他所观察到的约75%的贫困是由失业或低薪就业造成的。与20世纪二三十年代的饥饿游行等事件一起，这些分析为我们今天在所知的更新领域内制定就业政策打下了基础。"社会排斥"概念的兴起及其在政策制定方面的作用使人们更加重视改善就业前景，将其作为解决包括贫困在内的一系列社会问题的手段。

在目前情况下，就业和技能政策在更新方面的中心地位可以被视为反映了这两个长期存在的问题。创造就业机会与提高就业质量是更新活动发展的主要推动力。贫困的空间性集中的存在和持续，以及伴随而来的一系列社会问题，有助于加强和形成对这些问题的重视并采取相应政策措施。这些更新政策和方案的本质，在一定程度上由实际情况的分析所驱动(尤其是在1997—2010年的新工党政府下)，但也有部分由意识形态所驱动，与日益占主导地位的新自由主义思潮有关，表明已不再直接参与此类政策领域。本章将在可持续更新的背景下，探讨英国城市面临的就业问题的本质，以及国家和地方当局的政策应对措施，最后将对城市劳动力市场的未来进行一些思考。

城市劳动力市场问题

城市经济及其就业状况很大程度上反映了其受经济系统中广泛部门变化的影响程度。总体而言，制造业部门就业人数下降，服务业部门就业人数上升。正如第 12 章在美国城市去工业化背景下讨论的那样,那些衰退的城市主要依赖于制造部门,在经济多元化方面也不太成功,而那些繁荣的城市则形成了新的服务经济,尤其是专业服务业的就业机会。

正如许多研究报告所指出的,转型不太成功的那些城市遭受到一系列相互关联、持续存在的经济和社会问题。其中许多影响到企业竞争力,包括实际或假想的高犯罪率给现有企业造成额外成本,或阻碍新企业发展,或员工高流失率等劳动力市场问题。住房条件差、教育和技能水平低以及失业和贫困普遍集中,也造成了社区方面的问题。虽然最近出台的措施试图解决这些不利的就业因素,如在地区层面吸引或"增加"新的工作,并更好地提高当地居民的素质和技能去竞争这些工作等,但面临挑战的规模及其性质阻碍了一个衰落城市或社区的迅速成功。

例如,Cheshire 等(2003:93)认为,"如果一个生活在贫困社区的人提高了其就业能力并找到了一份工作,那么他搬到更好的社区的可能性会大大增加"。他们还强调了住宅分类现象的重要性,因为新搬进来的"接替者"的失业率比搬出去的人要高得多。本地化不利因素的持续存在引发了关于是否存在"区域效应"的持续辩论。"贫困社区仅仅是因为其内部贫困人口数量众多"(Deas et al., 2003:900),还是"最贫困社区有什么特殊性质,使得其他领域产生的不平等现象更加严重,或者减缓了调整过程"(Atkinson and Kintrea, 2002:152)?

人口变化

从维多利亚时代到 20 世纪中叶,在工业革命的推动下,英国许多城市的特点是人口快速增长。然而,自那以后,一些城市的人口不断减少,但情况远非一致。Parkinson 等(2006:43)注意到,“城市榜单上,人口增长最快的主要是南部和东部的小城市”,伦敦的人口增长是由移民推动的,而人口减少的城市主要出现在北部地区。正如 Dorling 和 Thomas (2011:15)指出的,这种模式往往反映了经济命运和就业的变化——例如,赫尔市既失去了传统的就业来源,又遭受了人口减少的影响。当然,也有例外情况。例如,尽管赫尔市所在的地区,约克郡和亨伯河,已经失去了许多第一产业和第二产业的工作,但其主要城市利兹,最近在法律和金融服务部门增加了许多工作岗位,促进了次区域经济的活跃和大量的进城通勤。

许多因素使通勤变得更便利,许多城市的通勤人数都有所上升。1980 年以来的 25 年间,实际收入几乎翻了一番,同时私家车使用成本下降了约 15%(DfT, 2006);然而,同期的公共交通费用则增加了约四分之一,而且这一趋势还在继续。虽然这种通勤压力对城市地区的可持续发展造成了影响,但也要考虑其他的社会影响。不同群体获得这种日益增长的流动性的能力远非平等,因此它可能导致城市经济和社会两极分化的加剧,因为经济条件优越的人可能搬到郊区,总的来说,这些人原在市中心的居所将被那些在劳动力市场中占据较低阶层的人所居住。

失去工作

在很长一段时间里,人们认为城市受到了就业方面各种负面趋势的影响——在各种经济衰退中,以前推动城市增长的工厂就业人数减少;在一定程度上由市内拥挤及土地和房屋成本高等区位问题推动的城乡就业转移;以及用近代语言来说,由创新水平低下和人力资本质量低下等一系列因素而导致的竞争力下降。21 世纪初,当城市被视为“国家和地区经济的动力源而非经济负债”时,这种负面形象受到了挑战(Parkinson, et al., 2006:9)。然而,Champion 和 Townsend(2011)指出,许多城市在英国经济中所占的就业份额有所下降,其中一些城市(他们以利物浦为例)的就业率出现了绝对下降。

许多城市就业情况良好的部分原因是公共服务领域就业的增长。在某些情况下,这几乎是旨在通过中央政府职能分散化等方法解决区域不平衡的政策的产物。另外,私人服务的增长,特别是金融和商务服务的增长,促进了当地的经济繁荣,利兹和曼彻斯特等省府中心城市从中受益。这种向服务经济的转变产生了明显的性别效应,大多数地区失去了传统的“男性”工作,但在同一时期,进入劳动力市场的女性比例增加。与此相伴而生的是男性不工作率持续存在,缺乏技能的人发现越来越难以回到工作岗位(Gregg and Wadsworth, 2011)。然而,人们对削减公共开支水平对于这些就业方面的积极趋势可能产生的影响感到有些担忧;正如 Elliott(2012)所言,“对公共部门的依赖将被乔治·奥斯本 * 为了平衡收支而要求的裁员无情地暴露出来”。

失业

由于各种原因,英国的城市被认为是没有工作的人比其人口比例所显示的更多(Experian, 2011)。同一份报告还指出,这一负担的最大比例出现在北部和西部的大城市。然而,报告也指出,这种地理差异性也有例

---

* 乔治·奥斯本(George Osbome),英国财政大臣。——译者注

外，比如黑斯廷和伦敦的一些地区，后者的情况被视为“暴露了首都各地区明显的一些反差和严重的不平等”(2011:49)。

同时，从历史上看，争论主要是围绕“失业”术语及那些领取失业救济金[目前被称为求职者津贴(JSA)]而展开的，近来的注意力已转移到一个更广泛的闲置群体(即那些我们可能期望在工作或在找工作，但实际没有工作的人)。这种现象在20世纪80年代首次被提及，当时人们创造了“沮丧工人效应”一词，用来描述那些觉得自己找工作的前景非常渺茫，以至于不参加正式的失业登记和福利制度的人。最近，人们使用了“失业”一词，并特别关注了申请缺乏工作能力津贴(自2011年起，改为“就业和支持津贴”)的群体，这是一项针对那些具有可能妨碍他们进入劳动力市场的长期情况的人的福利。

在2004年发表的一份报告中，政府确定了为什么失业问题是一个关键问题。对于财政部来说，申领长期福利的人数增加(至250万)带来了相当大的成本影响；对于个人而言，工作被视为“摆脱贫困的最佳途径”(SEU, 2004:13)。但是，这对社区有相当大的影响，因为失业非常集中——2004年的一份报告发现，在最糟糕10个社区的失业率是最好的社区的23倍。影响包括不利的社会和经济结果，对公共服务的压力，以及“地区效应”(其可能意味着与其他失业的人生活在一起会对一个人的就业结果产生不利的影响)。

失业发生率在不同地区和不同社会群体之间一直是可变的。人们已发现有一些因素造成劳动力市场的不利地位，并增加了个人失业的机会。Berthoud(2003)确定了六组这样的因素：家庭结构——没有伴侣，单亲；技能水平——低资历和低技能；残疾——某些身体机能缺陷；年龄——超过50岁；对劳动力的需求——生活在高失业率地区；以及族裔。这种不利条件的个人或空间集聚极大增加了遭受失业的可能性。这突出表明，任何解决失业问题的政策都需要多个方面(经济和社会)的综合。

城市地区和劳动力市场政策

城市劳动力市场问题需要从更广泛的角度(国家乃至全球)来看待,同样地,对城市就业的地方对策也需要在国家和欧盟的政策框架内制定和实施。这一框架不仅包括工作和失业的国家政策,而且包括国家城市政策。这种政策从20世纪60年代中期开始出现,通过诸如"内城地区研究"和"社区开发项目"等倡议(Lawless, 1989),直到最近的——也许是最雄心勃勃的——"社区新政"。

关于工作和失业的国家政策不断演变,最明显的是从强调劳动力市场需求侧的行动转变为强调供给侧的行动。过去,对劳动力市场干预的主要推动力往往是高失业率的持续存在,以及解决此类问题的公认方法是通过提高国家经济活动水平或为贫困地区创造就业等措施来增加对劳动力的需求。最近,重点已从这种需求侧的措施转向供给侧的干预,特别是努力解决进入劳动力市场和创造就业机会的一系列障碍。在更政治化的层面上,我们可能会考虑供给侧的措施,比如那些旨在增加劳动力市场灵活性的措施,通过减少限制性做法和工会力量,或减少"企业负担"来促进就业增长,但除此之外,重点可能会放在更一般的措施上,比如改善求职者的信息流动。新工党最近强调的"竞争力议程"很大程度上反映了供给侧的干预政策。

需求侧的干预是战后的正统方法,但却受到了多方面的批评。尽管若干研究表明,区域政策"有效",在失业率较高的地方创造了就业机会,但诸如将分厂迁移到一个地方等做法不一定能解决潜在的弱点。在国家层面,刺激需求的政策加剧了通货膨胀,部分原因是没有认识到劳动力市场不是由同质的劳动力“集合”组成的,而是一些差异化的和部分独立的劳动力市场构成的,在这些劳动力市场中,在不同的部门、职业或地区可能同时存在短缺和过剩。国民经济增长不会平等地影响到所有群体和地区;拉动一部分地区的需求水平可能导致过度需求进而造成另一地区的供应进一步短缺。在认识到我们有一个分割的而不是统一的劳动力市场的同时,还要认识到我们需要更仔细地设计和针对特定群体和地区的具体需要的政策。

在20世纪90年代,这种需要进行针对性援助的观点与关于社会排斥问题的观点相一致。社会排斥是指个体脱离于经济和社会生活的主流。它既包括是什么原因导致个体被排斥的过程,也包括基于个体被排斥属性分析的结果。如上所述,处于社会和经济的不利地位是经济、社会和环境等若干相互联系因素共同作用的产物,因此需要“综合性”政策来解决社会排斥问题。这种方法所关注的是个体,但社会排斥在空间上的集中,促成了以地方为基础的政策的发展,如“社区新政”。

对社会排斥问题的关注,呼应了人们对劳动力市场性质变化的关注。在20世纪八九十年代,伴随着大多数增长发生在高薪工作或边际职业上,增长模式被视为加剧了社会两极分化。威尔·赫顿(Will Hutton)在1995年的著作中创造性地使用了“30/30/40社会”来描述这种新兴的劳动力市场形式。即处于社会底层的30%的失业者和无经济活动的人被边缘化;另外30%的人有工作,但其就业形式在结构上是不安全的;只有40%的人可以把自己算作拥有终身职业的人,这样的工作使他们的收入前景有了保障。与这种不确定的劳动力市场地位相关的较低收入是造成不平等的一个重要因素,OECD的一份报告(2015a)认为,不平等对长期的经济增长有害。这就提出了一个问题:与其试图对抗这种劳动力市场重组,我们是否应该解决其后果(低收入)? 然而,这引发了一些有关劳动力市场政策和福利政策之间联系的困境。

现在被称为"工作福利"(指福利制度和长期失业水平之间的关系,以及"胡萝卜加大棒"之间的平衡)的政策问题早就存在了,也许可追溯到16世纪的《济贫法》中的"坚定的乞丐"概念,这个词用来描述那些被认为有能力工作但却拒绝工作的人。有时,在联合政府的领导下,关于福利改革的争论似乎也同样两极分化,在"逃班者与奋斗者"、欺诈的乞讨者与诚实的纳税人之间划分出令人生疑的界限(Hills, 2015)。除了与福利陷阱相关的不利因素(在福利陷阱中,申请人发现很难找到与他们享受社会福利时待遇一样好的工作)之外,许多评论家认为,有一部分长期失业人员属于"自愿性失业"(例如 Burchardt and Le Grand, 2002)。这些担忧反映在2006年1月的"福利改革原则绿皮书"(Department of Work and Pensions, 2006)和当前的政府政策中。

直到20世纪70年代初,领取失业救济金的权利与必须找工作的要求之间还存在着明显的联系。然而,随着20世纪70年代推出就业中心(Job Centres)以取代职业介绍所,试图改变公共部门就业服务格局,求职要求与福利权利之间出现了一些脱钩。然而,特别就业服务中心(Jobcentre Plus)在一定程度上恢复了福利权利与为求职者提供服务之间的联系,并再次强调求职者必须努力寻找工作:这些努力得到一系列"积极的劳动力市场政策"措施的支持,如求职援助、培训和工作经验期限。

这些针对求职者的措施可以被视为当前强调供给侧干预政策的一部分,同时试图解决被视为创造就业机会的障碍。从20世纪80年代开始,人们就对"企业负担"的影响产生了明显的关注,尤其是在1984年发表的一份白皮书的标题,以及关于监管对经济增长的影响,最近再度引起了人们的兴趣。现在,焦点更多指向通过“纠正市场失灵”为企业发展铺平道路,这一措辞几乎成为任何形式的公共部门干预经济领域的先决条件,但在其含义和实际意义方面仍存在争议(Kay, 2003; Mazzucato, 2013; Chang, 2014)。

关注提高“竞争力”政策也是如此——Reich(1994)将其描述为“一个公共话语的术语,(它)在没有任何连贯性的干预下,如此直接地从晦涩变成了无意义”——这在区域和国家层面都很明显。提高“竞争力”通常与提高劳动生产率及就业率等一样重要(尽管这两个目标可能存在冲突,如果经济增长率不超过劳动生产率的增长率),并与提高研发投资水平和提高技能水平等活动联系在一起。技能水平被认为对生产率和工资都有影响。一项研究(Layard, et al., 2002)表明,德国和英国之间的工资差距有一半可以归结为劳动力技能方面的差异。这种观点或许可以在 Lord Leitch(2006)《全球经济繁荣——世界级技能》一书的标题中得到反映。Lord Leitch(2006)还指出,缺乏技能的重要后果之一是失业风险大大增加。

最近,争论的术语已从强调“竞争力”转向强调“生产率”,尽管公平地说,这并不是一个新问题。生产率表现不佳往往会影响收入增长,但当然也会潜在影响地方和国家层面更广泛的经济发展。对于英国自经济衰退以来生产率水平表现不佳的程度,人们提出了许多解释(Barnett, et al., 2014),包括对新设备投资的削减,未能开发产品和工艺创新,以及来自金融市场的直接影响——特别是,极低的利率水平意味着低成本借贷让“僵尸”企业存活下来,而重振经济所需的“创造性破坏”并没有发生。这些因素中有许多是长期存在的,尽管如此,但通过诸如支持创新或培训的项目等仍可能对当地产生积极影响。

制定城市地区劳动力市场战略

虽然人们有可能对成功地区将自主发展的观点提出质疑,但公共政策的主要焦点确实是"需要"的地区。鉴于这些需要的性质广泛,以及可以在这些地区发挥影响的机构范围,毫不奇怪,最近对当地机构的一项研究得出的结论是,需要"协调一致和持续的伙伴关系来解决失业问题"(DCLG,2009:4)。该报告还就当地行动的性质提出了另外两个有价值的观点:"不同的社区要根据其高失业率水平采取不同的组合解决方案,而且需要持续的干预措施。"(2009:4—5)

创造就业的措施

在一个地区内,可以从需求侧和供给侧来采取各种干预措施,而设计良好的地方战略通常包括这些干预措施的组合,以反映当地的需要。

需求侧的干预措施包括:

- 通过提供设施及市场推广,吸引外来投资;
- 通过一系列支持机制协助现有企业的发展;
- 通过提供咨询、援助及相关设施,扶持新成立的企业;
- 采取各种形式的劳动力市场中介措施,如社区福利项目的有偿临时工作。

供给侧的干预措施包括:

- 通过提供信息,改善劳动力及其技能市场的运作;

● 确保所有人都具备读写及计算的基本技能，以便在劳动力市场上参与竞争；

● 在确定和解决目前及未来技能短缺问题上提供相应帮助；

● 经常通过社区经济发展倡议，加强遭遇社会排斥的群体进入劳动力市场的准备(态度和能力)：这些活动对日益脱离工作世界的长期失业者特别重要。

一段时间以来，人们一直关注公共政策的行动方式，即寻求对市场失灵的弥补，并使资金发挥作用。在追求这些目标的过程中，一条黄金法则是，政策必须避免无谓、替代和换置。其意思是：

● 在被援助的个体中，你到底会雇佣多少人(“无谓”，因为没有援助的支出就能达到预期的结果)；

● 在被援助的职位中，有多少是本应由其他招聘人员填补的(“替代”，即由政府补贴的工人取代了本应被聘用的工人)；

● 在被援助的工作中，也就是增加你自己的就业，有多少是以你的竞争对手的损失为代价(“换置”，即一个企业的受补贴工人取代另一个企业的工人，后者受到补贴的负面影响)。

鉴于一些人可能会说，在国家层面上，所有创造就业的公共政策努力都是零和博弈，那么一个必须提出的问题是，所有的影响是否具有同等的价值？例如，如果被援助的工人是一个长期无法进入劳动力市场的人，而遭受补贴负面影响的工人是一个更灵活、流动性更强、容易找到工作的人，那么这种替代(或三个因素中的任何其他因素)可能被认为不那么消极。

然而，上述分析不应被视为表明存在某种“科学”的方法，可以确定一种完善的、几乎是理想的创造就业的方法。例如，人们经常认为，不断发展的地方企业将为当地提供更牢固的就业来源，并往往通过各种形式的乘数效应为贫困社区提供更广泛的福利。但是,新企业的发展潜力和对贫困地区的潜在影响各不相同。寻求最大化企业出生率的政策被认为是在鼓励不成比例的短暂性“低质量”企业(Greene, et al., 2004; van Stel and Storey, 2004)。OECD(2015b)指出,最近英国经济复苏的特点是,从事自雇或其他“非标准”工作的工人数量增长,他们的“收入比标准工人(全职工作的员工)低得多”。“人力资本有限的个人……被鼓励进行创业”,这类创业中的失败很可能是突出的(van Stel and Storey, 2004: 903)。实际上,这一群体更有可能在容易进入且不雇佣他人的服务部门中创业。创业作为摆脱失业的途径与这些因素有关,并对那些通常是弱势群体的人来说,这是一种困难和不稳定的选择(Kellard, et al., 2002)。有人认为,更有效的政策应该关注那些已有商务经验和利益的人,因为他们有更大的能力对财富和就业产生影响(Westhead, et al., 2004)。此外,一些研究表明,就企业生存而言,将援助服务集中于中型企业而非小型企业会获得更大的回报(Wren and Storey, 2002)。然而,大多数个体经营者雇佣的其他人很少,而且能够发展到雇佣大量其他人的企业的比例极小,很难确定(CEEDR, 2003)。因此,更新方案需要仔细设计,并仔细监测其影响,但要挑选出没有缺点的“赢家”是不可能的。

在制定政策时,不应局限于传统的企业结构。有两个例子可以说明这一点。第一,如果我们着眼于更广泛的影响,社会企业被视为提供特别有价值的贡献,因为它们专注于为社区创造并留住利益——例如,为有特殊需要的人士提供就业机会,或专注于开发服务以满足社区未满足的需要(下文将举例说明)。第二,非正规经济已经从原先政策指向要予以根除转变为得到认可,在这个非正规经济领域工作的人构成了一个隐性的创业人才储备,一个有效的方法可能是帮助这些企业正规化运营(Copisarow and Barbour, 2004)。

教育和技能

劳动力市场的不匹配(特定技能的短缺导致企业的瓶颈,或者个人技能缺乏导致寻找工作面临巨大障碍)一直是英国长期担心的问题。在国家层面,已经有许多针对这个问题的“制度修正”的尝试,通常伴随着重新设计的任职资格框架,但这些措施很难在地方层面上取得完全成功(Wolf, 2007)。

在更新方面,特别令人关注的往往是那些因缺乏技能而被社会排斥的人。Lord Leitch(2006)关于技能问题的报告是这样描述的:

> 大约50%没有资格证书的人失业了。随着全球经济的变化,那些缺乏技能平台的人的就业机会将进一步下降。数百万缺乏实用读写和计算技能的成年人有可能成为“失落的一代”,与进入劳动力市场的机会越来越隔绝。为弱势群体提供包括识字和算术在内的技能平台,对于改善他们的就业机会将日益重要。(2006:118)

这些功能性技能不足问题与教育和培训联系在一起,因为可以看出,技能缺乏是从学龄阶段开始的。因此,在解决当地经济、就业和社会问题的背景下,教育和培训显然符合当地的利益。在国家层面,政策往往以教育和培训两方面的成就指标来表示。地方参与这些问题的范围往往是有限的,尽管通过地方机构的就业措施(例如参与国家有关促进基本培训或学徒制度的计划)有可能超越讨论和劝诫。

信息、分析和评估

在寻求提高城市更新政策有效性的同时，越来越强调“基于证据的政策”(Davies, et al., 2001)及其监测和评估。这两个因素是联系在一起的，因为“循证政策”表明，政策是由客观证据形成的，其影响可以通过它对环境(帮助形成政策的证据)的影响——来体现。然而，这充其量只是部分正确，因为很难设想在没有教条或意识形态的环境下制定的政策。

尽管如此，所有地方更新方案都需要基于对当地情况的充分了解。这意味着，当地行动者和机构至少需要熟悉有关当地劳动力市场的关键概念和信息。一个重要的概念可能是：哪个劳动力市场？正如我们经常听到的，对投资银行家的需求是全球性的，而对办公室保洁员的需求是地方性的；通勤也为确定分析和行动的空间焦点增加了一层复杂性。

关于当地劳动力市场状况的数据来自一些二手资料，其经常通过在线数据库 NOMIS(www.nomisweb.co.uk)获得。这一数据库成立于20世纪80年代，是由杜伦大学(Durham University)和(当时的)人力服务委员会(Manpower Services Commission)合营的，但现在由英国国家统计局(ONS)运营。虽然这大大增加了收集地方统计基础数据的便利性，但收集“证据”并非没有困难，涉及数据复杂性、定义问题、预测和确定分析与政策行动之间关系的作用和价值——棘手的因果关系问题。例如，即使一些看似基本的问题，比如确定失业水平，也可能是一个有争议的领域，这在一定程度上可以通过我们从国家层面上的两个来源获得的数据加以说明。一个是那些申办“求职者津贴”的机构和行政来源；另一个是劳动力调查(Labour Force Survey)，现在是“主要”百分比数据的来源(参见 Beatty, et al., 2007; Green, 2009; Belt and Kik, 2010)。

现在,越来越多的工作致力于对政策实施的监测和评估,以回答什么起作用、为什么起作用、在哪里起作用、如何起作用等难以捉摸的问题,并学习如何更好地制定未来的干预措施。进行评估的重要先决条件是我们从哪里开始的基线图(由此,我们可以衡量变化,并可能将实现的变化与干预政策联系起来),以及明确的目标(这样我们就可以专注于政策的具体意图,而不是一些更普遍的愿望)。评估工作的主要变量,通常包括:

- 产出——项目是否交付,例如那么多的培训场所花了多少钱?
- 结果——接受培训的人是否成功获得资格证书和/或工作?
- 影响——当地劳动力市场是否实现了某种转变,例如,贫困/福利依赖性是否明显有所减少?

前两种功能实际上更类似于监测或审计功能,评估元素与项目运行情况(过程评估)的问题更密切相关。对影响的评估更加困难,因为不仅我们正在寻求衡量的概念不太容易具象化,而且还存在许多关于应该如何和何时衡量它们的问题。例如,如果一个培训项目的目标是让长期失业者重返工作岗位,那么我们将在什么时候进行评估(在许多情况下,干预的效果可能很快"衰减",个人可能再次陷入失业),以及我们要在多大程度上考虑其副效应(例如,其他工人和企业的生存能力可能会受到干预的威胁)?在政策制定的政治世界中,我们还必须问,我们实际上从评估中学到了什么,评估结果能在多大程度上影响未来的政策设计。

主要行动者和机构

由于许多政策(以及重要的、提供资金的机制)是在国家和欧盟层面上制定的，因此，当地应对劳动力市场问题的办法必须清楚认识这些来源所带来的潜力和限制。进入国家更新计划的大门主要是通过特别就业服务中心(Jobcentre Plus)，该中心提供一系列方案，帮助从失业到就业或自主创业的过程。这些项目的性质与福利改革议程密切相关，因此帮助人们寻找工作、找到工作并留在工作岗位的“工作方案”被称为“2011 年 6 月在英国启动的一项重大的新的按劳取酬福利计划”。与“普遍信用”福利改革一起，它是联合政府雄心勃勃的福利改革计划的核心(DWP, 2011:2)。一个长期备受关注的问题是失业的年轻人，特别是那些“未接受过教育、就业或培训的人”。2011 年 11 月，联合政府宣布了一项新的“青年合同”，其中包括一系列工作经历的机会，激励雇主招聘年轻人，学徒制和“未接受过教育、就业或培训的人”的特别援助。这些方案的一个共同特点是，它们通过主要由私营部门供应商提供的合同来实现；这种做法显然将影响当地协商和伙伴关系的范围。

直到最近，地方战略伙伴关系是地方协作工作展开和战略发展的一个关键工具，但联合政府引入的变化——尤其是“地方协议”(一种提供拨款的机制)的废除——已经让它们存在的正式理由不复存在。然而，某些形式的地方协作工作机制可能仍是地方当局努力行使某种形式的地方领导作用的一种手段，并被一些人视为“对各自为政和直线服务思维问题的一种制度性修正”(McInroy, 2011)。正如引言所述，地方当局多年来一直在当地劳动力市场干预中发挥作用。尽管在责任和经费方面有许多变化，但它们仍然对地方经济福利感兴趣，并可将此与它们作为规划当局、土地所有者和雇主的作用等有关实际活动结合起来。但是，在紧缩方案下，地方当局预算水平的继续削减势必减少它们的行动范围。

作为联合政府所夸大的“地方主义”的一部分，以前的经济开发领导机构——区域开发机构——已经被撤销，这是“将权力转移给地方社区和企业,使地方能够根据当地情况调整自己的做法”战略的一部分(BIS,2010:5)。这里的夸大成分似乎源于这样一个事实,即地方企业伙伴关系作为区域开发机构的“替代”机构,“缺乏任何法定权力的……规模和能力”(McCarthy, et al., 2012:129),这一评论特别侧重于这些机构可获得的资金有限,特别是与许多人所认为的它们在经济衰退时期的任务性质相比。然而,当地增长白皮书(Business Innovation and Skills, 2010)确定了地方企业伙伴关系与本地劳动力市场问题相关的多个角色——将其视为在“自然经济区域”上的运作。其中包括:通过国家更新方案影响对个人提供支助的性质;与继续教育学院、培训机构和雇主合作,以使技能供给与需求更好地相匹配;并与其他机构合作创造就业机会。

在组织当地应对劳动力市场问题时,政府经常支持第三方部门在努力克服不利条件方面的作用,对这类机构进行审议是很重要的。2002 年,英国财政部(HM Treasury)的一份报告确定了此类组织可以作出的一些贡献,包括专业知识、经验和/或技能;让人们参与提供服务的特殊方式;独立于现有和过去的服务结构/模式;在没有体制包袱的情况下进入更广泛的社区;以及在体制压力下的自由和灵活性(2002:16—17)。这些优点被继续得到认可,在本章的下一节可以找到组织及其活动的例子。

最后,不应忽视非正式网络的潜在重要作用。人们对生活在一个失业几乎成为常态的社区或家庭的负面影响表示了担忧,因为“社交网络和对地方的依恋直接关系到更广泛的信息提供和获得机会的途径。最终,社会网络和地方依恋塑造了教育、培训和劳动力市场的期望”(White and Green, 2011:58)。拓宽视野和发展抱负可能是改善当地劳动力市场的重要组成部分,并符合改善社会资本等更广泛的地方目标,这往往是以社区为重点的更新战略的一部分。

在上述分析所涉期间，政策的执行一直是不断变化的行动者及其机构的责任。机构架构的频繁变化引起了一些重要的担忧，这些担忧是那些渴望看到地方政策成功的人所关注的。这些包括：

● 新机构需要界定自己的角色，才能有效地与合作伙伴进行接触——在行动效率较低的过渡时期将失去什么？

● 合作伙伴需要了解新来者的角色——当与合作伙伴磨合并争抢位置时，可能会失去什么？

● 退出时，我们失去了什么——具有关键技能的人是否离开了这个舞台，一些机构的能力是否丧失了？

在这个不断变化的环境中，"企业领导力"的咒语依然显得突出。这不仅提出了劳动力市场治理和问责的问题(Hart, et al., 1996)，而且它在实现改善方面的有效性也有待商榷(例如，见 Wolf, 2007)。

战略实施

要成功地执行改善某一领域就业的措施，就必须把一系列机构和利益相关方的政策和行动结合起来。这些行动，例如通过改善物理环境来提高一个地区对商务的吸引力，在本书的其他章节中都有介绍。在其他方面，地方机构需要了解政策和义务，并制定干预措施，例如，所有行动的设计和执行都要有助于性别、族裔、残疾与否和年龄等方面的机会平等。在一个公共资源减少的更新碎片化的国家中，伙伴关系变得越来越有必要。从广泛的可能性来看，这里给出的倡议例子并不以任何方式"具有代表性"，但它们确实暗示了可以做什么，以及由一系列机构来做什么。有越来越多的"最佳实践"例子(例如，请参阅改善与发展署的网站，www.

idea.gov.uk)，谨慎地使用这些例子，可以为地方更新倡议的发展提供信息。正如所列举的例子，这些地方主动行动往往侧重于提高就业能力和发展企业。

专栏 7.1 西约克郡希普利的亚耳河流域资源回收(AVR)

AVR 是一个非营利性的社会企业，其宗旨是：

- 与布拉德福德市议会合作，在市内选定地区推行社区路边循环再造计划；
- 为在就业市场上处于不利地位的当地人创造更多就业、培训和志愿服务机会；
- 通过不断进行的教育和宣传活动，提高公众对资源回收的认识和参与程度。

2003—2004 年，在彩票基金的资助下，它由 14 名员工组成，其中包括 2 名实习生和 7 名志愿者。有些招聘是通过失业者项目进行的，许多工人和志愿者有不良工作经历、残疾或心理健康问题。所有人都有机会接受可转换技能的认可资格培训。

该企业在其存在的大部分时间里，从经营活动中获得了收支上的自给自足，并在 2012 年获得了 DEFRA 的一笔赠款，试图增加对贫困社区的循环利用的参与。然而，来自采用资本密集型方法进行循环利用的大公司的竞争加剧，就业支助措施减少，以及 2008 年经济衰退后的材料价格大幅波动，损害了其财务生存能力，其职能和工作人员于 2013 年被地方当局接管。

AVR 相信，它为那些很难进入劳动力市场的人提供了工作机会，并推动了当地参与资源回收工作的水平。

专栏 7.2 布拉德福德的卡莱尔商务中心(CBC)

CBC是在地方当局和中央政府的支持下成立的一个社区领导的组织——一家社会企业和发展信托,总部设在以亚洲族裔为主的布拉德福德地区。当前的重点是支持企业成长;通过鼓励健康的生活方式改善健康状况;提高技能和就业能力,尤其注重妇女的发展和增长。它成立于1996年,以前是一个纺织厂,有大约50个租户,包括社区组织和商务企业。一些过去的租户已经从福利或非正规经济转型为繁荣和成功的企业,在某些情况下营业额超过100万英镑,并雇佣了大量的当地人。

该商务中心的发展不仅使一个闲置的建筑恢复了生机,而且对周围地区的更新产生了积极的影响。

专栏 7.3 伦敦市中心的圣马丁援助机构

该援助机构的使命是:"为伦敦市中心的无家可归者和那些处境危险的人提供有效和相关的服务。促进参与和改变,满足身体、个人和情感上的需求。"自1990年起,该援助机构为无家可归者、临时住宿者和有可能无家可归的人提供就业培训和教育支助,其中包括就业指导、求职支持(简历准备、互联网搜索、模拟面试、职场访问)、基本技能培训(英语语言教学、财务读写能力)、认证培训、工作实习、就业支持及指导。

该援助机构每年超过400万英镑的支出来自法定拨款和合同、贸易、个人和企业赞助以及信托。

专栏 7.4 达德利的传统、文化和休闲伙伴关系

达德利作为西米德兰兹制造业区的一部分,并不是一个传统的旅游景点。制造业衰退和当地经济状况恶化造成了当地的负面印象。但是,

作为更广泛的更新倡议的一部分，一个明确的旅游目的地的远景被制定并出台，旨在使旅游业成为该地区经济的主要部门，从而直接和间接地成为发展就业的来源。

由主要景点、公共机构和第三部门机构的代表组成的伙伴关系是促进旅游业的主要手段。通过伙伴关系的工作，旅游业已经成为更新的主要动力。

未来议题

> 此外，这是一个国家（和一个星球），在这里，技术进步和市场驱动的变化意味着企业在不断变化，人们的工作随之不断变化。即使在同一家公司工作，员工也会经常变换工作岗位，尤其是年轻人，经常更换工作和行业部门。（Wolf，2007：112）

面对如此动态的环境，再加上经济周期的不可预测性，思考未来劳动力市场政策的任务似乎非常艰巨。

然而，远见能够证明是对当地开发战略的宝贵补充。例如，如果当地战略是基于特定部门的或集群式发展，那么开发一个互补性的地方技能基础设施有助于确保为当地社区捕捉全方位的福利，但这将不可避免地需要事先提供培训设施。同样，衰退的工业部门既带来了威胁，也带来了机会——失业的工人将来会做什么，他们所拥有的技能是否可以用来开发/吸引新的就业来源？地方政策和行动的关键品质很可能是灵活性和反应能力：公共部门和第三方部门的机构在寻求建立地方经济时需要有企业家精神。

关键问题和行动

● 人口流动及经济变化正带来一种趋势，即城市在经济和社会方面的日益两极分化。

● 作为提供服务和消费的中心，城市拥有一些独特的资产，未来的发展战略必须建立在这些和其他优势基础上。

● 劳动力市场上的弱势群体往往面临一系列教育、社会和物质问题，有时还包括歧视；解决这种与就业有关的问题，需要成为针对地方发展采取综合的、跨部门办法的一部分。

● 在制定地方战略和行动时，必须了解国家政策的倾向和重点，包括目前强调供给侧而非需求侧干预措施，以及强调合作伙伴关系而非社团主义。

● 制定劳动力市场战略的先决条件是清楚了解当地劳动力市场趋势及其固有的优缺点。

● 不可能有简单的“高招”可以解决所有的当地问题；需要监测更新倡议的影响，如果必要的话，应修改规划的干预措施的性质。

● 地方战略需要同时解决供应方面和需求方面的问题，因此需要由公共部门、私营部门和第三方部门的机构共同制定和执行，以解决所涉及的各种问题。

● 研究表明，就像现在一样，在未来，教育和技能将是解决弱势群体问题和发展地方竞争力的关键组成部分，因此要成为地方战略的核心要素。

参考文献

Atkinson, R. and Kintrea, K.(2002) 'Area effects; what do they mean for British housing and regeneration policy?', *European Journal of Housing Policy*, 2(2): 147—66.

Barnett, A., Batten, S., Chiu, A., Franklin, J. and Sebastia-Barriel, M.(2014) 'The UK productivity puzzle', *Bank of England Quarterly Bulletin* 2014 Q2. London: Bank of England.

Beatty, C., Fothergill, S., Gore, T. and Powell, R.(2007) *The Real Level of Unemployment*, Centre for Regional Economic and Social Research. Sheffield: CRESR.

Belt, V. and Kik, G.(2010) *Contributing to the Debate: Assessing the Evidence Base on Employment and Skills in the UK*. Wath-upon Dearne, UK: Commission for Employment and Skills.

Berthoud, R.(2003) *Multiple Disadvantage in Employment: A Quantitative Analysis*. York: YPS.

Burchardt, T. and Le Grand, J.(2002) *Constraint and Opportunity: Identifying Voluntary Non-Employment*, CASE Paper 55. London: London School of Economics.

Business, Innovation and Skills(2010) *Local Growth: Realising Every Place's Potential*. London: TSO.

CEEDR(2003) *Business-Led Regeneration in Deprived Areas*, Research Report 5, Centre for Enterprise and Economic Development Research. London: ODPM.

Champion, T. and Townsend, A.(2011) 'The fluctuating record of economic regeneration in England's second-order city-regions, 1984—2007', *Urban Studies* 48(8): 1539—62.

Chang, H-J.(2014) *Economics: The User's Guide*. London: Pelican.

Cheshire, P., Monastiriotis, V. and Sheppard, S.(2003) 'Income inequality and residential segregation: Labour market sorting and demand for positional goods', in R. Martin and P. Morrison(eds), *Geographies of Labour Market Inequality*. London:

Routledge.

Copisarow, R. and Barbour, A.(2004) *Self-Employed People in the Informal Economy: Cheats or Contributors?* London: Community Links.

Davies, H., Nutley, S. and Smith, P.(2001) *What Works? Evidence-Based Policy and Practice in Public Services*. Bristol: The Policy Press.

DCLG(2009) *Tackling Worklessness: A Review of the Contribution and Role of English Local Authorities and Partnerships*. London: Department for Communities and Local Government.

Deas, I., Robson, B., Wong, C. and Bradford, M.(2003) 'Measuring neighbourhood deprivation: A critique of the Index of Multiple Deprivation', *Environment & Planning C*, 21:883—903.

Department of Work and Pensions(DWP)(2006) *A New Deal for Welfare: Empowering People to Work*. Cm 6730. Department for Work and Pensions. London: HMSO.

Department of Work and Pensions (DWP) (2011) *The Work Programme*. London: DWP.

DfT(2006) *Transport Statistics*, Department for Transport. London: The Stationery Office.

Dorling, D. and Thomas, B.(2011) *Bankrupt Britain: An Atlas of Social Change*. Bristol: The Policy Press.

Elliott, L.(2012) 'Bradford West result was symptom of UK's brutal north-south divide', *The Guardian*, 2 April: 30. Available at: www.guardian.co.uk/business/2012/apr/01/bradford-west-north-south-divide(accessed 19 May 2016).

Experian(2011) *Updating the Evidence Base on English Cities: Final Report*. London: DCLG.

Green, A.(2009) *Assessing the Evidence Base on Skills and Employment in the UK*. Available at: www.ukces.org.uk/assets/ukces/docs/supporting-docs/lmi-thinkpiece-annegreen.pdf(accessed 15 February 2016).

Greene, F., Mole, K. and Storey, D.(2004) 'Does more mean worse? Three decades of enterprise policy in the Tees Valley', *Urban Studies*, 41(7):1207—28.

Gregg, P. and Wadsworth, J.(2011) *The Labour Market in Winter: The State of Working Britain*. Oxford: OUP.

Hart, T., Haughton, G. and Peck, J.(1996) 'Accountability and the non-elected local state: Calling training and enterprise councils to local account', *Regional*

Studies 30(4):429—41.

Hills, J.(2015) *Good Times, Bad Times: The Welfare Myth of Them and Us*. Bristol: Policy Press.

HM Treasury(2002) *The Role of the Voluntary and Community Sector in Service Delivery: A Cross Cutting Review*. London: HM Treasury.

Hutton, W.(1995) 'The 30—30—40 Society', *Regional Studies*, 29(8):719—21.

Kay, J.(2003) *The Truth about Markets: Why Some Nations are Rich but Most Remain Poor*. London: Penguin.

Kellard, K., Legge, K. and Ashworth, K.(2002) *Self-Employment as a Route Off Benefits*. London: DWP.

Lawless, P.(1989) *Britain's Inner Cities*. London: Paul Chapman.

Layard, R., McIntosh, S. and Vignoles, A.(2002) *Britain's Record on Skills*. London: London School of Economics.

Lord Leitch(2006) *Prosperity for All in the Global Economy—World Class Skills*. London: HM Treasury.

Mazzucato, M.(2013) *The Entrepreneurial State: Debunking Public Vs. Private Sector Myths*. London: Anthem Press.

McCarthy, A., Pike, A. and Tomaney, J.(2012) 'The governance of economic development in England', *Town & Country Planning*, 81(3):126—30.

McInroy, N.(2011) *Goodbye, But Should We Be Saying Hello to Local Strategic Partnerships?* Available at: www.cles.org.uk/news/goodbye-but-should-we-be-saying-hello-tolocal-strategic-partnerships/(accessed 19 May 2016).

OECD(2015a) *In it Together: Why Less Inequality Benefits All*. Paris: OECD.

OECD(2015b) *In it Together: Why Less Inequality Benefits All—in the United Kingdom*. Paris: OECD.

Parkinson, M., Champion, T., Evans, R., Simmie, J., Turok, I., Crookston, M., Davies, L., Katz, Y.B., Park, A., Berube, A., Coombes, M., Dorling, D., Glass, N., Moores, J., Kearns, A., Martin, R. and Wood, P.(2006) *State of English Cities: A Research Study*. London: ODPM.

Reich, R.(1994) *Toward a New Social Compact: The Role of Business Speech*, by the US Secretary for Labor to the National Alliance of Business, Dallas, Texas, 27 September. Available at: www.dol.gov/oasam/programs/history/reich/speeches/sp940927.htm(accessed 19 May 2016).

Rowntree, B.S.(2000) *Poverty: A Study of Town Life*, centenary edn. Bristol: The

Policy Press.

Social Exclusion Unit (2004) *Jobs and Enterprise in Deprived Areas*. London: ODPM.

Van Stel, A. and Storey, D. (2004) 'The link between firm births and job creation: Is there a upas tree effect?', *Regional Studies*, 38(8):893—910.

Ward, S. (1990) 'Local industrial promotion and development policies, 1899—1940', *Local Economy*, 5(2):100—18.

Westhead, P., Ucbasaran, D., Wright, M. and Binks, M. (2004) 'Policy towards novice, serial and portfolio entrepreneurs', *Environment & Planning C*, 22: 779—98.

White, R. and Green, A. (2011) 'Opening up or closing down opportunities? The role of social networks and attachment to place in informing young peoples' attitudes and access to training and employment', *Urban Studies*, 48(1):41—60.

Wolf, A. (2007) 'Round and round the houses: The Leitch Review of Skills', *Local Economy*, 22(2):111—17.

Wren, C. and Storey, D. (2002) 'Evaluating the effect of soft business support upon small firm performance', *Oxford Economic Papers*, 54:334—65.

第 8 章

住宅开发与城市更新

马丁·麦克纳利* 蕾切尔·格兰杰

住宅及其居住的地方，对我们的生活质量起着核心作用。我们所居住的社区可以塑造我们的命运，而我们的家提供的舒适环境对我们的整体福利起着决定性作用。《世界人权宣言》指出，住房是健康和福祉所必需的权利。宣言第 12 条规定，家是私人避难所。在更新过程中，住宅继续发挥着重要的作用。英格兰和威尔士最近采取的紧缩措施影响了住宅开发，降低了其相对的政策重要性，但仍继续占据着国民心理，人们担心房价空前上涨，随之而来的是经济适用房的缺乏，以及解决住宅市场失灵的问题，如本章所述：

- 住宅与福利国家制度的关系；
- 不断变化的城市和区域住宅市场；
- 提供经济适用房的计划。

本章主要集中于英格兰的住宅开发，但旨在为整个英国提供一个有用的背景。

---

* 马丁·麦克纳利(Martin McNally)博士，切斯特大学人文地理学高级讲师，住房与更新项目负责人。在推行以社区为基础的更新和社区活化计划方面具有丰富的实践经验。一直为住房研究协会的活跃成员，目前为社会住房部门的董事会成员。

住宅和福利国家制度

住宅一直被描述为“福利国家的不稳定支柱”(Torgerson, 1987)。因为与社会保障、教育和医疗等其他福利服务不同,国家并不总是直接参与住宅供给。住宅主要植根于市场和私营部门的供给。住宅不仅是一个非常私人的领域,而且大多数住宅是在私人住宅市场的背景下开发、购买、出售和拥有的(见图 8.1)。然而,住宅可以被视为福利的基础,特别是当其被视为一种社会权利时。《世界人权宣言》第 25 条规定,住宅是健康和福祉的基本权利(UNGA, 1948)。此外,正如 Bramley 等(2004)所指出的,住宅一直是一种“混合经济”,即使在(战后)福利供给的高峰期,公共住房比例也从未占多数。

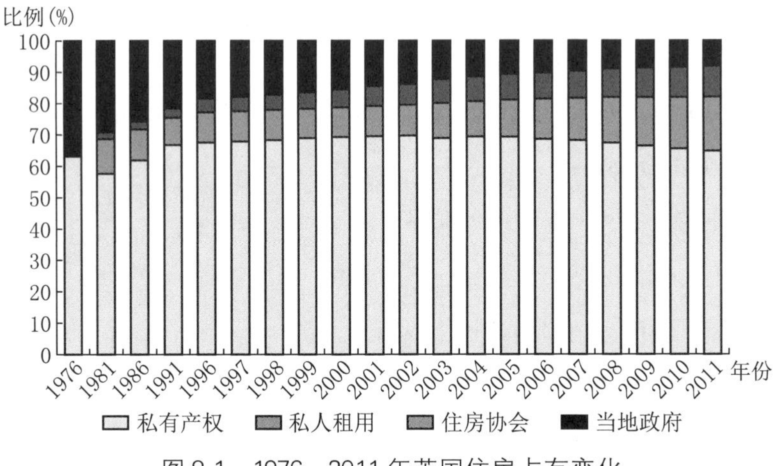

图 8.1 1976—2011 年英国住房占有变化

资料来源:Wilcox and Perry(2016).

根据 Mullins 和 Murie(2006)的研究,1979—1997 年(归因于历届保

守党政府)，住宅的“社会福利”模式出现了偏离，以及住宅政策的重要性被高度集中化(和减弱)，导致住宅系统的支离破碎，租赁需求与供给之间存在巨大差异。在20世纪七八十年代，公共开支的削减导致了社会廉租房的减少和私人提供住房的主导地位的增加，与此同时，人们对拥有住房的愿望的文化态度发生了微妙的变化。

从20世纪80年代后期开始，英国政府推进了住宅的市场供给，从以需求为基础的住宅供应转变为住宅所有权的意识形态。玛格丽特·撒切尔(Margaret Thatcher)凭借1980年《住房法案》的立法引入了“购买权”计划(RTB)，在调整住房与福利国家制度之间关系中起到了关键作用。与此同时，由于产业结构调整和去工业化，经济和社会秩序发生了重大转变。以服务业为基础的新型经济带来了新的劳动力市场方面的重大的社会变化。城市地区曾是传统工业工人居住的地方，但随着工业投资撤出和制造业迁移(通过新的国际分工)，城市地区的作用被去工业化削弱了。由于新型经济中的工作都位于远离前工业和采矿中心地带的地方，而且妇女开始进入劳动力市场，从而增加了家庭收入，居民购房置业(owner occupation)变得流行起来。这些变化共同标志着蓝领工人廉租房的消亡，以及一种出于政治动机的“财产拥有民主”的建立，在这种民主中，财产可以被视为扩大了获得福利的途径。

远离廉租房的运动可以与英国城市政策的更广泛、更普遍的转变联系起来，这些转变导致了新右翼和撒切尔主义的新自由主义哲学带来的制度变革(Lambert and Malpass，1998；Oatley，1998；Peck and Tickell，2002)。这些变化被视为对地方政府及其结构的冲击，一些人认为地方政府及其结构容易受到意识形态上的反对利益的影响(Walker，1983)。伴随而来的城市政策的转变被认为是一种有意重构福利国家制度的意识形态愿望，被视为从福特主义到后福特主义，以及从凯恩斯主义到后凯恩斯主义政策的转换（Imrie and Raco，2003；Oatley，1998）。在住房方面，最终结果加强了社会住房作为贫困群体和低收入住房短缺地区最后运用手段的剩余地位。

新的财政安排和立法使住房协会能够被视作私营部门，并使它们能够获得资金以供应新的出租房。因此，地方当局越来越被边缘化，进一步强化了它们在房地产市场中作为推动者（对应于提供者）的作用。这一平衡中最重要的变化是通过“大规模自愿转移计划”促成的。虽然这是一些地方当局提出的一项战略，但促使它的原因是需要将住房存量从保守党通过1985年《住房法案》第32节施加的限制性财政制度中转移出来，这是历届工党政府（1997—2010年）所坚持的政策方针。Mullins和Murie指出，2000年发布的住房绿皮书（DETR，2000）“值得注意的是它的连续性，而不是住房政策的彻底改变”，这表明，20世纪80年代保守党政府发起的住房私有化很大程度上延续了历届政府的做法，如今已牢固确立为一种政策范式。具体来说，这与“购买权”、转移地方当局住房存量的新办法和反映住宅市场差异化的不同市场地区的社会住房租金趋同等有关。值得注意的是，在1980年，地方当局提供了全英国近31%的住房，但到2008年，这一比例已经下降到16%。

2010年，英国联合政府的上台标志着，作为一个新时代，住房与福利之间关系的瓦解，这在保守党政府（2015年）的选举中延续了下来。2010年的“综合支出审查”将社会住房预算削减了四分之三。2011年的《地方主义法案》终止了终身居住租赁，社会福利大幅减少。保守党政府（2015年）恢复了住房“购买权”原则，这为住房、福利和更新之间的关系带来了进一步的不确定性。英国的住房立法及政策概述见表8.1。

表8.1　英国主要国民住房立法和政策

颁发部门及日期	政　　策	主要目的/目标/指导
DETR(1980)	1980年住房法	引入住房"购买权"
DETR(2000)	"质量与选择:人人享有体面家园"(住房绿皮书)	改善存量住房的质量和转移到"住房协会和信托机构"以及建立ALMOs;改善经济适用房的供给,将提供经济适用房的责任移交给国家住宅局;促进私人租赁部门蓬勃发展
DETR(2000)	"我们的城镇:未来——实现城市复兴"(城市白皮书)	使城镇和城市蓬勃发展和成功,成为人们愿意居住的地方;通过更好的城市设计和规划创造可持续的生活;创造更好的质量和更综合的服务,包括住房;作为规划系统现代化进程的一部分,引入PPG3
ODPM(2003)	"可持续社区:建设未来"	应对人口变化的挑战;增加伦敦和东南部的住宅供给;解决北部和中部部分地区的废弃和住房市场失灵的影响
Barker(2004)	"住宅供给评估"	住房负担能力改善;一个更加稳定的住房市场;确定支持经济发展模式的住宅供给;为有需要的人提供充足的公费住房
HM Treasury (2006)	"巴克土地利用规划评估"	在英格兰已经实施的改革基础上,确保规划政策和程序能够更好地实现经济增长和繁荣以及其他可持续发展目标
DCLG(2006)	"规划政策声明3"(PPS3-房屋)	制定国家规划政策框架,以达到政府房屋目标;支持政府对"巴克评估"的回应
DCLG(2007c)	"住房及规划实施拨款"	向地方当局和其他机构提供激励,以更有效地应对当地的住房压力;积极参与提供新增住房,以满足当地需求,并鼓励改善规划系统
DCLG(2007a)	"未来的家园:更实惠、更可持续"——住房绿皮书	发展地区的新增住房;城镇和城市的新增住房构成新的增长点;新一轮增长点的新增住房,在北方地区首次出现;新的房屋及规划实施拨款;规划收益补充法案——确保当地社区从新发展中受益;增加经济适用房,包括共享所有权和股权

续表

颁发部门及日期	政　　策	主要目的/目标/指导
DCLG(2010)	"结构改革计划草案"	形成实施改革的部门问责的重要工具；取代旧的自上而下的目标系统和中央微观管理；下放权力，让社区负责规划；规划体系的精简和加速
DWP(2010)	"普遍信用：有效的福利"	改革"正在找工作"者的福利待遇，实行一次性支付；引入直接支付，包括住房福利；推出"卧室税"
DCLG(2012)	"国家规划框架"	为英国制定规划政策，以及如何实施这些政策；当地人民和市政委员会可以制定自己独特的地方和社区计划，反映其社区的需要和优先事项
DCLG(2011)	"地方主义法案"	将权力从中央政府转移到地方政府、社区和个人；地方政府获得了新的自由和灵活性；为社区和个人提供新的权利和权力

在撰写本章时，越来越多的住房协会被要求更多地关注市场租金；对新物业和转租物业收取高达市场价 80%的费用，有效地迫使它们像私人租户一样行事。一种新的福利支付规则系统[被称为"通用信贷"(DWP，2010)]已经被引入，强化了"工作福利"的概念。这项新的单一补贴为"正在找工作"的工作年龄申请人提供。这取代了其他福利，包括住房福利。在这种复制人们工作报酬方式，并鼓励申领者自己管理预算的尝试中，他们将直接获得所有福利；而在以前，住房补贴是支付给社会房东的。此外，对住宿规模的新规定意味着，从具有社会登记的房东那里租房的租户将不再获得空余房间的费用补贴，即通常所说的"卧室税"。虽然对社会住房部门的综合影响尚未完全显现，但似乎可以合理假设，随着福利减少，租金拖欠可能会上升，而以前稳定的租金流实际上将会告终。与此同时，住房协会将需要开始在自己的组织和生存利益与租户利益之间取得平衡，可能导致更多的收回房舍。他们将不得不考虑如何最好地解决自

已持有住房存量不符合支付住房补贴的规模经济要求的问题，这可能会导致住房存量与需求之间的缺口。因此，Lowe(2011)认为，2011 年《地方主义法案》为廉租房作为一种具有远见卓识的社会福利项目敲响了“丧钟”；有效终结了市政当局应该提供“终身租赁”或至少是“永久安全住所”的核心基本理念。进一步讲，这将是难以回避的问题。

城市和地区住宅市场

上一节提请注意，住房与福利挂钩方式向住房市场和财产所有权的转变，这是一种普遍的政策范式。由于认识到需求模式的变化，以及英格兰地区和次地区市场差异化的事实，更多公共政策条件下的住房也出现了。过去十年间，英国地区间及地区内的住宅市场差异化增加，引发各种评论人士对国家政策方法的效用提出质疑(Cole, 2003; Robinson, 2003)。

有充分的证据表明，英格兰北部和中部地区的当地住宅市场失灵是由于去工业化的经济、社会和环境综合影响，以及随后经济活跃家庭流失导致的大量地区市场失灵，其必然结果是城市衰败、地方服务质量差、贫困、匮乏和社区凝聚力的崩溃(Lee and Murie, 1997; Burrows and Rhodes, 1998; Power and Mumford, 1999)，导致过剩住宅大量集中在北部城市。与此同时，社会住房已进一步残余化(Murie and Jones, 1998)，成为最后的手段。Nevin 等(2000)对“M62 走廊”的研究确定了以失业、老龄化和不受欢迎的住宅为特征的社区融合。因此，在过去十年里，生活在处于低需求街区的北部人口是伦敦和东南部人口的 10 倍(Leather, et al., 2007)。与此同时，在南部和东部的重点地区，住房需求超过了供给，造成了经济过热和缺乏住房负担能力的主要问题。在某种程度上，这还需要在内城更新和城市更新的长期战略的更广泛背景下来理解，这些战略先于住宅市场更新的具体政策行动。

城市复兴

城市复兴（urban renaissance）可以追溯到城市的增长潜力（例如，the Core Cities Group，2004），以及将城市作为未来的资源而不是过去的产出（即产业重组的结果）的愿望。因此，它可以与创建城市生活和经济增长中心的愿望联系起来，与充满活力的欧洲和北美城市相竞争。由理查德·罗杰斯勋爵（Lord Richard Rogers）领导的城市工作小组（UTF）在工作中采纳了许多这样的想法，并在1999年发表的题为“走向城市复兴”的报告中进行了阐述，从而形成了《我们的城镇和城市：未来——实现城市复兴》的城市白皮书（DETR，2000：31）。该工作小组认为，“提高一个地区内的活动和人口强度是创建可持续社区的核心理念”。在这种背景下，可持续性意味着更广泛的定义，包括设计良好、布局紧凑、相互连接的城市和社区，它们是公正的，并以凝聚力、经济活跃的社区和综合服务为特点。该城市工作小组主张，使用棕地及城市集中开发，而不是城市扩张和绿地开发。

城市复兴方法的支持者强调城市中心生活的强劲复苏，导致了一些英国城市（如曼彻斯特、伯明翰、利兹、利物浦和格拉斯哥）的人口增长。城市复兴战略非常有效地促进了城市生活或阁楼生活可以享受由城市中心提供的所有便利设施的想法，这对年轻的职业群体很有吸引力。还有一些人注意到城市复兴与士绅化之间的关系，一些评论家认为城市更新等同于“国家主导的士绅化”(Lees，2010；Porter and Barber，2006)。

在城市中心市场的背景下，Bramley 等(2004)也质疑，当人们继续偏好于郊区生活时，遵循“城市集约化”模式的政策是否现实和可持续。最近人们注意到，尽管城市在中心地区更新和重建方面做出了努力，但随着年轻的职业家庭规模扩大，以及对有关学校和开放空间质量的区位选择决策变得更为突出，还是“跨越”了内城地区而向郊区迁移(Lawton，et al.，2012)。因此，在很多情况下，市中心大规模公寓建设导致了住房供大于求和高空置率的局面，而新千年初期房地产投机性投资的激增又加剧了这种情况。正如 Sprigings 等(2006)所指出，在其鼎盛时期，一些投资者甚至没有将其购买的房屋转向房屋出租市场，而只是等待房屋升值。在某些情况下，投资者而不是自住业主成为当地住宅市场的主要购买者。这种做法的结果是，私人租赁部门和投资者的高周转率，呈现一种不利于可持续社区发展的市场动态。

奥尔德姆和罗奇代尔“住宅市场更新”试点的伙伴关系

Mullins 和 Murie(2006)认为，正是北部和中部地区住房市场失灵的有力证据，有助于在其部分地区建立起“住宅市场更新”试点的伙伴关系，作为一项重要的政策发展。奥尔德姆和罗奇代尔是住宅市场失灵的典型例子，它导致了“住宅市场更新”伙伴关系的形成，以解决低住房需求、不受欢迎的住房和被认为房地产市场有崩盘风险的街区。奥尔德姆和罗奇代尔都属于大曼彻斯特地区，其中“试点伙伴关系”地区与曼彻斯特和索尔福德“住宅市场更新”地区接壤。它们拥有相似的工业遗产，在 19 世纪作为纺织工业的一部分迅速扩张，并通过去工业化而收缩，显著塑造了这两个地方随后的物理和社会景观。根据审计委员会(2004)的审查报告，这两个地区的人口为40万，其中39%居住在试点伙伴关系地区；奥尔德姆人口的16%和罗奇代尔人口的14%是非裔和少数族裔。这种依据种族划分的居住，导致了种族群体的聚集(Philips, et al., 2007)。与劳动力市场相关的不利因素集中以及日益加剧的种族主义，进一步加强了这种聚集。这些与当地住房市场失灵和严重贫困结合起来，使超过三分之一的当地人居住在英格兰最贫困的前10%的行政区里。此外，他们还受到低技能和低工资、受教育程度较低、长期依赖制造业的蓝领工人就业、缺乏住房选择和住房质量差，以及向外迁移和低水平愿望等影响。

奥尔德姆和罗奇代尔试点伙伴关系战略的主要特点是必须替换“过时的”房屋存量，开发新的高品质住宅，发展混合、包容和可持续的社区，解决向外迁移问题，留住和吸引经济活跃的家庭。他们采取了街区层面的更新办法。在制定了详细的总体规划后，伙伴关系通过“强制性采购订单”，实施了翻新、环境治理和清拆的方案。计划在15年时间里，清拆6 000所旧房屋，新建7 000所现代化房屋。与其他试点伙伴关系一样，奥尔德姆和罗奇代尔的住宅市场更新项目也在2010年的联合政府手中终结。

与许多其他试点一样，引起大家关注的是奥尔德姆和罗奇代尔的旧屋即将被清拆的愿景。新的住房开发项目让路的住户被迫离开自己的家园，年代久远的街区被拆散，从而引发对遗产流失的担忧等，这些都成为媒体报道的内容。在利物浦，类似的住房供给过剩和需求低迷的问题已经被发现，当地的反对成功阻止了784套住房清拆及其被替代的400套新房子(Inside Housing, 2012)。

同样，学术辩论转向对“住宅市场更新”项目更广泛的战略雄心的担忧，认为这是将经济增长作为住房市场变化的主要驱动力的转变的一部分。例如，Cameron(2006)提出，尽管有必要采取一种全面的方法来更新住宅市场，但就住房质量和使用权而言，低收入街区的重建不太可能改善现有居民的经济环境。在这种背景下，它可以被视为向市场的总体转变和一个正在进行的“现代化议程”，其中一部分是希望通过“社会混合”过程来打破贫困的集中以及它们所代表的既有挑战。对于“住宅市场更新”地区的“战略性”旧房清拆的看法是，这是由地方议会与开发商达成伙伴关系安排的性质所决定的，以确保土地收购和开发的财务可行性。这与以更基于社区的协作重建和翻新当地社区的做法相并列，这种做法与当地居民对社区更新的需求、心愿和愿望更紧密地联系在一起。在相对较早的阶段，“住宅市场更新方案”也见证了一些住房市场地区供给和负担能力不足的迹象，这似乎与在试点地区采取的方法不一致(Ferrari, 2007)。

经济适用房的规划

经济适用房的背景

“经济适用房”一词有多种解释。它涵盖了从低成本住房所有权、合租到社会住房的一系列租赁权(见图8.1)。可以说，房价与收入的关系是衡量负担能力最普遍的指标之一。这在很大程度上也取决于金融机构贷款政策以及它们认为与抵押贷款违约相关的风险程度。尽管房价有涨有跌，但由于家庭收入没有跟上房价上涨的步伐，作为一种普遍趋势，获得住房所有权变得越来越受到限制。这影响了首次购房者攒下足够的钱支付首付以及随后支付抵押贷款的能力。甚至，现有房主也越来越无力进一步改善居住条件。

在过去十年的后半期，与放松抵押贷款市场管制相一致，银行和专业贷款机构开始放松抵押贷款的限制，以追求更大的利润和市场份额。这产生了更大的风险，因为抵押贷款的批准额度是家庭收入水平的许多倍，这导致了购房需求增加，从而导致房地产价格上涨。英国金融机构随后陷入全球金融危机，再加上经济衰退，导致它们既不相互拆借，也不向企业或个人贷款(Davis, 2013)。尽管房价不断下跌，但人们的负担能力仍然是一个问题。

根据 Stone(2006)的观点，用房价与收入的关系来定义购房“负担能力”是有问题的。他认为，衡量购房负担能力应该考虑与家庭应付相对于其收入的各种住房费用的能力有关的更广泛因素。那么，就更新而言，使用剩余收入衡量标准将是优先的，因为它让可支配收入承担支付住房成本的责任，因此与可持续发展的更广泛目标相一致。考虑到目前由于供给不足而导致的房价上涨，这一点是中肯的。

公共政策干预既尝试了需求方面的措施，也尝试了供给方面的措施。其范围从大量的低成本房屋所有权的发展计划及其占有，到使用更复杂方法的规划系统与开发商协商增加经济适用房供给，以及加快规划控制和程序并带来有利于住房土地用途改变的政策变化等。Bramley 等(2004)认为，到 21 世纪初，确保经济适用房的规划政策和其他机制占据了英国更新的中心舞台，原因有很多。其中包括公共部门对社会住房投资的大幅减少，以及社会住房房东进行开发的传统土地供给来源的“枯竭”。历届政府还敦促地方政府利用其土地使用规划权来实现经济适用房的开发。经济适用房还与混合使用权、收入和家庭类型有关，并已成为与混合社区有关的思想和政策思考的重要组成部分(DCLG, 2013)。

低成本房屋所有权

根据 Booth 和 Crook(1986:81)的观点，低成本住房所有权可以被定义为“增加以低成本出售的现房和新建住宅的供给和需求”。旨在提供更广泛的住房拥有权的方案可追溯到 20 世纪 70 年代地方当局积极主动的工作，其中一些方案仍然可以被认为是创新的，因为它们成功地让私营部门建筑商建造了经济适用房。一些地方当局也有积极主动为低收入群体提供融资渠道的历史。其中一些方案是后来涉及共享权益和所有权的低成本所有权方案的先驱。

与“购房权”相比，低成本住房所有权方案在规模上受到了限制。例如，1999 年的共有产权房总共为 8 万套，而“购买权”下的商品房共有 200 万套(Mullins and Murie，2006)。在提供经济适用住房方面，关键工人的住房已成为一个特别重要的因素，无论是在提供低成本住房所有权方案方面，还是在尝试通过规划系统增加其供给方面。大多数这样的项目都集中在英格兰南部和东部，那里的住房负担能力问题最为突出。

最近，英国政府推出了一项名为“购房帮扶”(Help to Buy)的新国家方案，通过股权贷款、共享所有权和低至 5%的存款等，为购买新建和二手房产提供金融支持，并可通过“购房帮扶”提供抵押担保。

规划及住宅供给

人们普遍认为，规划政策的影响可能是国家干预住宅市场的最重要形式之一，对住房的供给和购房的负担能力以及更广泛的经济活动都有重大影响。规划中的住宅数量和位置是引起强烈反响的话题，常常有广泛的意见分歧。规划系统的主要原则包括，例如，通过防止城市蔓延和保护绿地来遏制城市发展，并且需要协调各方面城市发展，如住房、就业和交通。同时，规划过程及其控制对住宅价格和负担能力有直接影响。经济适用房以及基础设施的比例通常是由新的住宅开发项目所决定的。然而，对规划系统的主要批评是，它没有对现代经济的需要作出反应，它没有能力促进高质量的可持续发展，它倾向于对可供建造房屋的住宅数量加以全面限制(Bramley, et al., 2004).

在上一届工党政府执政期间,针对日益严重的住宅负担能力不足的问题,政策应对的根本重点是通过建造新房,并解决其认为需要改变规划体系的某些方面来增加住宅供给。通过政策,明显表明了住宅供给和负担能力问题需要解决,并要居于支配地位。这些政策中最重要的是"可持续社区计划"(ODPM, 2003),该计划旨在推动住宅供给的进一步变化,特别是在英格兰南部和东部及其他热点地区,这些地区的住宅市场在可承受性方面已明显过热。"可持续社区计划"确定了"发展区",最著名的是泰晤士河门户。为了增加这一重大政策措施的分量,政府委托进行了"巴克住宅供给和负担能力评估"(Barker, 2004)。其中一项主要结论是,住宅供给不足和对房价变化的反应迟钝是对住宅负担能力、宏观经济表现和劳动力市场流动性等相关问题产生直接负面影响的关键因素。Barker(2004)特别强调了改进和改变规划系统的必要性。

为了解决住宅市场日益失衡问题,Barker(2004)还建议,政府应制定提高市场可负担能力和增加投资的目标,每年增加 12 亿至 16 亿英镑,以提供新增的社会住房,满足预期的未来需求。这包括采用"规划收益补充"(PGS),试图简化第 106 条款安排的使用,以促进发展和经济适用房供给。Barker(2004)还建议,增强地方层面的灵活应变,根据市场信号,在地方发展框架内增拨土地;建立社区基础设施基金,帮助消除发展的一些障碍;允许地方政府在一段时间内保留新住宅开发的市政税收,以刺激增长,并满足与开发相关的动迁成本。

在"巴克土地利用规划评估"(HM Treasury, 2006)中提出的进一步建议是,鼓励增加对已开发土地的回收利用,改革现有的治理污染土地的公司税减免,以进一步支持那些希望开发难以治理的已开发土地的开发商。在 2006 年,"规划政策声明 3"(DCLG, 2006)正式提出了政府的"国家规划政策框架”，以实现其住房目标，支持其对巴克的回应，并表明了改善住宅负担能力和供给的承诺。它强调规划时需要考虑到住宅市场的主要问题，包括适当的地点、类型和租住权等，在制定规划过程中确定实施策略，并确定核心的本地规划策略。国家住房和规划咨询委员会（NHPAU）成立的目的是为关注住宅供给及其负担能力问题的利益相关组织提供咨询和支持。2007年，国家社区和地方政府部发布了“未来的家园：更实惠、更可持续”的住房绿皮书（DCLG，2007a）。这是住房政策的又一次重大转变，国家不再单纯依靠市场力量，而是积极促进住宅供给。特别是，它明确提出了目标，到2016年新增24万套住宅，到2020年新增300万套住宅。各地方当局负责在2011年之前实施区域空间战略，以确定实现这一目标的规划。地方规划部门通过确定住宅用地来实现这些目标并确定长期计划，地方规划部门将通过“住房和规划交付补助金”获得额外资源的奖励（DCLG，2007b）。预计的增长数据显示，到2016年，家庭数量将达到22.3万户，这意味着，除非采取措施使住宅供给更加及时，否则住宅供给将无法跟上。绿皮书还就社会住房建设提出建议，以解决临时住宿和等候入住的人数从100万人上升到160万人的问题。这部分原因是家庭数量的增加以及越来越多的家庭买不起房子。

通过规划制度提供经济适用房

在英国，约60%的经济适用房是通过规划系统得到保障的。自1971年以来，《城乡规划法》第52条（1990年以来第106条）使地方规划部门能够通过发放规划许可与开发商就经济适用房提供问题进行协商。这种协议的主要依据是开发后土地的增值。最初，第52条或第106条协议的目的是减轻房地产开发造成对便利设施的损失或对当地地区的损害。然而，它现在用来确保在新的房地产开发中提供经济适用房，并保证为当地社区提供一系列服务，如开放空间、教育和社区设施，以及当地基础设施的开发。在这种情况下，经济适用房只是开发商义务的一部分。在过去十年里，第106条协议的使用迅速增长。Crook等(2010)进行的一项研究估计，通过第106条协议，开发商/土地所有者的贡献价值达到50亿英镑，其中在经济适用房中，价值达26亿英镑。因此，“规划政策声明3”的引入，通过规划系统极大地推动了经济适用房的规划。保障经济适用房被赋予了“决定性考虑”的地位，这意味着一些规划部门可以拒绝不满足其经济适用房要求的开发项目。大多数规划部门现在都有明确的经济适用房政策，这些政策包含在其开发规划文件中——例如，政策要求40%的经济适用房的开发。

经济适用房的成功程度取决于住宅市场周期、“可持续社区计划”及作为其结果的各地区住宅市场之间的差异(Monk, et al., 2008; Crook, et al., 2010)。这些因素还与在个别“可持续社区计划”进行这种协商时所发展起来的专门知识水平相互作用。金融危机后房地产市场性质的变化是导致经济适用房协商失败的一个关键因素。对通过第106条协议提供经济适用房的进一步障碍，是第5章所讨论的社区基础设施税(CIL)的引入，它现在优先考虑开发商的贡献，而这些贡献可能不会优先考虑经济适用房。可以说，它通过经济适用房(各种形式)和市场住宅的整合，促进了更多混合社区的创建，特别是在那些通常对社会房东来说建造成本过于昂贵的地区。

联合政府时期的经济适用房

2012年3月，英国政府公布了“国家规划政策框架”(NPPF, DCLG, 2012)，其基本原则是将与规划和战略性住房有关的决策权归还地方当局，并让社区在当地发生的事情上有更多的发言权。通过给予地方一级更多的控制权，中央政府废除了区域治理的结构，特别是区域议会及政府办事处，并立即撤销了区域空间和住房战略，包括由它们负责制定和实施的住宅目标。除了“国家规划政策框架”，地方层面的一项关键住房政策是“社区建设权”，其允许地方社区进行小规模的、特定场地的开发。与“国家规划政策框架”授予的权力类似，该政策下的提议需要与国家规划政策和地方发展计划相一致。

与非直接选举产生的区域议会及政府办事处相比，在许多层面上将决策权下放给地方和社区是一个更民主的过程。另一方面，这种新方法能在多大程度上提供所需的住宅供给和可负担性仍有待观察。在住宅数量和住宅供给，特别是经济适用住房交付方面，地方和政治观点之间经常发生冲突。虽然以前的区域治理及空间战略存在一些明显的缺陷，但它们使住房变得专业化和非政治化（Mullins and Murie，2006）。它们被认为是在区域层面进行战略思考和运作的催化剂，例如，这反映在住宅市场较为自然的地理位置上，而不是行政边界强加的地理位置上。

总结

本章主要为从业人员和研究人员提供一个全面的概述，其中包括一些影响住宅的关键动力，以及存在于住宅需求与供给之间的紧张关系，存在于福祉、可持续性和政治范式之间的紧张关系。除了提供公共政策背景下的住宅命运的解释外，目的是刺激人们思考住宅在从福利驱动到更多市场驱动的经济考虑的连续统一体中的位置。尽管它一直主要以住房所有权为导向，但在几十年的时间里，大量的住宅更牢固地植根于福利国家提供的形式，包括廉租房及后来通过住房协会提供的社会住房。

最近，人们从可持续性的角度看待住房；促进不景气地区的住房需求,促进经济增长地区的住房供给。经济适用房供给规划在加强城市住房的需要与遏制绿地开发之间提出了其他有趣的动态。关于新住宅将建在哪里的问题,尤其是在提供经济适用房方面,仍然存在争议。最近取消了在战略性住宅市场层面的住宅规划机构和程序,使地方层面重新获得更大的决策权。虽然这是对地方民主的重大推动,但它似乎忽视了房地产市场非常复杂和动态的本质,以及平衡住房供求和负担能力的复杂性。

关键问题和行动

● 长期政策倾向是转向住宅所有权导向,但受到全球金融危机的破坏。

● 目前存在住宅供求不平衡,对经济适用房具有长期需求。

● 住宅市场的空间极化——内城住宅已经被外迁和残余化所塑造。经济增长地区的住宅供给不足。

● 住宅对地区的福祉和更新至关重要。

● 从福利驱动到市场驱动的政策转变忽视了更广泛的更新问题,忽视了贫困并过度简化了多重剥夺。

● 住宅的残余化进一步剥夺了遭遇社会排斥群体的权利。

● "住宅市场更新"试点地区在解决住宅不平衡和具体实现真正的更新需求方面取得了好坏参半的效果。

参考文献

Audit Commission(2004) *Market Renewal: Oldham and Rochdale Pathfinder Scru-*

tiny Report. London: Audit Commission.

Barker, K.(2004) *Delivering Stability: Securing our Future Housing Needs*. London: TSO.

Booth, P. and Crook, A.(1986) *Low Cost Home Ownership. An Evaluation of Housing Policy under the Conservatives*. Aldershot: Gower.

Bramley, G., Munro, M. and Pawson, H.(2004) *Key Issues in Housing: Policy and Markets in 21st-Century Britain*. Hampshire: Palgrave Macmillan.

Cameron, S.(2006) 'From low demand to rising aspirations: Housing market renewal within regional and neighbourhood regeneration policy', *Housing Studies*, 21(1):3—16.

Cole, I.(2003) 'The development of housing policy in the English regions: Trends and prospects', *Housing Studies*, 18(2):219—34.

Core Cities Group(2004) *Our Cities are Back: Competitive Cities make Prosperous Regions and Sustainable Communities* (Third Report of the Core Cities Group). London: Office of Deputy Prime Minister.

Crook, A.D.H., Rowley, S., Henneberry, J.M.H., Watkins, C.A. and Smith, R.(2010) *The Incidence, Value and Delivery of Planning Obligations in England 2007—08: Final Report*. London: Communities and Local Government.

Davis, C.(2013) *Finance for Housing*. Bristol: Policy Press.

DCLG(Department of Communities and Local Government)(2006) *Planning Policy Statement 3(PPS3): Housing*. London: The Stationery Office.

DCLG(2007a) *Homes for the Future: More Affordable, More Sustainable*—Housing Green Paper. Norwich: HMSO.

DCLG(2007b) *Planning for a Sustainable Future*. London: The Stationery Office.

DCLG(2007c) *Housing and Planning Delivery Grant: Impact Assessment*. Norwich: HMSO.

DCLG(2010) *Draft Structural Reform Plan*. London: DCLG.

DCLG(2012) *National Planning Framework*. London: Department of Communities and Local Government.

DCLG(2013) *Bringing People Together in Strong United Communities*. London: Department of Communities and Local Government.

DETR(1980) Housing Act. London: HMSO.

DETR(2000) *Our Towns and Cities: The Future—Delivering an Urban Renaissance* (The Urban White Paper). Norwich: HMSO.

DETR(2000) *Quality and Choice: A Decent Home for All*. The Housing Green Paper. London: HMSO.

Department for Work and Pensions(DWP)(2010) *Universal Credit: Welfare that Works*. London: Department of Work and Pensions.

Ferrari, E.(2007) 'Housing market renewal in an era of new housing supply', *People, Place and Policy Online*, 1(3):124—35.

HM Treasury(2006) *Barker Review of Land Use Planning*. London: HMSO.

Imrie, R. and Raco, M.(2003) 'Community and the changing nature of urban policy', in R. Imrie and M. Raco(eds), *Urban Renaissance? New Labour, Community and Urban Policy*. Bristol: Policy Press. pp.3—36.

Inside Housing(2012) *Streets Apart*. Available at: www.insidehousing.co.uk/development/streets-apart/6520975.article(accessed 19 May 2016).

Lambert, C. and Malpass, P.(1998) 'The rules of the game: Competition for housing investment', in N. Oatley(ed.), *Cities, Competition and Urban Policy*. London: Sage. pp.93—108.

Lawton, P., Murphy, E. and Redmond, D.(2012) 'Residential preference of the "creative class"'?, *Cities*, 31(2):47—56.

Leather, P., Cole, I. and Ferrari, E.(2007) *National Evaluation of Housing Market Renewal: Baseline Report*. London: Department for Communities and Local Government.

Lees, L.(2010) 'A reappraisal of gentrification: Towards a "geography of gentrification"', *Progress in Human Geography*, 24(3):389—408.

Lowe, S.(2011) *The Housing Debate*. Bristol: Policy Press.

Monk, S., Burgess, G., Crook, A.D.H., Rowley, S. and Whitehead, C.M.E.(2008) *Common Starting Points for S106 Affordable Housing Negotiations*. London: Communities and Local Government.

Mullins, D. and Murie, A.(2006) *Housing Policy in the UK*. Hampshire: Palgrave Macmillan.

Murie, A. and Jones, C.(1998) *Reviewing the Right to Buy*. Bristol: The Policy Press.

Nevin, B., Lee, P., Goodson, L., Murie, A. and Phillimore, J.(2000) *Changing Housing Market and Urban Regeneration in the M62 Corridor*. Birmingham: CURS.

Oatley, N.(1998) 'Transitions in urban policy: Explaining the emergence of the

"Challenge Fund" model', in N. Oatley(ed.), *Cities, Economic Competition and Urban Policy*. London: Sage. pp.21—37.

ODPM(2003) *Sustainable Communities: Building for the Future*. London: ODPM.

Peck, J. and Tickell,(2002) 'A neoliberalizing space: The free economy and the penal state', in N. Brenner and N. Theodore(eds), *Spaces of Neoliberalism: Urban Restructuring in North America and Western Europe*. London: Blackwell. pp.33—57.

Philips, D., Simpson. L and Ahmed, S.(2007) 'Shifting geographies of minority ethnic settlement: Remaking communities in Oldham and Rochdale', in J. Flint and R. Robinson(eds), *Community Cohesion in Crisis? New Dimensions of Diversity and Crisis*. Bristol: Policy Press.

Porter, L. and Barber, A.(2006) 'Closing time: The meaning of place and state-led gentrification in Birmingham's Eastside', *City*, 10(2):215—34.

Power, A. and Mumford, K.(1999) *The Slow Death of Great Cities: Urban Abandonment or Urban Renaissance*. York: York Publishing Services.

Robinson, D.(2003) 'Housing governance in the English regions: Emerging structures, limits and potentials', *Housing Studies*, 18(2):249—67.

Sprigings, N., Nevin, B. and Leather, P(2006) 'Semi-detached housing market theory for sale: Suit first time buyer or investor', paper delivered at the Housing Studies Association Conference, University of York.

Stone, M. E. (2006) 'A housing affordability standard for the UK', *Housing Studies*, 21(4):453—76.

Torgersen, U.(1987) 'Housing: The wobbly pillar under the welfare state', in B. Turner, J. Kemeny and L. Lundqvist(eds), *Between State and Market: Housing in the Post-Industrial Era*. Stockholm: Almqvist and Wiksell. pp.116—26.

UNGA(1948) Universal Declaration of Human Rights 217 A(III) 10 December 1948. UN General Assembly. Available at: www.refworld.org/docid/3ae6b3712c.html (accessed 26 May 2016).

Walker, D.(1983) *Municipal Empire: The Town Halls and their Beneficiaries*. London: Temple-Smith.

Wilcox, S. and Perry, J.(2016) *UK Housing Review*. Coventry: Chartered Institute of Housing.

第三部分
城市更新管理主要问题

第9章

土地开发更新：法律问题*

阿曼达·贝雷斯福特**　理查德·弗利特伍德***

引言

涉及房地产更新项目的相关法律是多种多样的，包括许多成文法（体现在议会通过的成文法律中）和习惯法（不成文法由法院发布的决定所确立的原则演变而来）的法律规定。在商业地产、环境和规划方面，通常需要专业的法律咨询。在税收和建筑等其他领域，也可能需要法律咨询。如果能及早确定法律的有关规定及其影响，通常可以使更新项目以最有效的方式加以推进。

本章只能突出一些主要法律问题，其可能是房地产更新项目必须处理的。因此，下面的内容并不是对每一个相关的法律领域的全面考虑，而是介绍一些需要考虑的主要领域。

---

* 本章的法律问题只与英格兰和威尔士有关。

** 阿曼达·贝雷斯福特（Amanda Beresford），舒尔曼斯律师事务所合伙人、规划法主管。

*** 理查德·弗利特伍德（Richard Fleetwood），肖·戈达德律师事务所合伙人，专注于公司事务，包括公私合作和合资企业。

本章探讨以下专业法律实务范畴内的关键问题及主要相关规定：

- 城市更新的法律架构；
- 商业地产法律；
- 环境法；
- 规划法。

城市更新的法律架构

城市更新项目是关于变更的有效交付。城市更新项目有许多类型，其特点会根据所要解决的问题以及项目试图实现的经济、物理、社会和环境条件的变化而有所不同。

决定更新项目类型的其他因素将是资金来源和项目中涉及的主要利益相关者。这类更新项目通常需要在很长一段时间内对利益相关方、土地、资金和专业知识进行有效的组织。通常，它们也会有特定的政治背景。

如果一个更新项目要取得成功，关键需要协调利益相关方，集中精力和资源，使用适当的“实施工具”（意思是，一个特殊目的的公司或伙伴关系或合资企业）。

我们需要考虑更新项目的适当的实施工具，但并不是所有更新项目都需要一种特别形成的实施工具。然而，更新项目通常涉及公共部门的土地利益和（或）资金，过去的几年里，通过建立一个新的实体，越来越多地使用公私伙伴关系（PPP）。

通常情况下，相关的地方当局将在这些结构中保持“责任机构”的地位，并在相关情况下（例如，如果是由中央政府资助的一些商业项目），将向中央政府资助部门报告财务和绩效问题。只有在具有一定程度的复杂性和/或通过汇集各方可利用资源在项目的实施方面可能有重大改善的情况下,才有必要建立一种新的实施工具。这种复杂性通常表现为有两个或两个以上的利益相关方、不同的土地所有权和场地组合要求以及第三方资金要求。

本节探讨可用于整合城市更新计划,并考虑可能需要参与的一些公共部门方面的不同法律结构和方法,这分为以下若干小节:

● 法律架构:

○ 股份有限公司或担保有限公司;

○ 公益公司(CICs);

○ 其他联合企业或合伙安排,如当事人各方根据合同(例如,通过一项开发协定)同意实施某一项更新方案;

○ 公益信托基金。

● 现有组织:

○ 前区域开发机构;

○ 当地企业伙伴关系;

○ 家庭和社区机构;

○ 当地政府。

更新项目采用的适当工具在很大程度上将取决于参与更新项目主要各方的意见和能力,并可能包括考虑土地所有者或规划部门的角色。大部分城市更新规划都涉及主要参与方,本章假设至少涉及两个主要参与方(例如,私营部门和公共部门)。如果更新项目只涉及一家公司或实体,其极可能拥有被更新的场地,并将与第三方签订更新方案所需的任何工作合同,包括建筑或场地清理工作。

私营部门和公共部门被通过特殊目的机构(SPV)实施更新项目所产

生的不同结果所激励。对私营部门来说，利润最终将是驱动动机。对公共部门来说，确保创造就业机会、提供经济适用房、改善环境和产生进一步投资等积极成果将是重要的考虑因素。

在考虑加入特殊目的机构时，私营部门将热衷于获得公共资产（例如土地所有权）、资金（如通过国家或政府部门项目，以及适用的欧洲基金）和权力（例如规划、强制性购买权）。公共部门将寻求获得重要的资金杠杆、发展专业知识和降低风险。下面将进一步讨论涉及这些更新项目的不同方案和公共机构将如何确定适当的实施工具的形式。

法律架构

有限公司

有限公司有两种主要类型，即股份有限公司和担保有限公司。股份有限公司是最常见的一种类型。股东持有股份，作为向公司提供资产或向公司付款购买这些股份的回报。参与的股东人数没有限制。股东可以通过公司章程和/或通过股东之间达成协议来约定公司如何运行（例如，除了保留的“否决”关键事项外，通过理事会或股东的多数进行决策），以及如何分享利润（这并不需遵循股东的投票权）。

有限责任公司使股东在与公司交易的第三方的关系中能安心地承担有限责任。这意味着，如果公司资不抵债，那么，除了在有限的情况下，公司的股东和董事都不对第三方负责公司的债务。

另一方面，担保有限公司则没有股份或股东，他们有成员。公司章程规定了成员的权利。在资助或援助项目方面，担保有限公司通常受到青睐，因为它们一般不能将利润分配给其成员。即使在担保有限公司的清盘过程中，任何剩余资产（在债权人等偿付后）在正常情况下也会被重新适用于与原担保有限公司具有相同或类似目标的另一家担保有限公司、慈善机构或信托公司。

在本章的其余部分中,为某一特定更新项目专门设立的公司(无论是股份有限公司还是担保有限公司)被称为特殊目的机构。

公益公司

公益公司是一种具有特殊性质的有限公司形式。它们由 2004 年《公司(审计、调查和社会企业)法案》第二部分和 2005 年 7 月 1 日生效的 2005 年《公益公司条例》引入的。它们是为希望建立社会企业的人准备的,这些企业希望利用他们的利润和资产为公众服务,或开展其他有益于社会的活动。

公益公司在许多方面都是慈善机构的替代选择。个人决定设立公益公司可能是因为:

- 他们更喜欢相对自由的非慈善公司形式,这使他们能够识别和适应环境;
- 一个慈善机构的理事会成员只有在章程中包含这样一种权力的情况下才能获得报酬,而且这种权力可以被认为符合慈善机构的最佳利益;
- 适用于公益公司的公共利益的定义将比慈善机构涉及的公共利益更广泛;
- 公益公司被特别界定为社会企业,一些组织可能会觉得这比慈善机构的身份更合适;
- 对公益公司的监管被认为比适用于慈善机构的监管更宽松。

公益公司的监管条款本身构成了一个完整的法典,与公司法并列,而不是公司法的一个组成部分,由公益公司监管办公室(Office of The Regulator of Community Interest Companies)进行监管。公益公司可以采取股份有限公司或担保有限公司的形式,但要注册为公益公司须经过公益公司监管办公室的批准,该监管机构还具有持续监督和执行的作用。

公益公司的主要特点是“公共利益测试”和“资产锁定”，确保公益公司是为公益目的而设立的，且其资产和大部分利润都用于这些目的。公益公司必须是一个有限公司，而不能是注册为慈善机构。与慈善机构相比，公益公司受到的监管较少，因而不享受慈善机构的税收优惠。它们的征税通常与其他公司一样。与其他社会企业一样，公益公司也有股权融资上限，资金来源多样化，包括赠款和捐赠、商业银行和其他金融机构的贷款。政府通过地区发展金融机构(CDFIs)(受益于“区域增长基金”授予)和社会投资税收减免(CITR)为社会企业提供融资支持。社会投资税收减免为那些通过地区发展金融机构支持欠发达地区企业的投资者提供税收优惠。

合资公司或合伙安排

建立公司或使用现有公司进行更新项目的成本(包括初始建立和持续运行的成本)并不总是合理的。此外，并不总是需要一家公司作为实施更新项目的载体。在没有设立一个新公司的情况下，主要的选择是一家合资公司或一个由项目各方同意的合同安排，那么它们将如何承担更新项目，各方将作出何种贡献(以金钱或实物形式)，以及各方的财务权利是什么。

如果要以伙伴关系的方式推进更新项目，则必须明确这一伙伴关系的目的以及有关各方的作用和责任。在资助项目的义务和参与者在项目结束时分享任何利润或盈余的权利方面，需要特别注意财务问题。

专栏 9.1 总结了公司结构和非公司结构之间的一些主要区别。一般来说，只有当更新项目的复杂性与所需要的时间和成本相适应的情况下，才应该使用公司形式的特殊目的机构。

专栏 9.1　公司结构与非公司结构的主要区别

公司形式的特殊目的机构

公司成员免于向第三方承担责任(但要考虑到与一家破产公司有关的公共关系影响)。然而,需要注意的是,除非特殊目的机构拥有强大的资产负债表,否则第三方不太可能在没有成员/股东直接担保的情况下管理它。

公司形式的特殊目的机构可以以自己的名义拥有资产/土地(这在将成员/股东和第三方的资产隔离开来,并最大限度减少成员/股东的干涉方面具有特别优势);这也有助于在土地/地点方面的组合。它提供了第三方可以投资的一个熟悉的法人实体,并提供了一个决策和管理的平台(通过特殊目的机构的理事会),以及为特定的开发提供品牌。它将受制于公司税收制度(这包括通过特殊目的机构向股东交还损失的灵活性,反之亦然,这可能是有利的)。公司形式的特殊目的机构将是一个独立的法人实体,有法定记账义务等(在提供确定性方面,这是一个优势;但在成本方面,则是一个劣势)。

非公司形式的特殊目的机构

这些非公司形式的特殊目的机构将必须直接以自己的名义与第三方签订合同,并承担相应的责任。各方将必须保留资产所有权。这可能造成行动上的困难或各方的干涉。每一方都要根据自己的权利纳税。合同安排可能构成伙伴关系,在这种情况下,有必要考虑:

- 伙伴关系的税收制度;
- 合作伙伴的连带责任。

由于缺乏决策和管理的平台,合作伙伴关系需要就如何运作方面达成协议。由于任何一方不得持有资产或产生的利润,因此,这将必须通过合同来处理。在争取一些资金资助(例如欧洲区域发展基金资助)的情况下,合作伙伴关系的方法可能是可取的,因为这允许更广泛的“社会”参与。

公共部门机构筹集商业融资的权力受到限制,尽管自2004年在地方当局引入“资本金融审慎法典”以及2009年全面修订的“审慎法典”第二版,这整个领域都发生了重大变化。

公益信托基金

设立一个公益信托来承担一个特定更新项目可能有好处。但公益信托所享有的商业自由更有限,仍需要与公益身份的好处(主要与税收有关)进行权衡。值得注意的是,为了获得公益身份,必须证明信托是为公益目的而设立的,其中包括扶贫、有益于社会、促进教育和公共娱乐的目的。

参与城市更新的组织

区域开发机构

从历史上看,1998—2012年,区域开发机构在与土地利益和资金有关的更新项目中发挥了关键作用。

2010年6月,新成立的联合政府宣布,计划在2012年4月之前废除区域开发机构,以期通过地方企业伙伴关系来实现未来的经济发展。区域开发机构没有被直接替代,地方企业伙伴关系也没有得到任何中央政府的直接资助,而在指定地区的企业振兴园区管理中间接地发挥了作用,并为“资本增长基金”的投标提供了战略性引导。最近,保守党政府宣布将支持现有地方当局之间的正式联合安排,如2015年的大曼彻斯特联合管理局,这在一定程度上表明,尽管没有新的机构基础设施,但希望实现地方(地区)治理。

地方企业伙伴关系

地方企业伙伴关系已取代了以前由区域开发机构承担的一些角色。政府将地方企业伙伴关系描述为:由地方当局提出,并联合当地企业的组织,以促进地方经济发展。2010年9月,地方当局和商界领袖首次受邀提出地方企业伙伴关系,目前已有39个地方企业伙伴关系,覆盖了英格兰的大部分地区。

地方企业伙伴关系的意图是让当将商界和公众领袖聚集在一起,考虑到这一点,每个地方企业伙伴关系的理事会都由商界和地方当局代表组成,半数理事会成员通常是商界代表,主席是一个杰出的商界领袖。地方企业伙伴关系的主要目的是促进当地经济发展,吸引企业投资和就业,同时关注规划、住房、基础设施和交通等问题。

家庭和社区机构

家庭和社区机构是由住房公司、英国伙伴关系和可持续社区学院合并而成,根据2008年《住房和更新法案》,从2008年12月1日生效。

家庭和社区机构将土地和资金的责任结合起来,提供新的住房、社区设施和基础设施。它的目标包括确保以经济、社会和环境可持续的方式建造住宅,同时促进英格兰住宅的良好设计和质量,并改善高质量住房的供给。家庭和社区机构有权为其目标或与目标相关的目的(包括强制采购、设立公司、提供财政援助和进行培训或研究)而采取其认为适当的任何措施。最初,它与社会住房监管机构租户服务局合作提供社会住房,但后来租户服务局被撤销,家庭和社区机构从2012年4月起承担起租户服务局的社会住房的经济监管角色。家庭和社区机构在社区更新和发展中也扮演着关键角色。

家庭和社区机构的更新方法最初基于政府的更新框架;2009年3月出版的《改造场所,改变生活:更新框架》及其咨询回应摘要(Homes and

Communities Agency，2009)，其中列出了对该框架的回应摘要，并概述了家庭和社区机构计划采取的下一步行动。

地方当局

地方当局通常在城市更新规划中扮演关键角色，有时是土地所有者的角色，有时是相关规划部门的角色，有时是两者兼而有之(认识到这一点非常重要，尽管地方当局可能同时扮演这两种角色，但这些角色是不同的，必须正确地履行，以遵循自然正义和恰当的利益)。

每一个利益相关方所拥有的法律权力很可能对所使用的实施工具有关键性影响。地方当局参与特殊目的机构结构的权力正当性通常主要依赖于 2000 年《地方政府法》中对社会、经济和环境福祉权力的促进，需要让地方当局感到满意的是，在项目实施方面所采用的机制被认为有可能实现更新项目的预期目标。自 2011 年《地方主义法案》出台以来，其第 1 节赋予地方当局权力，让他们可以去做任何个人通常可能做的事情，这可能成为未来参与特殊目的机构结构的主要权力理由。

地方当局为评估更新项目进行了大量的准备工作，通常使用绿皮书中的财政部指导方针，以使自己确信更新项目和实施路线具有最佳价值，并向中央政府资助部门提出公共资金的理由。

对于地方政府来说，加入特殊目的机构可能是一个“关键决策”，地方当局可能需要就此事进行适当的磋商，确保提前规划好做出决策的时间表，并在地方当局的前瞻性规划中公布。无论如何，对于那些需要特殊目的机构的规模宏大的复杂更新项目，地方当局将希望确保与受提案影响的社区进行了充分的磋商。

此外，任何涉及地方当局的更新项目，都需要在早期阶段考虑地方当局将如何在其会计要求方面处理该项目。

地方当局对一个公司的财务参与，以前是受 1989 年《地方政府和住房法》第五部分规定限制的，该法令与1995年《地方当局（公司）条例》一起执行。

然而，由2003年《地方政府法案》引入，并从2004年4月1日开始实施的“审慎法典”，以及随后2009年全面修订的“审慎法典”第二版，已经就地方当局的资本融资制度以及与公司和其他实体的接触规则做出了实质性改变。

在当前的财务制度下，地方当局可以在没有中央政府同意的情况下增加资本支出，因为它们可以在没有中央政府支持的情况下偿还债务。

审慎借贷体系的核心是，地方当局有义务确定并不断审查自己能够借贷的数额。每个地方当局（在中央政府因国家经济原因而没有限制的情况下）根据详细的规则来设定自己的“审慎限制”。

虽然在新的制度下，《地方政府和住房法》第五部分本身未作重大修订，但1995年《地方当局（公司）条例》的变动影响了其所涉及的问题。具体如下：

- 在该条例中，列明了地方当局参与某公司的财务后果的条文从2004年4月1日起废止（2004年4月1日以前的财务交易有过渡性节余），但在该日期以后的交易，地方当局参与特殊目的机构的财务影响，主要由“审慎法典”管理。
- 不论《地方政府和住房法》第五部分规定的公司属于哪一种类型，其财务交易不再自动被视为地方当局的交易。
- “审慎法典”要求，当任何地方当局在确定借贷的可承受性时，如果该地方当局在公司或其他类似的相关实体中有权益关系，它必须考虑其在应用“审慎法典”时对这些公司/实体的财务承诺和义务。也就是说，它对一家公司的财务承诺会减少它可用来偿还其他债务的资源，因此通常会降低它能够负担得起的借贷数额。

● 在附属公司或联营公司及合资企业中有权益的地方当局，需要在2009年《建议操作细则：英国地方政府会计实施细则(SORP)》中考虑实行集团会计准则(该准则已在2005—2006年度全面实施)，该细则由英国特许公共财政和会计学会(CIPFA，2009)发布。这些与2006年《公司法》和子公司会计原则定义有关，而与1989年《地方政府和住房法》第五部分和1995年《地方当局(公司)条例》定义无关，这些定义在“审慎法典”中没有出现。应该注意的是，CIPFA引入2010—2011年修订的《英国地方政府会计务实守则》，第三版的《英国地方当局会计实务守则(2012—2013)》已经颁布，将适用于2012年4月1日或之后的会计期间(Chartered Institute of Public Finance and Accountancy，2012)。该指南包括对私人融资倡议(PFI)的新的会计要求，这些要求不再基于英国会计准则，而是基于国际财务报告准则(IFRS)。

● 有关适当控制的规定，与以前一样。因此，仍然有必要了解每一类公司的检验标准和《地方政府和住房法》第五部分中对每一类公司的特殊要求。即使是少数公益公司也有适用于它们的具体规定。

● 此外，公共部门参与公司的所有各方将继续关注，考虑其公共部门分类，对此的立场没有改变。英国财政部的指导方针阐明了一家机构被归类为公共部门公司的含义，由于这是一个政策问题，最终的答案将由英国国家统计局和英国财政部共同决定。

值得注意的是，2007年《地方政府和公众参与健康法案》第12部分引入进一步的重大变化。2007年法案规定了第五部分的废除，未来对“与地方当局有关的实体”以及与此类实体有关的地方当局、成员和官员行为的规制(通过内阁大臣发布的命令)。

如果一个实体的财务信息必须包括在地方当局的账目报表中，则被称为该实体与地方当局有关联。政府表示，它打算使用新的权力，使所有权控制适用于比现在更广泛的实体,这将包括信托和托管人。

2009 年《地方民主、经济发展和建设法案》的第二部分也引入新的规则,以确定地方当局必须任命审计员来审计那些与地方当局有关联的实体的权力。

然而,2009 年《地方民主、经济发展和建设法案》的第二部分,特别是第 36—54 条尚未生效,《地方政府和住房法》第五部分的废除也尚未发生。根据 2007 年《公司法》第 216(1)条,被废除的第五部分将于 2012 年 3 月 2 日失效。在编写本书(第一版)时,有迹象表明目前没有实施这些改变计划。

地方当局有义务在“最佳考虑”下处置土地,除非得到了内阁大臣的同意。这项义务包含在 1972 年《地方政府法案》第 123 条中。这一要求由普通法隐含的义务加以补充,即履行对一般纳税人的信托义务,以及温斯伯里案件中所考虑的适用于公共机构的行政合理性标准。

对于拥有住房权力的土地(1988 年《地方政府法案》第 25 节)和为规划目的而占用的土地(1959 年《城乡规划法》第 23 节和 1990 年《城乡规划法》第九部分),也有类似的规定。

地方当局还需要考虑并遵守广泛的规则和法规,以确保价值最大化得到保障,提供平等的机会,并保持审计轨迹。

与地方当局合作,建立特别目的机构的私营部门应采取步骤,使自己确信:

● 地方当局有明确的法定权力以设想的方式参与更新项目(在此背景下,地方当局通常依赖的主要一般权力包含在 2000 年《地方政府法案》中,见上文);

● 明示权力已被适当地行使(就地方当局在适当的官员和成员级别上考虑该项目而言);

● 相关的法律协议已根据法定的权限和/或长期适用的议事规程被妥善执行。

关于某些合同(一般指地方当局签订期限超过 5 年的服务合同),可能与 1997 年《地方政府(合同)法》是相关的。如果是这样,地方当局将能够根据 1997 年《地方政府(合同)法》出具证书,证明该合同在其权力范围内,第三方将能够依据该证书。

物权法

任何更新项目的物权方面,通常可以分为两个部分:第一,场地及其如何组合;第二,任何第三方对场地的权利将对拟议的开发所产生的影响。这些问题在城市更新的情况下变得更加复杂,与绿地开发截然不同,因为在城市地区的场地更有可能涉及多方的所有权,并受制于更多的第三方权利。

本章这一节讨论两个主要问题:第一,场地的组合以及开发商如何获得对场地的控制;第二,第三方权利对拟议开发项目的影响,以及如何来消除这些障碍。

场地组合

如前所述,开发商可能是一个特殊目的公司,它首先必须确定,需要获得多少和什么样的永久持有权和租赁权益来组合一个地块,以及谁拥有这些权益。向土地注册处查询,可查明已登记的永久持有权及租赁权益,并可提供该等权益拥有人的姓名和地址。然而,这种查询不会显示尚未登记的权益(例如,自从强制性登记制度实施以来,有关土地一直没有进行交易),也不会提供 7 年以下租赁权益的细节,因为这些权益可以不登记。拟议更新的开发商将不得不采取对任一土地占用者的询盘,以试图确定永久所有权和任何租赁权益。

在拟议更新的场地中,很可能有部分场地是开发商无法确定谁拥有土地所有权契约,没有人能以“逆权管有”方式确立业权(就登记过的土地而言,独占管有 10 年或以上;就未登记过的土地而言,独占管有 12 年或以上)。在城市更新中,碰到这方面情况,常见的处理办法是“绕道而行”。为防止土地所有者在开发开始后提出土地所有权要求,并提起侵权诉讼要求损害赔偿和/或强制令阻止开发进行,开发商有以下选择:

- 在设计方案时,力求使有争议的地块不构成更新方案的重要部分;
- 针对这类索赔,取得有效的所有权补偿保险;
- 寻求地方当局的合作,使用其强制购买权来获取相关土地。

在确定开发商所需取得地块权益后,应考虑开发商如何取得该等权益。有许多不同形式的协议可以或多或少给予开发商对场地的控制权,如下所示:

- 无条件合同;
- 有条件合同;
- 选择协议;
- 优先购买权协议。

开发商一般不太可能会以无条件合同来购买有关土地,除非出售的是整幅土地,且已获拟议开发的规划大纲许可或开发商有信心取得所需的规划许可。

有条件合同将使开发商在不符合某些条件的情况下(如未取得规划及预租合约,以及土地环境条件不令人满意等),可以不购买该土地。拟议更新的不确定因素越多,开发商所需的灵活性就越大,因此开发商更有可能寻求一种选择协议，而选择协议实际上给予开发商是否进行购地的完全决定权。

当然，开发商能否通过协商达成有条件合同或选择协议，将取决于卖方的态度，以及卖方是否认为立即出售地块会对其有利。如果一些条件被满足或行使选择权的期限是合理的，且卖方签订该协议能获得一些经济补偿，则土地所有者更有可能同意订立一项有条件合同或选择协议，如果有出售有收益，将构成购买价格的一部分；但如果没有收益，将由土地所有者保留该协议。

在有条件合同或选择协议的情况下，卖方可能会考虑以更高的出售价格或以参与项目开发的方式，换取出售土地的不确定性。最简单的项目参与形式是分享利润。开发商需要谨慎对待如何确保未来利润的权利，因为这些权利可能会影响开发商为开发提供资金的能力。

最后一种形式是优先购买权协议。如果卖方决定处置其权益，这只是给予开发商优先购买权。这对开发商来说，可能不太有吸引力，特别是这与场地的重要元素相关。然而，开发商可以对一些可能在未来用于拟议更新项目扩大的土地，使用优先购买权协议。

为了保护开发商的权利，上述所有协议均需要在卖方的所有权上登记。未登记的协议意味着该土地可能会被出售给第三方，尽管开发商可以向土地所有者提出损害赔偿要求，但该协议不能对第三方购买者强制执行。

如果开发商在与土地所有者在达成一项协议上有困难，特别是在城市更新的情况下，开发商可能会寻求地方当局帮助，让其使用或者至少威胁要使用强制购买权，出面帮助与不合作的土地所有者的协商。如果利用地方当局的强制购买权来组合一个场地，则要经历一系列程序及较长时间，可能会延迟开发商的开发计划。另外，开发商还需要补偿当地政府行使强制购买权时产生的成本，可能会给开发商的现金流带来问题。

在一些要求地方当局协助开发商进行场地组合的文件中，必须说明可强制执行的相关规定，以免束缚地方当局的一些法定权利或义务。

第三方权利

场地开发有可能干扰第三方的权利。如果拟议的更新开发干扰了第三方所享有的权利，则可能导致不准开发的禁令，或可能导致损害索赔。因此，尽早调查场地的所有权是很重要的。就已登记的物权而言，可在各区土地注册处查询相关物权的详细资料，因而可以在不需要土地所有者配合的情况下进行。然而，对于未登记的物权，在没有土地所有者的配合下，开发商将无法审查物权契约及文件。

地役权

地役权是按照合同约定，利用他人的不动产以提高自己的不动产效益的权利。地役权可以通过法规、明示、暗示或假定授予或规定（例如，由于以前长期使用某项权利的事实）而建立。因此，仅仅审查土地所有权文件，并不一定能揭示所有的第三方权利。开发商还需要进行现场调查，以确定是否存在明显的第三方权利，并向卖方询问，以确定是否存在此类权利。

受诸如通行权或服务媒体权等地役权影响的场地，就其受影响部分而言，实际上可能要进行“消除”处理，除非开发商能够“绕过”这些地役权进行开发规划，否则开发将极其困难。如果地役权被确定，开发商的律师首先需要考虑地役权是否实际上可以强制执行。如果地役权是可强制执行的，可能有必要：

- 与地役权的拥有者协商让予；
- 购买有效的所有权损失补偿保险；

- 寻求地方当局的帮助，行使其在地役权方面的强制购买权力；
- 占有——也就是说，如果部分场地受到契约的影响，目前或过去属于地方当局所有，并已被用于规划目的，那么这种权利可能被转化成一种赔偿请求，而不是使人有权寻求强制令；
- 损失补偿保险将被要求支付赔偿的费用，但开发商可以放心的是，将不会获得禁令。

限制性契约

限制性契约是对权利的限制，限制了在场地上可以做什么。这可能有必要考虑关于限制性契约可执行性的规则，以确定限制性契约是否可执行，如果可执行，由谁来执行。谁能从限制性契约中获益并不总是很明晰的。与契约的责任不同，该权利通常不会登记在拥有其利益的土地的所有权上，而且，特别是在尚未履行契约的情况下，开发商可能会认为限制性契约不会被执行。开发商应该记住，有必要让潜在的租户、资金提供者和买家相信限制性契约是不可强制执行的。

此外，如果限制性契约可强制执行，而开发商又无法"绕过"该限制来设计更新项目，开发商可选择的方案如下：

- 寻求与拥有限制性契约利益的一方协商放弃（权利）；
- 购买不完整所有权损失补偿保险；
- 向土地审裁处申请豁免或修改限制性契约；
- 上文所述的占有方式；
- 寻求地方当局的帮助，以使用其强制性购买权，以获得契约的利益。

公众权利

在城市地区更新项目中，需要关闭或改变公共道路的情况并不少见。关闭或改变公共道路有两种程序：

● 根据1980年《高速公路法案》向治安法院提出的申请；这只能在地方当局的合作下完成，而地方官员可能不愿根据1990年《城市和国家规划法》（见下文）下达命令。

● 如果在需要关闭或改变公共道路的情况下有现有的规划许可，那么可以根据1990年《城市和国家规划法》向国务大臣提出必要的关闭或改道的申请。这一程序的问题是，一旦收到反对意见，就必须进行质询，这可能会推迟计划的实施。

应该记住，关闭或改变公共道路不会损害任何已经存在的私人权利。这些问题必须分开处理。

环境法

一个房地产更新项目往往需要处理一些由环境法管辖的问题。主要问题涉及：

● 废物管理；

● 被污染的土地。

废物管理

一个房地产开发更新项目经常会产生旧建筑材料、多余泥土等形式的废物。如果重新开发地区以前曾用作工业用途，这些废物可能含有一定程度的污染。这类废物的管理，甚至是在场地内的临时处置或从场地的一处转移到另一处，都需要遵守一些环境法。特别相关的法律涉及：

● 废物的定义；

● 废物管理许可要求；

- 有关废物的法定注意义务；
- 垃圾填埋税。

此外，还应始终注意，确保开发不会导致废物以可能造成环境污染或危害人类健康的方式保存、处理或处置。根据1990年《环境保护法》的规定，违反这一要求将导致犯罪。

根据具体情况，土地所有者、开发商、承包商或其他参与该项目的各方可以承担与废物有关的法律责任。因此，确保任何废物都得到适当处理，并在任何合同安排中明确规定与之有关的责任，通常符合所有各方的最佳利益。

废物的法律定义

重要的是，要确定正在处理的东西是否在法律上被定义为废物。废物的定义是一个复杂的法律问题。在废物出售或提供给他人重新利用，或在现场临时存储，以便在开发项目的其他地方重新利用或现场处理时，会出现特殊的困难。未能正确认识到所处理的是废物，可能会导致犯罪。此外，日后若遵守法例，由于意外的许可费以及取得必要的权限、许可和/或同意处理废物所需的时间等，可能会影响更新项目的完成时间和预算。任何拟议的更新开发都必须在早期阶段考虑这方面的问题。

废物管理许可

如果废物产生、保存、处理、处置，或者需要进行一些回收操作，则需要获得废物监管当局（在英格兰和威尔士是环境署）颁发的废物管理许可证。这一申请可能需要一些时间来处理，可能需要大量的支持信息，并且需要支付费用。

根据1994年的《废物管理许可证条例》，这一一般规则有一些例外情况。这些规则例外载有一长串涉及废物的活动，明确其不需要废物管理许可证。与这方面特别相关的豁免，包括豁免第19号（对指定建筑工程存放或现场使用某些建筑废物进行豁免)和豁免第 9 号(规定若干建筑或拆卸废物在与指明填海或改善工程有关的土地上散布,可获豁免)。这两种豁免可能都需要详细考虑。其中一些获得豁免的活动仍须向废物监管当局登记。

注意义务

1990 年《环境保护法》规定,凡是生产或处理大量废物的人都负有法律上的注意义务。基本上,这涉及防止浪费的责任:

- 造成污染环境或者危害人体健康的;
- 逃逸;
- 在未获授权或没有有关废物的适当书面描述的情况下,将废物转移给另一个人。

违反这种注意义务是一种犯罪。履行注意义务需要注意以下事项,如妥善储存和包装废物,清楚描述废物构成,只与授权承运人打交道,向承运人提供准确的转移票据,并采取措施确保废物最终得到正确处理。因此,工程项目产生的废物应始终按照这一法定注意义务处理。

垃圾填埋税

将废物弃置堆填区须缴付垃圾填埋税。然而,有一项豁免(目前正在审查中),与房地产开发更新项目处理以前的污染土地有关——历史污染土地豁免。如果豁免不适用,开发成本将不得不考虑其税收。如果豁免适用,必须在废物处置前至少 30 天向税务局申请豁免。申请豁免有许多要求,这些要求应予以详细考虑。英国海关和税务部门发布了相关的信息说明(1997 年 1 月,尽管已经进行了修订)。简单地说,这些要求包括:

- 必须对受污染的土地进行复垦,而复垦的目的是或将促进发展、保护、提供公园或其他便利设施,或将土地用于农业或林业,或者就是为了减少或消除污染物造成的潜在危害;

- 复垦必须清除正在造成损害或可能造成损害的污染物；
- 必须消除污染的原因；
- 该土地不受整治通知的约束；
- 复垦包括清除土地上的污染物，而这些污染物（除非清除）将使土地无法投入预期用途。

受污染土地

在许多城市更新地产开发项目中，不可避免的是，全部或部分场地可能会被以前的用途所污染。然而，应该记住，遗弃土地和先前使用土地的证据本身并不是污染的证据。一些废弃的、以前使用过的场地（通常被称为棕地）没有受到污染，许多不属于与整治条款相关的污染的法定定义。事实上，现任政府热衷于促进棕地的开发，并提议未来可能对“绿地”征税，以鼓励棕地的再利用。与受污染土地有关的法律规定意味着，任何土地的潜在买家或开发商必须调查土地是否受污染，因为在某些情况下，如下文所述，法律责任可能会随土地转让而转移。这可能涉及委托环境咨询公司进行环境调查，就有关委托的适当条款和条件征求意见是很重要的。如果一个地块受到污染，作为再开发项目的一部分，处理土地污染的主要机制是规划过程。当地规划部门在考虑任何规划许可申请和许可附加条件时，都应该对土地污染的存在情况和处理污染的要求进行评估。这将在本章的规划部分进行更详细的讨论。尽管如此，任何涉及可能受污染土地的人都需要了解为处理污染而制定的各种立法规定的影响。主要规定如下：

- 法定的损害；
- 整治通告；
- 工程通告；

- 民事损害赔偿或补偿要求。

法定的损害

某些规定的情况被认定为法定损害,地方当局可通过向其发送清除通告要求进行整改。不遵守清除通告属于刑事犯罪。具体规定情况包括:

- 对健康有害或损害的处所;
- 任何不利于或妨害健康的累积物或沉积物;
- 噪音;
- 灰尘。

这样的情况可能会在更新项目期间出现,也许是开发期间实际活动的直接结果,也许是因为开发活动将未知的污染显露出来。

可要求法定损害的责任人,或如未能找到该责任人,可要求该处所的业主或占用人,依从该清除通告。对于城市更新项目而言,根据这些法律程序,该场地的拥有人或占用人有可能须就无法找到的前拥有人或占用人所造成的法定损害(例如,土地污染)作出补救。此外,如果开发工作本身造成法定损害,将产生法律责任。其目的是,就受污染土地而言,有关的法定损害规定将在很大程度上被下面所述的"整治通告"和"工程通告"的建议制度所取代。

整治通告

新的法律规定将要求监管当局确定受污染及需要关注的土地,然后向有责任清理土地的人发出通告;不遵守规定将构成刑事犯罪。

涉及房地产开发的人士须评估是否会收到有关土地的整治通告。有关条例目前尚处于草案阶段,如果以目前的形式通过,将会导致下列情况。这些条款具有追溯有效性。

1995 年《环境法》引入的污染土地的法定定义是有意义的。这样做的结果似乎是,如果没有损害或显著的损害可能性,尽管存在有害物质,在相关法规的含义内,土地没有受到污染。只有在对非水生环境的危害或危害风险很大,或存在任何水污染风险时,土地才受到污染。其结果可能是,这些规定只会影响污染最严重的场地。

如果监管部门确实确定了此类污染土地,可以发出整治通告,要求进行整治工作。不遵守此规定是刑事犯罪。整治通告必须送达那些造成或知情许可污染物质在地上或地下的主要人员。然而,如果找不到主要人员,整治通告则可送达受污染土地的所有人或占用人。"知情许可"这一术语意味着在任何合同安排中都必须谨慎。在某些情况下,资助机构可能会被追究责任,因为它们对造成或知情许可污染的存在负有责任。处理与此事项有关的资助机构所关心的问题可能是更新项目的一个重要部分。

有许多复杂的条例规定了责任一般条例的例外情况。这些例外排除了某一特定人士,否则将承担法律责任,但这只适用于在某一特定类别(即造成或知情许可类别,或拥有人/占用人类别)中有不止一个人的情况下。在房地产开发中,与此最相关的问题包括:

- 带有问题的土地出售;
- 向另一方支付整治工作的费用;
- 高额租金的租赁。

对于更新项目来说,最重要的是,尽早评估土地是否被污染,以避免意外的风险和成本。须留意委托进行环境调查的环境咨询公司的详情。任何整治工作都应符合监管当局的标准,任何剩余风险的责任应在双方的合同安排中予以解决。

工程通告

如果一个更新项目导致或可能导致对土地的干扰污染而造成水污

染,那么尚未生效的法规将使环境监管当局能够向造成或知情许可污染的人士发出工程通告。这份通告要求清理污染。对通告不予回应是一种刑事犯罪。

与整治通告一样,工程通告意味着,在更新项目中,知识、适当的补救、在聘用环境咨询公司时对细节的关注,以及处理剩余责任的安排等,可能都是需要处理的重要事项。

民事损害赔偿或补偿要求

如果土地被污染,污染逸出并对第三方造成伤害,这可能导致第三方的损害索赔和/或赔偿要求。那些参与土地所有权或开发的人有可能牵连到这种索赔中。正因为如此,在早期阶段确定污染是不是问题也很重要。

规划

一般来说,规划法要求在大多数形式的开发发生之前必须获得规划许可。更新项目将涉及大量的开发,这通常需要规划许可,也可能需要其他的许可,如保护建筑许可。重要的是,首先要确定拟议更新项目中需要规划许可或其他许可的部分,然后以可接受的形式获得相关许可。这可能涉及完成规划协议或进行上诉,其可能涉及公开调查。因此,本节讨论以下内容:

- 规划许可;
- 一些其他许可;
- 特殊规划区域。

规划许可

任何涉及房地产开发的城市更新项目，由于它通常涉及建筑、工程、采掘或其他业务，以及/或者对一些建筑或土地的使用做出实质性的改变，都将不可避免地要获得规划许可。实际上，根据2015年《城镇和国家规划法(一般许可发展)》的规定，某些形式的更新开发自动获得了规划许可。这些被称为允许性开发。从历史上看，这种允许性开发在本质上通常是小规模的。然而，近年来，这些允许性开发已扩展至更重要的项目——有时只是在有限的时间内——例如，在2018年5月30日之前，在有条件的情况下，允许将500平方米的仓库和分销空间转变为住宅。因此，应始终查阅有关规定。还应该注意的是，这些允许性开发权通常不适用于受保护区域，如保护区和国家公园等，以及不适用于地方规划当局根据第四条指导所指定的区域内收回。

如果有一些现有用途或开发并没有获得规划许可的授权，但只要它已经存在了适当的时间(4年或10年，取决于开发的类型)，就可以说是合法的，并且可以从当地规划部门获得现有使用或开发的合法性证书。如果对拟议用途是否符合该址的合法规划用途有疑问，可以就拟议用途或开发取得类似的证书。任何一种证书的申请都可能需要详细的有关该土地过去历史的证据，此类证据通常应与专业规划律师合作编制。总的来说，在一个更新项目开始时，主要的规划问题是确定开发的所有方面所需要获得的规划许可，并确定是否有可能获得规划许可。

规划法要求地方规划部门在决定规划许可时应考虑一些重要因素，包括发展规划和国家规划政策框架。特别重要的是，要考虑拟议的开发是否符合发展规划的规定。

发展规划

地方规划部门被要求为它们的地区制定发展规划。这些规划一般被称为地方规划,通常会显示有关住房、经济发展、绿化带、保护区、基础设施和更新地区等事项的广泛战略及其具体配置。地方社区也可以编制街区规划,其一般应与有关的地方规划相一致,一旦被通过,就成为发展规划的一部分。

在决定是否可能获得规划许可时,发展规划条款尤其重要,因为《规划法》第 38(6)条和 2004 年《强制购买法案》要求,除非有其他的重要考虑,否则规划许可申请的决定必须根据发展规划作出。土地所有者和开发商有机会通过规划编制程序影响发展规划中包含的条款。这个编制程序要求地方规划部门在制定规划期间进行磋商活动,还支持对建议的规划提出反对意见,如果在修改方案中意见未被采纳,可以在一个公开听证的场合向内阁大臣任命的巡视员进行陈述。然后,巡视员将向当地规划部门提出建议,在规划正式通过之前,是否应该通过修改来采纳一些反对意见。土地所有者或开发商以这种方式影响发展规划的内容需要有一定程度的长期打算,因为这些规划从构想到正式通过往往需要多年时间。

为了让内阁大臣批准一项地方规划,地方规划部门必须证明,在编制规划时,它与邻近和其他地方当局就战略事项进行了合作。新的发展规划内的任何条文,对于决定任何规划许可申请都很重要,越是接近发展规划的要求,就越容易获得规划许可。

国家规划政策

中央政府的规划政策包含在国家规划政策框架中,地方规划部门在决定任何规划许可申请时,都应考虑到这一点。

此外,网上亦有“规划实务指引”,进一步解释国家规划政策框架及规划的一些原则。

规划许可申请

在涉及变更用途的复杂更新方案中，规划大纲申请通常是最合适的第一步，因为它将确立这种开发形式的原则，而不必承担制定方案最终细节的费用，其中部分或全部可能作为保留事项而仍未解决。在授予保留事项以完全许可之前，规划大纲许可无法实施。

通常，地方规划部门有 8 周的工作时间来决定规划许可申请，或有 13 周的时间来决定重大开发项目，如果需要进行环境评估，则有 16 周的时间。但是，如果涉及复杂的问题，则需要更长时间，而且往往把时间限制作为一个目标。如果地方规划主管部门拒绝批准、以不能接受的条件拒绝批准规划许可或者逾期未确定的，可以提出申诉。决定申诉的话，可能涉及公开调查。申诉的结果可能需要好几个月才能得到。因此，重要的是，一开始就要对拟议更新项目进行切合实际的规划评价。

有些类型的开发项目，在获得地方规划部门的规划许可之前，必须提交给内阁大臣。其中一个例子，就是建议在绿化带进行一些开发。内阁大臣可以受理申请，但因为这可能涉及公众调查，可能会大大延迟规划申请的决定。因此，在早期阶段，查明一些申请是否必须提交给内阁大臣很重要。

规划许可申请不必以土地所有人名义提出，但以非土地所有人之名义提出者，应向土地所有人送达许可证书。只有申请人才能对规划许可提出申诉。如果《第 106 条款协议》或义务（见下文）是必需的，土地所有人将有必要签订这样的协议。因此，重要的是，如果规划许可申请是以开发商的名义提出的，土地所有人与开发商在进行规划许可申请时的合作安排必须在合约安排中说明。

《第 106 条款协议》的义务常常是为了便于授予规划许可。这些是由开发商达成的协议或单方面的承诺，以实现所谓的规划收益。例如，可能包括对土地的使用或开发的限制,进行特定的操作或支付一笔钱。这种义务对以后的土地所有者有约束力。这种协议中义务的一个典型例子,是在住宅开发中提供一定比例的经济适用房的义务。自2015年4月以来,地方规划部门为单个项目或基础设施地块上汇集超过5笔《第106条款协议》规定捐款的能力是受到限制的。

由2008年《规划法》引入的社区基础设施税是一项规划费用,作为地方当局帮助提供基础设施以支持其地区发展的工具。该法案于2010年4月6日生效,地方当局已根据该收费表所列费率采用了社区基础设施税收费表。地方当局应将征收的任何税款适用于"123清单"中列出的项目,包括新建或改善的道路、学校、防洪和绿地等一系列广泛的项目。

根据修订后的2011年《城乡规划(环境影响评估)条例》的规定,一些主要开发项目的规划许可要求在授予之前进行环境影响评估。一些非常重要的开发项目总是需要进行环境评估的。这些项目被称为附表1项目,包括高速公路、主要机场、化学装置、重工业和火力发电站等。其他开发项目,即附表2项目,如工程项目可能对环境造成重大影响,则须进行环境评估,而《规划实务指引》附件的"筛选指示性阈值"列出了一些指示性准则和阈值,用以确定需要进行环境评估的工程项目。例如,工业园区开发面积如果超过20公顷,则可能需要进行环境评估。在预备及提交环境影响评估时,通常会考虑:拟议开发项目可能对环境造成的各种影响,对多个法定机构及其他机构进行咨询,是否符合公示规定,以及最后以报告形式提出环境影响的书面文件。编制环境评估报告势必耗费时间。如果需要进行环境评估,则在制定拟议工程项目的时间表时应考虑所需的时间。

其他许可

城市更新计划或项目的开发,可能需要若干其他许可。

保护建筑许可

如有关开发涉及影响保护建筑物性质的工程，除获取规划许可外，亦须取得保护建筑物的许可。有关某幢建筑是否列入保护名册的细节，可以通过搜索，从地方当局获得。尽早评估保护建筑是否须取得许可是非常重要的，因为获得保护建筑许可的过程与获得规划许可的过程非常相似，两者经常要同时进行，需要有类似的时间表和申诉的权利。

树木保护令许可

树木也许受到树木保护令的保护。这样的保护令将在地方当局的网站上公布。如果打算砍伐或以其他方式破坏那些受树木保护令保护的树木，必须获得当地规划部门的同意。

在保护区内拆除建筑物的许可

当地政府的网站上将公开该场地是否位于保护区内。如果处于保护区内，那么拆除其中的建筑物可能需要获得规划许可。无论如何，如有关地块位于保护区内，任何规划许可申请都会在拟议的更新计划或工程项目设计方面得到更严格的考虑。保护区内的树木也受到特别保护。

指定的考古重要地区

如果某一地点的任何部分被指定为具有考古意义的地区，在其再开发之前，必须强制性地向考古学家提供考古研究设施。这会影响更新方案得以完成所需时间，因为在进行任何操作(破坏地面或建议进行水浸或倾卸作业)之前，必须有一个强制推迟四个月和为期两周的考古研究。即使这样的场地没有被指定，但如果有任何证据表明更新项目可能影响考古遗迹，地方规划部门有权在任何规划许中附加条件，要求进行考古调查。

当地开发令

企业振兴园区是由内阁大臣指定的区域，其目的是通过向园区内企业提供大量的财政优惠来刺激工商业活动。企业振兴园区内的规划控制被简化了，例如，通过当地开发令（Local Development Order）为指定区域内的指定开发授予规划许可。地方规划部门也可以对企业振兴园区以外的地区使用当地开发令。

强制购买令

如果开发用地的一部分为非开发商拥有，则可能会使用强制购买权。地方规划部门有强制购买权，并可能利用这些购买权来获得用于更新的土地。如果使用这种权力，程序通常包括制定强制购买令以获得在使用之前需要得到确认的必要土地。如果对确认强制购买令有任何异议，通常会举行公开调查，在听取意见后再决定是否确认该强制购买令。任何被强制征用土地的人，通常都有权获得补偿。如果需要强制征用土地才能进行开发，那么开发商必须与当地规划部门密切合作（开发商没有任何强制购买权力），并承担由此产生的任何额外时间和费用。要想这个过程成功，通常还需要专家和法律咨询。通常，谨慎的做法是同时进行规划许可申请和强制购买令申请。

公路封闭及改道令

为了实施开发项目的规划许可，可能需要关闭或改道公路。如果是这样，1990 年《城乡规划法》和 1980 年《公路法》规定了一些程序，在适当情况下可以用来关闭或改道公共通行权。同样，需要在开发方案中考虑到额外的时间和费用，通常需要向法律专家咨询。

总结

本章概述了与准备和实施城市更新项目有关的一些主要法律范畴。

从中可以归纳出，有许多个别情况和状况适用于法律的特殊条件或方面。然而，一般来说，当城市更新计划开始时，获得良好的法律咨询是至关重要的。采用这种方法，可以提前发现许多潜在的困难和障碍，及时获得或达成适当的许可或协议，从而避免不必要的延误或过高的成本。事先预料和及早行动可以防止困难变成问题。

关键问题和行动

● 首先考虑组织构造——"特殊目的机构"合适吗?

● 让相关的机构(如家庭和社区机构)参与。

● 考虑地方当局和中央政府鼓励的私人融资倡议计划和公共/私人伙伴关系的更新计划。

● 注意到与地方当局处置资产有关的资本融资制度继续放松。

● 确定场地组合所需获得的利益。

● 确定有关土地上可能影响准备开发的权利及契约。

● 制订策略，确保开发商在该土地上获得必要的利益，而无须承诺在准备进行开发前购买该土地。

● 对有关场地进行环境调查，并根据调查结果决定购买、开发和销售的策略。

● 确定开发项目需要哪些规划和其他许可，获得这些许可的可能性以及申请的相关程序。

● 确定规划过程中任何可能出现的延误，例如提交给内阁大臣的申请等，并确保在开发策略中考虑到这些因素。

● 确保在开发阶段遵守废物管理法律。

在本章中,所提供的法律问题大多与城市更新活动有关,还有很多方面的法律问题没有讨论。尤其重要的是,必须商定和执行适当的业务方式,使更新规划能够以有效和有效率的方式进行。

参考文献

Chartered Institute of Public Finance and Accountancy(CIPFA)(2009) *Statement of Recommended Practice*: *Code of Practice on Local Authority Accounting in the UK 2009*. London: CIPFA.

Chartered Institute of Public Finance and Accountancy(CIPFA)(2012) *Code of Practice on Local Authority Accounting in the UK 2012/2013*. London: CIPFA.

Homes and Communities Agency(HCA)(2009) *Transforming Places; Changing Lives*: *A Framework for Regeneration*. London: Homes and Communities Agency.

第 10 章

监测与评估

罗德·斯伯瑞斯[*]　巴里·摩尔[**]

引言

城市更新的测量、监测和评估是决策者的一项重要任务。的确，为更新项目和方案提供财政和其他形式的支助通常与提供一个可接受的监测和评估框架有关。此外，考虑到参与城市更新的合作伙伴和组织范围广泛，城市更新的监测和评估也很重要，能够向他们显示这些举措的好处，以及指出在实施过程中遇到一些困难的根源和后果。从广义上说，监测和评估试图查明已经采取了哪些行动以及这些行动取得什么样的结果和影响。

本章提出如下一些议题：

---

* 罗德·斯伯瑞斯(Rod Spires)，担任 PACEC 主任约三十年，在评估政府方案方面有着广泛的记录。这些项目的重点是主要场地和地区(包括企业振兴园区和就业增长区)的更新，企业、商业增长、外来投资和创新的政策，以及向政府提供评估最佳做法的建议。为剑桥大学土地经济系的研究员，并担任巴黎经济合作与发展组织区域和技术委员会的英国顾问。

** 巴里·摩尔(Barry Moore)，剑桥大学唐宁学院经济学荣誉研究员，曾任研究主任。在剑桥大学应用经济系、土地经济系担任要职近五十年，并在商业研究中心担任研究员。是区域政策和政府方案评估方面的专家，重点研究领域是更新(包括企业园区)、商业增长、外来投资、创新和大学在知识交流中的作用。担任 PACEC 主任三十年，帮助发展了与大学的长期关系和联系。

- 监测和评估的一般原则；
- 设计战略以便纳入监测和评估的重要性；
- 对进展的测量和监控；
- 评估城市更新战略、方案和项目。

从一开始，就必须认识到，不管在战略层面还是在具体项目设计和执行时，监测和评估的任务都与政策发展密切相关。因此，它构成政策过程的一部分，并为政策选择及目标确立提供信息。这些政策选择可能受到政治目标的影响，而政治目标又决定了监测和评估活动的范围。因此，评估方法、衡量对象的选择以及对已取得成果的判断不能脱离更广泛的政治或文化背景。

与此相关的一个问题是，评估工作是否应被视为合理客观的，因为它不完全依赖于直接参与更新项目的政策制定及执行者的意见和判断。从这个意义上说，能够得到验证的公正证据是评估过程中的关键部分。

此外，评估的性质还受到资源可用性的影响，包括现有资金、技能、人员(内部或外部)以及收集、组织和分析信息(包括衡量数据)的能力等方面。资源的可用性将决定评估任务的广度和深度。

监测和评估的时机选择也是一个关键问题。在更新政策执行的早期阶段，重点更可能是监测行动本身。随着工作的进展，重点将放在中期行动及其初始产出、中间及后续的成果和效果，以及作为部分或最终评估的成果和附加价值上。在这个阶段，效果和效率问题变得更加重要。

监测和评估原则

测量、监测和评估可以被认为是城市更新周期的一个组成部分。这个周期从确定所需处理问题及挑战开始；然后进入各种规划过程及设计评估战略和研究方法；再发展到具体实施；并最终完成。在整个周期的所有阶段，能够做到以下几点很重要：

- 吸取以往更新项目和方案的经验，以有助于识别和避免问题以及可能造成的资源浪费；
- 确定目标，并将其纳入商定的行动和执行进程表；
- 衡量和监测实施的具体方面；
- 评估更新项目或方案的整体表现，即效果和效率。

这有助于解决在城市更新周期开始时如何最好地建立测量、监测和评估方法的问题，并在更新规划或战略中纳入必要的衡量指标（例如目标和关键绩效指标）和测量程序。与监测和评估有关的许多程序和做法是城市更新从业者所熟悉的。直接参与更新项目的公共部门和私营部门的个人和组织应将监测和评估行为作为其工作的一部分，而其他的公共部门和私营部门、社区和志愿团体的合作伙伴则迫切希望通过监测和评估来确保有限资源的最佳利用。

首先，尝试阐明测量、监测和评估工作的两个方面是很重要的：

- 这项活动的目的；
- 特别是中央政府决策者、合作伙伴和欧盟所使用的评估指南。

监测和评估的目的

我们已在前面介绍了测量、监测和评估的目的。评估是衡量更新政策和方案在达到目标方面是否有效果和效率的关键工具。评估为判断是否仍有政策干预的必要（或政策是否需要进行调整），以及政策执行是否在一定时间范围内产生所设想的产出和结果提供了基础。监测和评估的具体目标是：以系统化和透明化的方式，根据具体的产出和绩效指标，检查更新项目或方案、支出和活动的进展情况;报告对原有目标和行动的检讨或修订;并对更新规划的产出、结果、影响及其附加价值(或额外性)作出整体判断。下面部分将概述并解释这些目的。后面几节将对监测和评估进行更广泛的讨论。

进展

任何城市更新项目或方案的设计都是为了达到若干具体要求和目标。这些要求和目标一般用于帮助设计一个更新项目或方案,通常列入开发和业务计划,并作为制定筹资方案的一部分提出。一组典型的目标将包括各种行动,并将确定预期产出和适合于衡量所涉活动的指标。在明确并商定了目标之后,就有必要制定程序,有时是根据基准线来检查和报告进展情况;这些程序将根据更新项目的范围和性质来确定,可能包括管理资料的收集、土地使用和建筑的调查、其他内容直接调查(例如公司或占用者)和要求资金接受方报告其进展和成效等。也可以包括对其他来源资料的间接监测,例如创造的就业机会和更新地区的当地失业水平等。通过设定目标,然后衡量和监测进展情况,就有可能在适当的时候评估初步目标已实现的程度。表 10.1 给出了一个例子,说明了来自 PACEC 研究的北安普顿滨江企业振兴园区融资投标的目标。它显示了 2015 年和 2021 年,更新的场地、场地面积、建筑面积总量和净新增工作岗位的目标。

目标的修订

对更新进展的衡量和监测,另一个目的是协助审查和修订更新规划或战略,并查明可能出现的一些新挑战。如果发生了意想不到的变化,那么就可能需要修改预定的目标,在这种情况下,也可能有必要引入新的措施来吸引更多公司的进入,鼓励现有企业扩大其活动,或者对更新战略进行修改。这种审查和修订是正常的,不应被解释为是原有更新战略或执

表 10.1 北安普顿滨江企业振兴园区更新目标：场地/用途

地块用途		场地面积(平方米)	建筑面积(平方米)
酒店/混合	1	36 367	9 600
办公/混合	4	259 989	51 600
办　公	5	174 300	128 500
工　业	9	720 121	211 500
酒店式公寓	1	5 228	4 000
人才公寓	1	5 365	15 200
总　计	21	1 201 370	420 400
总的工作岗位：12 420(2015 年)；21 760(2021 年)			
净增工作岗位：9 970(2015 年)；17 460(2021 年)			

资料来源：PACEC/CBRE. Report for SEMLEP，NWDG，NBC. Northampton Waterside Enterprise Zone Bid to DCLG(2012).

行过程失败的表现。然而，这也许是原有战略目标不切合实际，或者出现了一开始就已预料可能碰到的意外问题。因此，评估过程可作为政策调整的一种投入，或使政策保持在正确轨道上。

总结与经验教训借鉴

在城市更新项目或方案结束时，必须评估总的业绩水平，以及与最初确定并随后修订的指标和目标相比，一些重大不足或超越目标的原因和后果。确定这些原因和后果是很重要的，因为对意外成功或失败的检查可能有助于揭示或证明：

- 如何确定挑战及问题；
- 解决问题的项目选择；
- 未来应避免或鼓励的交付和实施方法；
- 外部事件持续存在的影响；

● 意外发生的可能性。

评估术语的使用

测量、监视和评估讨论中使用的术语可以有多种解释。在大多数情况下，与监测和评估有关的想法和程序是相对简单的，可以解释和应用，而不会产生不适当的不确定性。然而，过度使用行话和术语可能会偏离这些目标，并可能降低评估结果对更新从业人员和政策制定者的价值。

尽管有上述几段的意见，但在评估更新规划时，约定普遍使用的基本术语和定义是至关重要的。尽管个别更新项目或组织经常使用特定的术语，但最常用的术语包括了本章末尾术语表中列出的术语。这些定义来自英国政府和欧盟的一些文件，包括《评估指南》红皮书（HM Treasury, 2011a），《中央政府评价与评估》绿皮书（HM Treasury, 2011b），《实施区域开发机构影响评估框架的实践指南》（Department for Business, Innovation and Skills, 2009），《政府评估方法综述》（National Audit Office/PACEC, 2012），以及《欧盟委员会监测和评价指导文件：2014—2020年规划期》（European Commission, 2014）。了解一些术语对阅读本章的其余部分是有帮助的。

制定更新战略

测量、监测和评估在城市更新早期就已经开始了。为开展地区更新而确定所要解决的问题，就需要对一个地区现有的或基础性的条件进行衡量，与当地、区域或国家的情况进行比较，并以当地、区域或国家的情况为基准。最初，衡量的重点是设立标准，以确定某一地区更新或活动获得支助的资格以及什么更新项目和方案应该得到支助，并确定各机构要花同等或更多的时间和金钱来证明其项目或方案符合资助的资格。

本章这一节列出制定城市更新战略的一些关键阶段。虽然第 3 章已经讨论过战略的内容，但在此进行这一讨论的目的是表明战略制定过程不能与对更新方案和项目的衡量、监测和评估分割开来。战略制定过程可以分为若干明显阶段：

- 确定城市问题的范围、性质和原因；
- 审查现行更新政策和方案；
- 选择解决问题的更新项目和方案；
- 设定更新战略目标；
- 评估优势、劣势、机会和威胁。

下面依次考虑每一个阶段，尽管它们实际上可能重叠。

确定城市问题的范围、性质和原因

城市更新战略制定的分析框架，特别是对有待于解决的问题及其原因的诊断，非常强调竞争性市场的适当运作，以此作为有效利用诸如失业劳动力或空置和弃置土地等资源的手段。

推动经济更新的一个主要论点是，市场没有正常运转，没能有效配置资源。这可能是因为制度上的限制阻碍了市场的自由运作（或快速调整），或者是外部影响没能恰当反映在市场价格中。除了规划限制外，还可能存在信息限制。纠正市场失灵可以改善供给侧，并提高整体经济的生产潜力，无论是在短期内通过促进经济的灵活性和更迅速地调整以应对外部冲击，还是在长期内通过增加生产能力。

更新可以是多方面的，有一系列的参与者和合作伙伴。这也有可能出现制度失灵，这意味着“系统上的失灵”，由于中央和地方政府、企业和其他组织之间存在缺乏协调的问题。

在这种传统模式中，政府及其他干预的经济案例主要基于市场失灵的证据，而政策的作用是纠正这种市场失灵或对其进行补偿。在制定更新战略的第一阶段，应该认识到，市场失灵的原因可能是公共部门和私营部门决策的结果。虽然以上讨论的重点是从经济效率角度看待城市更新问题，但与地区和城市相关的许多问题都是社会问题，本质上是分配问题和政治问题。专栏 10.1 提供了市场失灵的一个例子——城市土地市场。

专栏 10.1　市场失灵的一个例子：城市土地市场

在土地市场上，当开发商的利润被过高的要价所抵消，而剩余价值的评估可以支撑土地的价格，会导致土地供应不足的情况，由此出现土地市场失灵。问题的根源在于信息成本和土地所有者的风险意识。因此，开发商必须准备投入时间和经费去研究一个地块的当前价值，并且更新项目可能会涉及这些工作，即使它们没有进行下去。相比之下，土地所有者不太可能投入类似的资源来确定土地的当前价值，因为市场可以与潜在买家进行测试，代表土地所有者的代理人也不会投入类似的资源来确定土地的当前价值。土地所有者做出持有或出售的错误决策的成本是不对称的。一个错误的持有决策将令该出价的价值丧失，土地所有者将继续承担持有成本。然而，与不持有土地的成本相比，这些成本可能是非常小的，而不持有土地的成本随后会因为比如规划许可的改变而增值。因此，土地所有者对土地的平均期望价值很可能超过目前的平均出价，土地供应受到限制。和衷共济的公共政策干预的理由是，它提供了一种与土地所有者共享风险和信息的机制，从而促进了土地持有和出售的决策，提高了土地市场的效率。

2012年,中央政府设立了24个企业振兴园区项目,针对特定地点进行更新,以反映所面临的环境和发展机遇。总而言之,企业振兴园区是中央政府更新项目的重要组成部分,给地方当局下放了领导当地增长的权力和责任,并为地方企业合作伙伴发展当地经济提供了强有力的工具。企业振兴园区的目标是实现经济增长和经济价值,例如,工作和就业、新公司、土地价值提升、场地和房地产的开发以及公共和私人投资。其激励措施包括商业税率折扣(地方企业伙伴关系保留商业税率的增长部分),在援助地区提高资本免税额,简化规划政策,以及政府对超高速宽带的支持。例如,奥尔肯伯里企业园区(剑桥郡);北安普敦滨江企业园区;默西河水域,曼彻斯特和皇家码头(伦敦)。每个企业振兴园区都有自己独特的问题以及与市场/系统失灵相关的问题。图10.1显示了市场失灵的根源及问题是如何表现出来的一般例子。

城市问题也是复杂的,通常的结果是一组相互关联的问题,与地区的

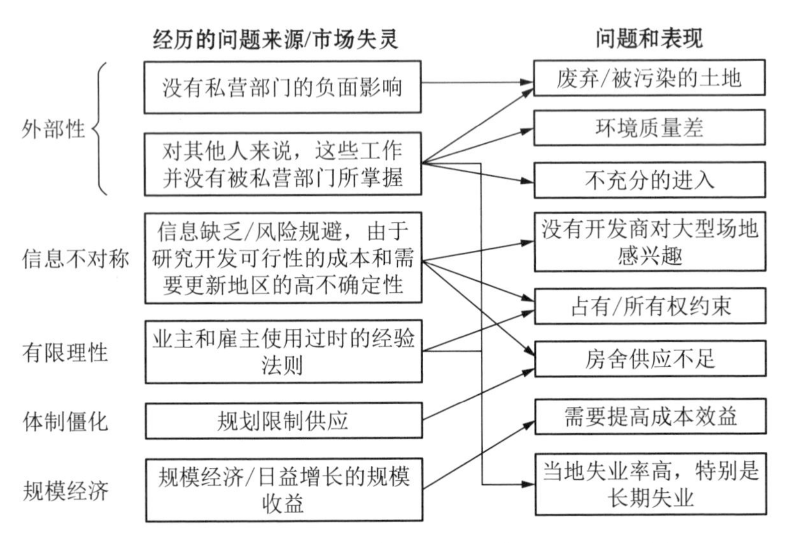

图10.1 企业振兴园区背景下的市场失灵及其制度

资料来源:PACEC(1995),PACEC/CBRE(2012).

企业竞争力，个人在劳动力市场上的竞争力和吸引外来投资的物理、金融及人力资本的区域竞争力下降等结合在一起。例如，内城区域可能在若干市场(劳动力市场、金融和资本市场、房地产市场、基础设施升级和提供)上会遭受市场失灵，一个领域的市场失灵与另一个领域的市场失灵相互作用并可能加强。因此，商业地产的市场失灵可能会导致现有公司、外来投资增长或新公司缺乏适当的发展空间。这反过来又可能使当地失业人员寻找工作的前景黯淡，由于失业时间延长和失业劳动力技能下降，从而加剧当地劳动力市场的市场失灵。在这种情况下，更新战略必须认识到有必要制订一项相互关联和协调的倡议方案，处理一系列问题，并根据人们所认为的不同问题的相对重要性确定政策优先次序。

目标问题不仅复杂，而且是一个不断演变的问题，在制定更新战略时，面临的一个困难是确定问题的范围和性质及其可能变化的未来轨迹。例如，虽然目前内城地区登记失业率乍一看似乎是当地劳动力市场失灵程度的有用指标，但它仅为决策者提供有限的指导，因为：

● 它没有提供内城地区失业的性质，如平均的失业时间、失业人员的年龄和技能结构及其地理密度；

● 它不包括那些正在找工作但未失业登记的人；

● 它没有说明失业问题在未来是否会严重恶化；

● 它可能无法提供关于就业不足程度、技能要求差距和招聘困难，以及劳动力需求与供应之间不匹配的信息。

更新问题界定的一个重要方面是指定目标群体和目标地理区域。要想达到政策效益最大化，就必须让政策的产出惠及它所针对的群体。例如，一项旨在为内城地区失业居民直接或间接创造就业机会的政策，如果被外来通勤者成功竞争到在内城地区创造的工作岗位，而其他地方提供的工作岗位对内城地区居民来说无法获得，那么政策就可能达不到预期目标。另一个例子是，对企业的补贴可能部分以企业增加利润的结果而告终，但对当地城市经济和居民可能只带来有限的好处。这些例子说明，如果没有评估模型或影响评估模型来指导政策制定者，就有可能达不到政策预期目标。

对成本与效益的考虑，也提出了关于不同群体对政策干预的反应能力的问题。提高当地劳动力市场不同群体竞争力的培训方案对短期失业者的影响可能比对长期失业者更有效。

尽管政策方案的目标可能很明确，但潜在受益人的参与也许不是强制性的，因此政策方案如何提出、组织和执行将会影响政策的接受程度。在这方面，政策的产出效果可能很大程度上取决于政策执行系统。

审查现行更新政策、方案和伙伴关系

制定城市更新战略的一个重要阶段是审查目前的方案和项目及其与将要解决问题之间的关系，包括确定有关的主要机构/合作伙伴，以及为推行政策和具体措施及确保目前的战略性目标而设立的机制和机构。不同的合作伙伴通常在一个更新领域承担一系列职能，例如房地产、交通、技能培训和业务支持、企业和创新。同样重要的是，要确定哪些工作还没有完成，哪些方面可能需要重新调整战略重点。这可能涉及根据变化的情况来重新确定现有方案的重点，并制定新的方案。审查的一个重要部分还将涉及审计资金的水平和来源及其在各方案和项目之间的分配。通常需要将更新方案与资金流（以及这些资金的拨款）相匹配，这可能涉及对方案和资金的“变通”，以更好地适应问题，并帮助确保方案与资金之间的“连接”。

设定更新战略目标

为战略设定的目标应与所确定的问题及其根本原因明确相关，最重

要的是与战略商定的优先事项有关。设定的更新战略目标还应该符合实际的且可实现,并认识到制定战略所受到的限制。这表明,针对更新城市地区的政策干预,不是简单地确定单一目标,而是一种具有层次结构的目标。其顶部是商定的总体目标,紧随其后的是特定项目或方案的战略目标,如房地产和基础设施。在确定了更新方案或项目的具体目标后,就有可能确定与个别目标和进程表有关的具体业务目标。

企业振兴园区方案是政府长期经济规划的核心,以支持企业增长作为一个关键的战略目标。其已确定的辅助目标是:

● 通过关键地块的更新,改善城市和地区的表现:

● 促进企业增长和竞争力;

● 建立企业振兴园区作为当地经济发展的驱动力,以开启关键地块的开发、巩固基础设施、吸引企业和创造就业;

● 允许商业税的增长部分留在当地进行再投资;

● 消除运输方面的障碍(如运输基础设施),解决环境问题,并就推广企业振兴园区提供咨询。

企业振兴园区主要集中在英格兰的24个地区,在英国的其他地方还有一些额外园区。园区内的企业可以享受多种优惠,包括高达100%的商业税折扣,简化的地方政府规划,为某些开发(如新的工业建筑)授予自动规划许可,政府对超高速宽带的支持,对工厂和机械设备进行大规模投资(在一些地区)实行100%的资本免税额。24个企业振兴园区都有各自的目标,反映了政府目标及具体的地方挑战。

评估优势、劣势、机会和威胁

图10.2提供了一个SWOT分析框架。其中,确定了五个主要外部驱动因素:经济(从衰退到复苏和增长的经济周期中的位置)、人口(不断

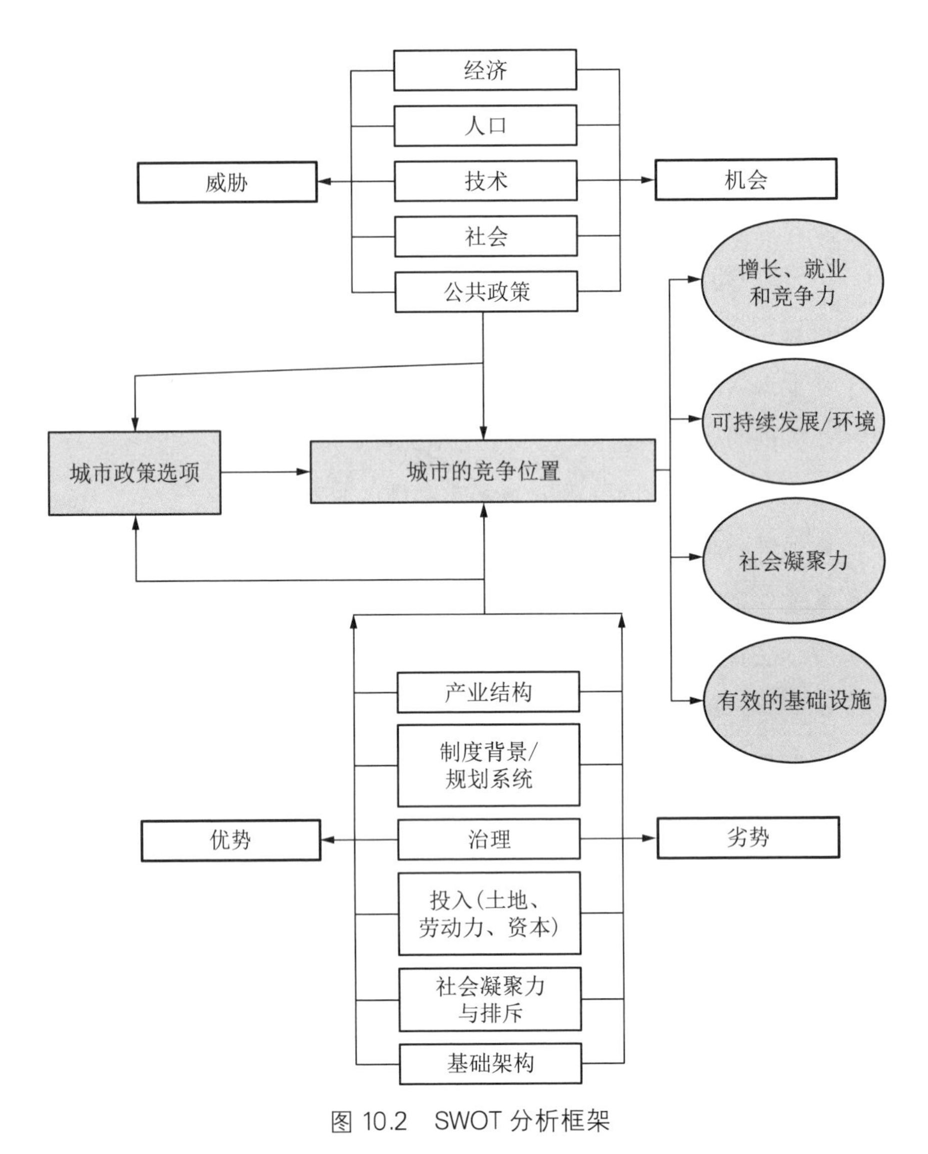

图 10.2 SWOT 分析框架

资料来源:PACEC(1995).

变化的人口和结构,包括劳动力市场和技能)、社会(失业程度和社会凝聚力)、技术(技术基础和创新程度)和公共政策(对公共支出和资金可用性的政府立场)。这些驱动变化的因素带来了威胁和机会,影响了城市和/

或城市地区竞争地位，这是更新计划的重点，包括其经济表现、劳动力市场表现、凝聚力和可持续性。例如，欧盟或英国政府的公共政策变化将影响在一个城市及其次地区和更新地区经营的不同公司和部门的竞争地位、劳动力市场的有效性和城市发展的可持续性。

在适应外部环境变化（包括来自其他城市和地区的竞争）的有效性、速度及其能力方面，可反映出城市的优势与劣势，其表现在图 10.2 的下半部分。它们包括留存下来的产业结构、制度和政策结构、物理环境（包括场地条件）、土地可得性及其供应、劳动力和资本（包括资金）、商务和社会基础设施以及社会凝聚力与社会排斥程度。这些固有的优势与劣势决定了城市有效抵御或克服威胁和利用机会的程度。政策以多种方式调解和影响这种相互作用；纠正市场失灵；支持发展和改善基础设施；确保更新成果是可持续的并且在环境上是可接受的；确保可接受的福利和机会的社会（和空间）分配。图 10.2 的右侧显示了这些相互作用对城市及其更新地区发展的广泛结果，虽然是分别显示的，但它们以各种方式相互作用。

测量及监测进度

本章这一节讨论城市更新政策、方案和项目的测量及监测。更新方案和项目方面的监测，一般有三种不同作用：

● 监测更新方案或项目的活动和执行情况，包括获取相应资格、遵守相应规则、方案或项目的覆盖范围、参与伙伴、支出（作为对活动的投入，包括合作伙伴的核心资金和杠杆）以及确定支出的支付对象和（作为参与者的）资助及其他形式的资助等，以确保更新方案或项目在商定的体制和立法框架内得到适当执行；

● 监测与更新方案或项目协调及执行有关的初步目标实现进度、用以支持更新目标的公共开支的变动情况、私营/志愿机构的反应、所发挥的资金杠杆作用及其他有关更新方案或项目的事宜；

● 监测与主要目标相关的早期指标执行情况；这些指标直接来自一个地区所面临的问题以及那些寻求改进的方面。

地方目标

由于城市更新方案的许多方面主要针对特定的小地理区域，以及特定场地和/或不利处境中的群体，因此确定更新方案或项目范围是监测活动的一项极为重要的任务。它主要是估计更新方案达到预定目标人口的程度。与此密切相关的，是监测更新方案或项目执行情况。评估方案支出、活动和目标在多大程度上符合实际干预的方式，以及如何改进执行。

监测与管理

更新方案和政策的监测很大程度上是由管理人员的资料需要所推动的，而这方面的核心是信息管理系统，这是一个以计算机为基础的可以储存和分析资料的系统。更新评估也要大量利用监测资料，但事实上，监测与评估之间的界线往往有些模糊，虽然前者更关心的是更新活动及实施情况，而不是其所产生的影响。此外，政策制定者及其政策过程中的其他利益相关方对这方面信息也有需求，需要得到满足。从评估者的角度来看，监测对于理解和解释评估结果很重要。在需要进行抽样调查的评估中，监测信息也非常有用，可以根据参与者的联系信息为抽样选择提供有用的抽样框架。监测信息也可能有助于建立适当的控制组或比较组，以帮助评估更新效益。评估人员还需要关于个别更新方案要素执行程度及其方式的信息，在企业振兴园区和/或欧洲结构基金方案中，不同的更新方案及其伙伴关系是政策过程的中心部分,这一点尤其重要。对于那些资助和支持更新方案和项目的人来说,监测信息至关重要,因为它提供了有关所开展的更新活动、更新方案执行程度及其实施情况(包括目标群体)的信息。在监测过程中形成的可靠的财务资料是对评估过程的另一项有价值的投入。

参与和吸纳量

对于更新方案或项目达到预定目标程度的衡量和监测至关重要,特别是在自愿参与的经济和社会更新方案中,例如在企业支持的更新方案和以当地居民为重点的更新方案中。对一个更新项目或方案实行有效管理,需要准确、及时地了解目标参与情况,对于创新性的更新方案尤其如此,如果吸纳量低于目标水平,可能要进行调整。参与及覆盖面的偏好可能部分是由于自我选择、不同群体获取信息的差异,或者拒绝或不愿参加更新方案。

方案和项目的有效执行

监测的最后一项内容涉及干预或行动的实施,因为通常情况下,未能显示出真正的影响可能是由于更新方案和项目未能实施,其部分原因是自愿参与的吸纳量不够。执行系统也可能失灵,因为不充分的伙伴关系和组织安排阻碍了对政策、规划或项目的获取,包括无法确保项目的主要人员,即系统失灵。

监测活动及其中间性评估要在方案或项目启动后的较早时候展开,反映出越来越重视确保这些更新活动能突出重点,并根据目标进行实施。这些指标或监测度量包括:环境改善或土地复垦取得的实际进度、培训方案中受训人员的数量、支持企业的数量、吸引外来投资项目数量、改善住房数量、推行社区计划或提供康乐设施的数量等。这些及许多其他中间性产出指标的价值不仅在于提供了监测更新项目或方案进展情况的宝贵资料，而且也作为评估工作本身的起点。在早期阶段，显示出来的可能是定量信息（管理信息）和定性信息（软信息）。

更新战略评估

城市更新战略评估是一项复杂的活动，在许多重要方面不同于测量和监测。

- 有明显的技术和概念上的困难，涉及用于理解不同政策措施和制度框架如何影响私人和公共部门决策的理论分析框架，以及需要明确可对政策效果进行令人满意分解的因果关系。
- 评估涉及更新方案的附加价值和净额外结果（超过在没有政策干预的情况下可能产生的结果），这些有助于实现更新目的和目标，并有助于纠正市场失灵。有效性和效率是评估中相互关联的问题。
- 在建立可靠的证据、选择合适的绩效指标和政策效果衡量指标、制定指标所需的研究方法和数据收集、政策评估的时机（考虑到实际和可能的结果和对结果的影响）以及相关的空间分析单元等方面，存在着实际的困难与选择。
- 在更新方案的利益分配及其更新方案撬动额外资金的催化和“示范”作用方面，也存在一些难题。
- 更新方案还有更广泛的“溢出效应”，以及如何评估这些效应。
- 在如何很好厘清更新项目和方案的效果方面，存在分析和统计上的困难。

更新方案和伙伴关系的发展实现战略增值的方式也可能给评估带来困难，因为伙伴关系采取行动加强彼此的作用，并创造有助于加强和加速收益的“协同效应”。

显然，对于如何很好克服这些困难以及为此目的所需的评估研究，并没能达成一致意见。在很大程度上，评估研究受各种因素所驱动，这些因素包括：旨在确保一定程度责任的政治压力、更新项目及方案在取得的成就和吸取教训方面的可比性，以及实现更新政策及最佳实践在不同地点之间可复制性的潜力等。可以说，正是在这种总体背景下，在 20 世纪 80 年代出现了一个公认的评估框架，并从那时起形成了由中央政府和欧盟提供的不同指导。

一般来说，评估的主要目的是评价更新政策、方案和项目的目标实现程度，以及如何有效果、有效率和经济地实现这些目标。

效果

效果是衡量政策绩效的一个关键指标。它衡量了与战略目标和政策目标相比已实现的绩效指标及影响程度。更新项目的目标可以合理地予以阐明。然而，正如上文所指出的，城市政策和更新战略的目标很少能以量化形式明确规定或表示。此外，鉴于进行政策干预的首要理由是市场失灵，因此衡量效果的核心必须是更新方案实施结果对市场失灵在多大程度上得到纠正、缓和，或者恶化的评估。因为有效性评估通常包括：

- 关键绩效指标的实现；
- 实现目标性绩效指标的进展情况；
- 解决市场失灵的进展；
- 需要填补的空白；

● 根据经验教训，为达到目标而采取的步骤。

对效果的评估，依赖于来自监测执行进展的证据及其评估研究。

效率

效率与资源投入（主要是支出）的产出、结果及影响有关，并确定了所谓的“经济价值”的衡量标准，即产生结果和影响所支付的成本。可以针对更新政策的战略目标、整个方案或具体项目进行这种绩效衡量。

显然，制定绩效衡量标准，会提出一些概念和度量问题。

● 无法制定一个关于投入与产出的简单效率指标，因为并不是所有与更新方案有关的成本和产出或成果都可以用金钱来表示，例如建筑物的质量、地区的形象和吸引力、商业信心的改善、增加当地的承诺和能力建设。

● 与特定更新项目或活动有关的中间产出（例如培训、开垦的土地面积、提供的商业楼面面积、援助的小型企业），在确定有关更新政策的最后产出或效益（通常与就业和增加值有关）时，可能会产生误导。

● 将最终结果归因于某一特定活动（如培训、商务咨询或财产提供）也许是不可能的，因为每项活动都可能共同有助于就业或增值利益。

● 一般来说，城市更新方案运作与一系列广泛的产出有关，虽然有些产出可以量化，但有些产出只能定性衡量，这也许排除了对政策产出制定单一的综合衡量指标的可能性。例如，一项涉及实现经济、社会和物理目标的更新方案可能会有一些可以量化的效益，但其中的一些效益必然体现在质量上。

● 产出与投入会随着时间而累积，这就提出了以下问题：何时衡量不同的投入与产出，与特定投入相关的政策产出是否已经完全成熟，以及是否对公共支出和产出流进行贴现。此外，一些政策产出在政策被撤销后仍将保留，而在其他情况下，如果要保持政策产出，则需要持久的政策注入。

● 一些政策,如地方规划或分区控制,限制了与之相关的公共支出成本,但如果企业的生产力受到不利影响,可能会产生重大的机会成本,而如果可以衡量的话,难度也很大。

● 在对更新方案作出递增的改变时,在决定政策调整时应采用边际成本和效益,而不是平均成本和效益。

● 总收益可能需要按比例归因于不同的资金来源。另外,在所使用的主要资金来源(作为撬动其他资金的杠杆)与收益相关的地方,可以使用催化方法。

经济性

经济性是对实际资源的投入或成本,以及与计划或预算成本相关的政策实施方法的度量。当对一项更新政策、方案或项目的参与或吸纳量是不确定的时候,这一点很重要,它也许是衡量可能低效、浪费开支和不当做法的有益指标。

其他指标

除了三个核心政策绩效指标(效果、效率和经济性)外,政策评估人员还制定了一些其他指标。它们涉及诸如政策的目标、政策是否足以应付问题的范围以及政策消费者对政策的接受程度等问题。下面总结了其中一些额外的政策绩效度量。

● 杠杆撬动是衡量某一特定更新方案或政策的初始公共支出从其他公共机构和私营部门吸引财务支持及其他资源投入的程度。随着公共支出压力的持续及其增长,以及公共和私营部门组织之间新的伙伴关系发展,杠杆撬动正成为一个越来越重要的指标。衡量杠杆撬动的一种常用方法是总投入与初始资金和政策投入的比率。

● 目标群体是衡量政策产出(或效益)由预期受益人获得或享有的程度,并可由目标群体享有政策产出的比率来衡量。如果政策投入的发生率可能改变,这个概念也可以用于政策成本/收益分析或资产负债表的成本和收益方面。

● 充分性是用来评估政策产出在多大程度上解决了问题的根本原因,无论是市场失灵还是分配问题。

● 可接受性是将正在实施的更新政策、方案或项目与消费者喜欢的政策进行比较。

上述绩效指标主要是指与特定的城市或更新地区有关的产出、结果和收益,但重要的是要认识到,在某些情况下,可能会产生国家利益。在没有这些类型影响的情况下,城市更新政策可能会取代经济活动,为不同类型的群体或个人获得分配利益。

评估框架

为了利用上述不同的指标评估更新政策绩效,必须对因更新政策而产生的不同收益、政策受益者以及与更新政策有关的财务和其他费用进行评估。通常,人们会用一个评估框架来帮助和指导相关的评估研究及其度量方法。政策绩效评估框架在图 10.3 中以图解形式列出,也可以定义为一个逻辑链。该框架反映了英国当前的财政部指导方针和城市政策评估实践。它分为:

● 战略目标;

● 投入和支出;

● 活动的度量;

- 产出和结果的度量；
- 总效果的度量；
- 净额外影响。

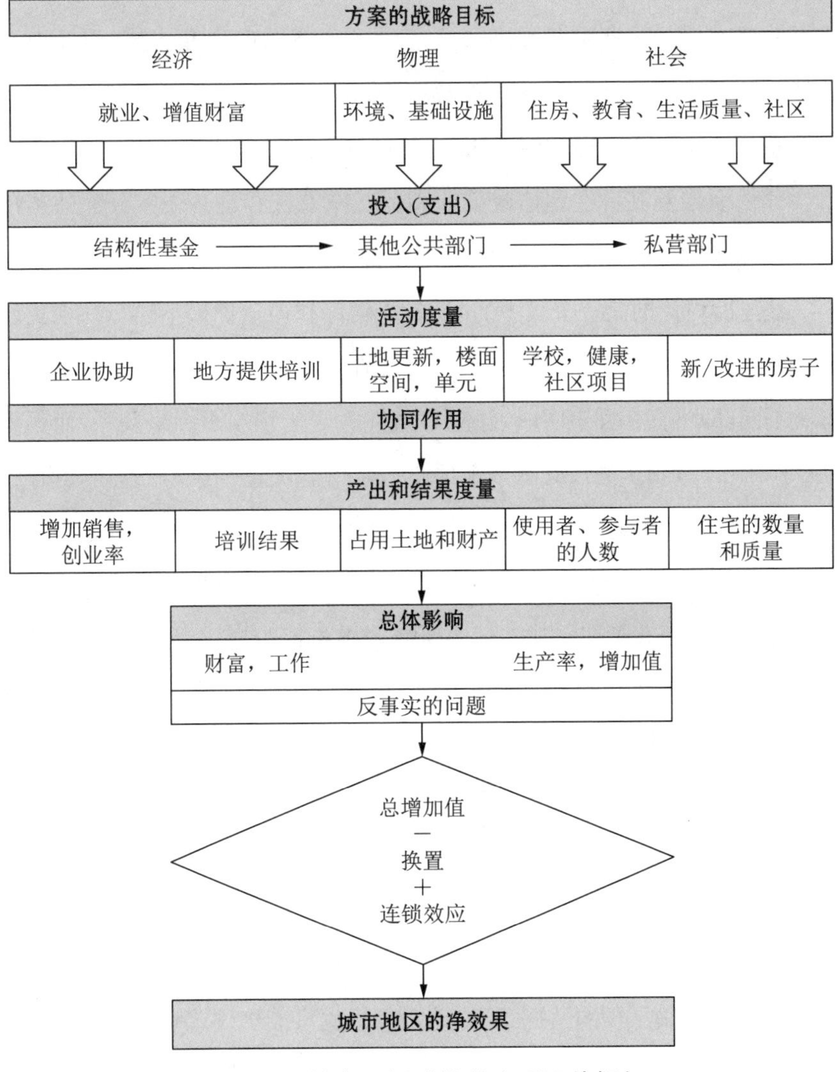

图 10.3　城市更新政策的事后评估框架

资料来源：PACEC(1995).

图 10.3 顶部列出城市更新方案的广泛战略目标，并包括经济、物理和社会目标。这些广泛领域中的每一个都将与一套特定的战略目标相联系，这些战略目标由反映当地的地区优先事项和需要的活动组成。对于依据“逻辑链”的更新活动，将以不同的方式进行度量，“活动度量”框中提供了一些示例。这些更新活动又将产生可度量的产出和成果，以及对当地经济的经济影响，例如就业、总增加值和能力建设。这些因素之间有因果关系。图 10.3 流程图中方框中的条目仅用来加以说明。

评估框架及其旨在评估政策的实证工作的核心是必须区分额外产出的毛额和净额，这一点见图 10.3 的下半部分。

这里所讨论的是一个棘手的问题，即确定和衡量如果不执行一项更新政策或方案将会发生什么，即反事实或无谓。如果没有政策干预，情况就会有所不同，即不存在反事实时，建立有效性就等于建立了因果关系，而额外性就产生了。因此，当没有政策干预便不会产生政策产出或收益时，就存在额外性。更新政策的中间产出和最后产出都可能产生额外性的问题。

确定额外性的出发点是区分政策的总产出和额外产出。政策总产出包括在评估更新政策期间观察到的所有产出指标的变化。因此，为在某一特定地区或城市创造更多就业机会而制定的政策措施的总产出可能是该城市在政策干预期间的就业数量变化。为当地企业提供新的楼面面积的更新项目的总产出可能是与有关政策项目相关的新楼面面积的变化。但是，上述两种情况下，在原则上可以认为，与工作岗位或楼面面积有关的全部或部分变化可能是在没有政策干预的情况下发生的。就房地产市场而言，可以想象，这项政策可能会阻止私营部门提供一些原本可能出现的服务。同样，在缺乏政策干预的情况下，劳动力市场也可能出现调整。衡量在没有政策干预的情况下，所选择的原本就会发生的产出指标被称为“无谓值”。

为了确定政策的净额外效果，额外产出总额必须考虑到替代、换置和间接影响(例如投入/产出联系和乘数效应)。替代发生在供给侧,当以政策为目标的资源投入取代其他投入时,就会出现替代,例如由于地方培训倡议而得到培训的劳动力取代了本来可以就业但没有经过该政策倡议培训的劳动力。当政策支持活动的额外产出导致不直接参与政策倡议的企业产出减少时,就会发生换置。例如,支付给某一行业某一特定企业的补贴提高了该企业竞争力,从而使同一行业的其他企业失去了市场份额,并减少其在当地的产量和就业。最后,由于当地额外的经济活动而产生间接影响。因此,企业产量增长可能会增加对供应商在当地生产的投入的需求。增加就业则会增加雇员的工资和收入(尽管如果他们不在当地生活或消费,可能会有漏出)和企业利润,其中一部分将用于当地经济,从而产生进一步的产出、收入和就业。这些因素加在一起形成了"复合"乘数效应。这些概念如图10.4所示。

1.	**可归因的总产出**
	减去
2.	**无谓值——反事实:无论如何都会发生的事情**
	等于
3.	**额外总影响**
	减去
4.	**换置——在其他地方被阻止和替代的东西**
	减去
5.	**漏出**
	加上
6.	**间接联系和乘数效应**
	等于
7.	**净额外产出/经济效果**

图10.4　区分总产出与净额外产出

资料来源:PACEC(2009).

这一评估框架的优点是,更新方案的效果与目标和投入明确联系在一起,并确定了关键的干预类别。同时,它认识到衡量活动与产出以及区分活动度量与产出度量在实现最终效果方面的重要性。它还着重指出,有必要在评估过程的每一阶段(事前、中期和事后)区分总效益和净效益。

当然,也有可能产生更广泛的溢出效应,如由企业振兴园区示范效应引起对该地区的额外房地产投资、核心部门的企业聚集(例如外来投资),基于企业业绩提高及变得更具创新能力的技术扩散和转移,改善了地区形象,因就业机会增加和更广泛的分配而对更多弱势群体和失业人员产生积极影响,从而为地方带来社会效益。

方案或项目的成本与投入

确定和衡量与城市更新战略有关的成本是制定绩效指标以判断该方案或项目是否值得,是否应将更多资源用于该方案,以及如何修改方案内不同项目的资源配置以提高整体效果和效率的重要步骤。因此,政策制定者、管理者和资助者不可避免地面临如何最好地配置稀缺资源以实现更新战略目标的问题。

在估计更新方案的成本时,可以包括公共部门和私营部门的成本。就公共部门而言,应包括与更新方案相关的直接费用以及为确保方案预期成果所必需的任何其他公共开支。因此,在企业振兴园区评估中(Public and Corporate Economic Consultants, PACEC, 1995),两者都直接关系到企业振兴园区的公共支出,例如从资本免税额中扣除的税收,以及在不同的公共开支方案计划下在企业振兴园区进行的基础设施建设和土地复垦的公共开支。这里的一个困难问题是,如何确定即使在没有企业振兴园区的情况下这些其他方案项下的支出有多少。

另一个有争议的方面涉及与更新战略相关的资产出售收入,如公共部门拥有的复垦土地或建筑。其增加的开发价值也被用来衡量城市更新的经济效益。物业出租的租金也为公共部门提供了一种收入流。可以说，这种收入应该被视为应从公共支出中扣除的负成本；然而，财政部指导方针通常排除了这一点，并建议将资产出售和租金收入视为意外之财，而不是从公共支出中扣除。这种处理资产增值的主要理由是：如果收益被包括在其他方面，比如改善交通设施节省的时间，就有重复计算的风险；如果一个地区土地价值的增长被另一个地区的损失所抵消，就可能发生换置效应；而资产价值提升也可能体现在资产价格对政策效果的预期上。

比较收益与成本

上述讨论指出了在确定城市更新战略的产出和经济收益以及与这些战略有关的成本时需要处理的许多问题。现在，应该考虑比较不同更新方案和倡议的成本和收益的各种可供选择的方法。这里要进行的一个主要区分是绩效的成本收益指标与成本效益指标，两者都可用于评估研究。前者的目的是在更新项目或方案生命周期内以适当贴现的货币形式来表示其成果。与此相反，在更新方案或项目的成本效益分析中，其产出以必要的支出来生成一个特定的最终或中间产出表示，例如，每一净增就业岗位的成本、额外总净增值的成本、单位面积成本和每公顷土地更新的成本。成本效益分析已广泛用于评估，衡量，或比较不同的城市政策和更新方案。在这种类型的分析中，一个特定的焦点是每项工作绩效的成本度量。这种方法的目的是用来比较不同地理目标的更新方案和倡议。然而，采用成本效益分析方法实际上也有困难，因为更新方案涉及改善特定目标群体(例如，少数族裔或长期失业者)的就业机会，而不仅仅是在特定地理区域创造新的就业机会。在这种情况下，评估工作必须以评估某一地区内特定目标群体的具体收益为目标。

鉴于大多数更新计划的目的是确保经济、社会和物质等复杂的“一篮子”目标，在这些目标中，为产出确定货币价值往往是困难的，如果可能的话，传统的成本收益方法的适用性一般是有限的。一种方法是制定一份成本效益“资产负债表”，其中包括更新战略不同组成部分的定量和定性的产出或收益度量，以抵消可能以当前或不变贴现价格产生的成本。图10.5说明了这种方法，并举例说明了方案不同组成部分的产出和效果。

支出
区域开发机构支出：16 750 万英镑。 净支出(包括租赁和回收款)：13 660 万英镑(2002—2007 年＋预期未来收入)。 利用合作伙伴的杠杆资金：9 710 万英镑(2002—2007 年)
定性的产出
开发了 134 个项目(高质量房屋、购置和组装场地、提供运输基础设施和公用事业)。 提供工作场所、孵化单位和社区设施。 与公共部门和私营部门合作，发展伙伴关系。 场地影响：场地提出开发，投资刺激，风险降低。 更广泛的区域房地产影响：其他地块提出开发，加大投资刺激，具有积极的示范效应。 企业开始运作，外来投资受到刺激。 帮助企业成长，改善企业形象，将企业留在该地区，并吸引新企业。 经营绩效。增加额外的销售和就业。 更广泛的经济影响。对供应商的积极影响(即乘数效应)。 战略增值：对合作伙伴和协同效应的积极影响
量化的产出和影响
就业影响：2 743 个总就业岗位和 2 042 个净新增就业岗位。 新增企业：新增总企业 191 家，净新增企业 82 家。 总增加值：总产值 1 170 万英镑和净额外总增加值 8 050 万英镑

图 10.5 区域开发机构 2002—2007 年度投资、产出和成果

资料来源：PACEC(2009).

除了图 10.5 和图 10.6 所示的产出外，有效的城市更新战略还会产生其他可能有用的成果，重点包括在可执行的政策范围内发展适当的组织结构和伙伴关系。

成本收益	
每100万英镑净支出的产出(2008年数据):	就业:15(全职人力工时)净新增工作岗位。 企业创建:0.6净新增企业总增加值。60万英镑净额外总增加值。 杠杆:60万英镑的杠杆撬动基金
成本效益	
每一产出的成本(2008年数据):	就业:净增加工作的单位成本6.7万英镑(全职人力工时)。 企业创建:净增加企业创建的单位成本170万英镑。 总增加值:每百万英镑净额外总增加值的单位成本170万英镑。 杠杆:每百万英镑杠杆撬动基金的单位成本170万英镑

图10.6 成本收益和成本效益

资料来源:PACEC(2009).

评估研究的方法

本节概述评估研究的方法,可作为整体评估方案的一部分,以评估更新活动的结果和影响。这些方法可用于监测和评估阶段。重点很可能从最初侧重于监测方法和监测信息系统(MIS)方法,然后转向对更新方案和项目的参与者进行调查研究。调查研究问题将集中在评估阶段的中间收益,其与企业绩效收益形成最终评估,以帮助评估经济影响。

● 监测信息系统。这通常是以计算机为基础,记录和分析开支、活动和实施情况(例如涉及的地盘数目、楼宇面积和楼面面积),以及企业的接受/参与情况。这是一个不断进行中的过程,以定期变化(如按季度进行)为报告目的。

● 对干预和实景调研的回顾。前者包括干预的人群;后者包括场地的特点,诸如干预年份、项目类型、位置和进度等。

● 项目经理的访谈。这包括干预措施的性质(如场地组合和开发)、评估方法和目标、更新方案的规模和范围,以及更广泛区域的房地产影响和经济发展影响。每个项目经理可以完成一份简短的报表,以描述干预措施的特点。

● 作为受益人的企业调查。这着重于已参与更新方案公司的代表性样本(例如,场地/房所的占用者或接受业务支持的公司,从监测信息系统中取得的联系作为样本框架)。在线调查方法可用于所有公司的抽样调查,也可以通过邮政或电话调查。这些调查问题集中在中期/中间收益(例如,改善的住所、技能、系统和竞争力)和经营业绩效果,如量化的工作岗位、营业额和利润等。这些问题审查了反事实和无谓的问题,以及换置和连锁效应对当地经济的影响。

● 企业比较组或控制组调查。这旨在为反事实和无谓的问题提供进一步的见解。控制组是与受益企业相匹配的样本(例如,按规模、位置和部门)。这些企业可以从监测信息系统中选择,监测信息系统保存着考虑参加该更新方案但没有继续进行的企业的记录,或从商业数据库和目录中抽取样本,从更广泛的匹配企业组中选择。在一些适当的实际情况下,可以使用随机对照试验。

● 受益人案例研究。这些可以用来对更新项目的收益(或非收益)以及项目的主要特点和吸取的经验教训提供定性的见解。

● 利益相关者的采访。这些活动是针对某一地区的合作伙伴和/或其他组织进行的,目的是了解他们对更新方案或项目效果的看法以及关于在多大程度上对其活动产生积极效果并产生协同效应和战略增值的看法。

● 溢出效应。该研究可以包括对受益企业的供应商(由受益企业提供的联系方式)、他们的客户和合作者的一批代表进行调查研究,以确定收益，或者对受益企业的竞争对手进行调查，通过他们为保持竞争力的调整来评估换置效应或积极的收益。

来自研究的证据通常是定性和定量的。它由计算机和专用软件程序进行分析，对样本数据进行事后加权，以反映已知受益人群和比较组的特点。对于受益人，它也对人口进行总数的估算，以便估计更新方案的全部估计数和效益。“经济价值”评估将管理信息支出与来自调查结果的总量化收益结合起来，以度量成本收益/成本效益。

这一分析还可以涉及建模和回归分析，特别是在有比较组和受益人数据的情况下，以确定不同因素对影响的潜在相对影响，并检验政策干预的影响。

总结

在本章的详细讨论中，介绍了城市更新的测量、监测和评估的一些概念、程序和方法。不管城市更新的目的是什么，尽管在不同的组织和伙伴关系以及政策干预类型方面发生了许多变化，但有一件事是肯定的，也就是说，城市更新的合作伙伴总是需要有一个清晰的理论基础和总体目标，他们准备如何设定和实现其目标，以及他们将如何测量、监测和评估其所采取的行动。

现在还应该清楚的是，与测量、监测和评估有关的基本规则、条例和程序并没有随着时间推移而发生重大变化。财政部、政府部门和机构、欧盟委员会及私人融资机构可能会使用不同的评估术语，但原则是相同的。下文总结了与测量、监测和评估有关的关键问题和行动。然而，应当指出的是，所有评估工作都必须根据更新方案和项目的性质和范围以及每个更新地点的机会和情况进行调整。

关键问题和行动

● 制定更新政策的基本原理，通常与市场失灵问题有关。

● 需要了解资助机构的要求并学习相关术语。

● 在制定战略时，要纳入测量、监测和评估的框架。

● 制定适当的研究方法，以获得可靠的评估证据。

● 确保所有参与者都需要按照规定的协议保存原始记录。

● 确定出中期报告和最终报告的进程表和严格日期。

● 制定适当的测量、监控和评估程序，并确保参与者理解这些程序。

● 定期收集所有需要的直接测量信息。

● 连续从外部来源收集有助于显示更新方案或项目进展的所有间接信息。

● 不要把评估留到更新规划或项目结束时才进行；在早期阶段就开始这个过程，并“设计”评估方法。

● 确保直接受益人有义务参与更新评估研究。

● 利用收集到的信息来审查和修改更新规划或项目。

术语

监测和评估中使用的主要术语如下：

additionality 额外性

与不采取行动相比，一项行动直接导致的变化的程度（在欧盟计划中，就管理结构基金的条例而言，这个术语也有非常具体的法律含义）。

appraisal 评价

确定目标,审查各种选择,权衡成本与收益,并预测项目或方案可能的结果的过程(有时称为事前评估)。

assessment 评定

评估或估值过程的通用术语。

attribution 归因

与支出投入成比例的结果和影响的分享。

baseline 基线

衡量项目或方案带来变化的起点。

benchmark 基准

比较不同规划方案的政策产出、结果和效率。

benefits 收益

活动的产出和结果;这些可能是直接的,也可能是副作用的。

control 控制组或 comparison group 比较组

对非项目参与者(作为匹配组或随机控制样本)进行的研究,以提供对反事实和无谓问题的见解。

costs 成本

某项活动的投入,通常以财务形式表示,但也可包括其他投入(例如实物捐助)。

counterfactual 反事实

说明在没有政策干预的情况下,会发生什么。

deadweight 无谓

在没有任何政策干预或行动的情况下,无论如何都会产生的产出和结果。

deflate 紧缩

按照不变价格,调整投入(支出)的成本及货币化的结果和影响。

deliverables 可交付成果

计划或项目或规划想要实现的成果。

delivery plan 交付计划

一份计划,列出一个项目或规划要达到的目标、时间、地点和成本(另见进程表)。

displacement 换置

额外的理想产出减少或阻碍其他地方产出的程度。

effectiveness 效果

一项政策、项目或方案的目标或目的达到的程度。

efficiency 效率

产出与用于产出的资源之比。

efficiency testing 效率测试

审查以较少资源达到相同效果的替代方法。

evaluation 评估

检查(实施后)目标达到多少、使用了什么资源和产生了什么产出的过程;它还有助于识别好的和不好的做法,并分离出可以为未来吸取的教训(也称为事后评估或事后审查)。

ex ante 事前分析

实施前的初步意见(参见“评价”)。

ex post 事后分析

回顾性观察(参见“评估”)。

externality 外部性

通常(或完全)没有反映在市场价格中的收益或成本,如污染或拥堵。

formative evaluation 形成性评估

包括可吸取的教训和用于改进方案的评估。

gearing 啮合

将一个来源的投入与其他来源的投入相匹配。

grossing up 总数的估算

通过按所有更新方案和人口对更新方案和参与人数的抽样加权来估计更新方案的全面影响。

gross value added 总增加值

由政策干预产生的充分就业成本和企业利润之和。

impact 影响

项目或方案的净额外效应。

induced effect 诱发效应

一个地区的收入或支出所产生的间接效益。

intermediate output 中间性产出

由于干预而产生的早期或中期产出,其价值并不总是量化的,因此通常需要衡量最终产出(见产出)。

leverage 杠杆

作为政策干预的直接结果而产生的公共部门和私营部门的额外投入;通常适用于私营部门活动。

market failure 市场失灵

任何妨碍市场在需求或供给方面自由运作的事物,如制度限制或限制性竞争。

milestones 进程表

关键事件、目标和其他指标;通常情况下,日期都附在进程表里。

multiplier and linkage effects 乘数和连锁效应

第二轮效应或由最初支出投入所产生的经济活动水平。

objective 目标

计划实现什么以及何时实现的声明,例如,中间目标是实现最终目标的阶段点。

outcomes 结果

项目或方案对一个地区、企业或的部门的后期效果或影响。

outputs 产出

项目或方案的早期成果(有时称最终产出)。

outturn 结算

对一个项目或方案的实际投入与估计投入水平的对比。

participation 参与 或 take-up 吸纳量

使用方案或服务的个人或公司的数量。

policy 政策

一个目标(或一组目标)以及如何实现的一般说明。

programme 规划

一组经常随时间联系在一起的方案或项目。

project 项目

单一或孤立的干预,一次性的活动形式。

side-effect 副作用

对政策、方案或项目的最终目标没有贡献的效果、收益或其他。

spillover effects 外溢效应

对不直接参与政策方案的地区、企业或个人产生的积极或消极影响。

substitution 替代

这种情况发生在有补贴的资源投入取代了无补贴的资源产出(另见换置)。

summative evaluation 总结性评估

审查成果(产出、结果、影响和过程)。

sustainability 可持续性

一项成就可维持的程度,有时用这个词来代替环境可持续性;这种用法与评估术语中的用法有不同的解释。

synergy 协同作用

方案、合作伙伴或活动相互作用的过程,往往比单个要素取得的成果更多。

target 指标

一个量化的目标。

weighting 加权

一种将多个产出组合成单个产出衡量标准的技术，尽管它们无法用货币来衡量。

参考文献

BIS(2009) *RDA Evaluation: Practical Guidance on Implementing the Impact Evaluation Framework*. London: Department of Business Innovation and Skills.

European Commission(2014) *Guidance Document on Monitoring and Evaluation: Programming Period 2014—2020*. Brussels: European Commission.

HM Treasury(2011a) *The Magenta Book: Guidance for Evaluation*. London: The Stationery Office.

HM Treasury(2011b) *The Green Book: Appraisal and Evaluation in Central Government*. London: The Stationery Office.

National Audit Office/PACEC(2012) *Review of Evaluation Methods used in Government*. London: National Audit Office.

PACEC(1995) *Final Evaluation of Enterprise Zones*. London: HMSO.

PACEC(2009) *South West Regional Development Agency—Economic Impact Review: Sites and Premises*. Cambridge: PACEC.

PACEC and CBRE, NWDC, NBC, NEL and SEMLEP(2012) *Northampton Waterside Enterprise Zone: Technical Advice for EZ Application and Bid*. Cambridge: PACEC.

第 11 章
组织和管理

戴利娅・利奇菲尔德*

综述

本章主要目的是为了厘清如何进行城市更新，并且阐释合理的定义和良好的管理将如何增加城市更新成功的可能性。它是根据城市更新发起者、项目经理和项目团队的角色来编写的。

本章提出如下四个主题：

● 理解城市变化的动态过程及影响人们的那些问题的交互原因的重要性；

● 城市更新的参与者需要知识分享；

● 识别谁是现实状况的经历者以及谁将从拟议的更新变化中受益或受损的重要性；

---

* 戴利娅・利奇菲尔德(Dalia Lichfield)，建筑师、城市规划师，纳撒尼尔・利奇菲尔德(Nathaniel Lichfield)教授的合作伙伴，专注于物理设计与生活的社会和经济方面的关系。设计了用于综合规划的动态规划方法，并通过扩展纳撒尼尔・利奇菲尔德的社区影响分析的理念，将这种方法应用到发达国家和发展中国家的地方和国家层面的多个更新项目中。

● 整合战略和资源的重要性。

以及下面三个部分：

1. 引言——城市衰落和城市更新“动态规划”基本理念(见专栏 11.1)；

2. 城市更新规划——讨论在初步界定范围、规划和实施过程中实行良好管理的基本原则；

3. 过程和结果的监测和评估。

专栏 11.1 动态规划和社区影响分析

城市更新应解决衰落和苦难的原因及其可能的结果。这可以借助 Nathaniel 和 Dalia Lichfield(1997)的方法(见本章末尾的延伸阅读)。

● 动态规划揭示连锁反应——“积极行动的”利益相关者所做的改变会影响“被动接受的”利益相关者，后者会改变他们的活动并影响其他人。经过深思熟虑组织召开的研讨会可引导“积极行动的”和“被动接受的”利益相关者理解彼此的动机、约束和影响，创建相互接受的解决方案。

● 社区影响分析评估各种更新方案，突出那些使人们净收益最大化的方案，使用人们自己的价值体系，而不是“货币化”价值，因为许多更新规划的结果并没有“市场价值”。此外，金钱——比如 1 000 英镑——对穷人来说是一笔财富，而对富人来说则是边际效益。

引言——基本方法

城市地区是不断演化的，由于其经济、社会和区位属性与现有活动以及与周围区域的关系之间的动态互动。通过市场力量，一些相互作用导致城市地区的更新，另一些相互作用则导致城市地区的衰落和苦难。

本章的城市更新涉及为改善人类福祉而采取的积极举措，并且指出，一个合理的理论体系加上良好的领导和综合管理将会如何增加城市更新成功的可能性。本章着眼于项目经理、理事会和项目团队的角色——并通过解决以下问题来考虑发现城市衰落的动态原因、识别关键利益相关者并导致有益结果所需的重要概念和实践基础：

- 是什么导致一个地区出现了需要更新的问题，我们需要达成的目标是什么？
- 谁是这一过程的主要“参与者”，为什么？
- 良好的管理将如何解决这些问题？
- 实现这一目标需要什么资源，以及将如何获得这些资源？
- 拟议的更新战略应如何制定、评估、授权和监测？
- 谁会在最终结果中受益或遭受损失？

一个好的项目经理将掌控变革的过程，拥有一种旨在最大化人类福祉的理论体系，具有敏感性和沟通能力，并拥有领导的素质。

建立一种共享的理念和方法

尽管过去更新政策的确切定义已经发生了改变（Lichfield，1984、1992），但一些从过去的实践和政策，从商业管理和学术著作，以及从人们常识中演变而来的基本原则，逐渐指明了良好管理的核心要素。

- 城市更新的目标是使整个社会的净收益最大化，这应该在规划和评估中得到体现。
- 综合性观点（将关于城市生活的许多方面整合在一起）应该取代单一的焦点方法（房地产导向、培训导向等）；在复杂性和系统管理的主题下，一个综合性观点和一个“系统性”方法在其他规划和管理领域也很明显，在城市变化的复杂系统中更是如此。

● 明确更新规划与现有战略规划之间的关系。

● 需要明确阐述其目标，以及明确监测进展及其结果。

● 应在公共部门和私营部门之间建立伙伴关系，地方当局必须是其中之一，最好能成为领导力量，并且可能涉及其若干政府部门。

● 更新方案应具有经济价值。

● 公众参与应包括在当前条件下的受损人群，以及其决定和行动会对现有条件造成不良情况的人群。

● 对更新选择项的评估，应寻求利用现有资源，以最大限度地造福广大公众。

规划和实施一个全面更新方案是一项非常艰巨的任务，无论是在专业上，还是在财务上，有时甚至在政治上。参与者拥有共同语言，即分享指导其理念和方法，将大大有助于达成共识和取得丰硕成果。

界定“问题”

这里所说的问题，是指与某一地区衰落有关的一系列现象，包括设施陈旧、服务不足和社会关系紧张。

对于衰落和地区贫困，有不同的界定。其中大多数情况下，是基于一般统计数据的全球居住标准指数，但个人对现有状况的实际感受会有所不同。这些指数有助于提供某一地区状况的一般信息，但在试图查明某一地区内局部情况及其变化原因时，却毫无帮助。事实上，“需求”指数的高分值并不是申请“单一更新预算”的先决条件。此外，人们对这个问题的最初看法很少是一致的。它也可能受到自利因素的推动。

因此，至关重要的是意识到这种认知的局限性，并有意识地设法理解导致这些问题的动态过程、原因和未来影响，以及——最重要的——那些在某一特定地区内外经历这些问题的人。

理解衰落过程以及其中的角色

了解导致一个城市地区衰落的交互变化（而不是仅仅记录现有情况），对于成功尝试扭转这一进程并创建一个现实的更新战略是至关重要的。影响人们福祉的问题可能是多种多样的，也可能由各种相互关联的原因造成。在探索过程中，有必要认识到：

- 一个城市地区在城市经济、社会和物理结构中的位置，以及它是否起到了积极的作用——例如，在容纳低收入人群和边缘企业方面（Lichfield，1994）。
- 一个城市地区对现有居民和活动的吸引力。
- 某一城市地区是否表现出稳态的贫困状况或逐步衰落和匮乏？
- 这一过程是受当地政策或活动的制约，还是受地方当局控制之外的其他力量的影响？

一个城市地区的地理位置及其发展历史可能指向一系列原因，如交通不便、周边活动或服务差，这些因素使该城市地区不受某些群体的欢迎，也不被其他人所接受。例如，一个城市地区的入学机会很差，对收入合理的年轻家庭没有吸引力；房价下降，会吸引低收入的老年群体。一个城市地区也许适合其居民的需求，但也可能会引起与周围居民的紧张关系，例如，由于环境的原因，导致了青少年帮派的产生，扰乱了周围的居民。对于这些情况的洞察，为成功的更新战略提供了重要基础。

分析这一问题的变化过程及其相互关联的原因，是制定一项更新战略的基本出发点。它将界定"积极行动的"利益相关者范围（无论是个人、团体，还是来自私营部门和公共部门），以及受结果影响的"被动接受的"利益相关者范围，这些利益相关者随后可能会变得积极起来，并影响到其他接受者的福祉。

城市更新需要一种跨学科、综合性的分析和工作模式——将我们的生活环境理解为不同活动领域的人们之间的互动系统。

城市更新管理的目的

更新管理的主要目标是，创建一个旨在扭转城市地区衰落趋势的组织，实现参与者之间的知识共享，促进对更新战略愿景目标的共识，并管理更新方案。其管理结构应反映这种方法。

城市更新项目通常是为了改善普遍存在的不尽如人意的条件，以造福于特定的人群。其改善的范围可以从为破旧住宅区贫困居民提供更好住房和公共服务，到让地方当局在该地区提供法定的“住房分配”或更广泛的基础设施。任何这些改变都将是艰难的，并可能对当地人民的生活方式带来重大变化，但总的来说，会为整个社会带来“净效益”。

参与城市更新行动的人很可能已经根据不同程度的当地知识提出了改进建议，但从可行性、持久性或副作用方面来说，这些建议可能提供也可能不提供最佳解决方案。

一个合适的更新项目，一旦规划好了，将需要得到当地规划部门的许可和支持，当地规划部门应该关心的是整个当地人口的福利。更新项目将向批准项目指导原则的公共当局或其他可能从项目中获益的方面寻求财务支持。然而，更新项目的最终结果应该为整个社区的福利提供重大的“净收益”。

组织和管理

更新项目的组织和管理是一项复杂而艰巨的挑战，费用高昂，并最终产生重大成果。它主要有四个阶段：

1. 进行更新范围界定的研究，概述存在的问题、潜在的解决方法及其成本，并考虑是否具有可行性，只有这样，才能够使其继续；

2. 全面研究和制定更新战略及其行动规划，为具体实施提供详细的分析、方法和预算；

3. 评估可能的结果，必要时进行调整；

4. 监测和评估实际进展及其效果，必要时进行定期调整。

项目经理领导整个规划的实施过程，并确保所有相关人员（项目理事会、工作人员以及地方当局）分享更新的目标和理论基础，并商定必要投入的顺序：

- 了解人们在这些地区遭遇的经历；
- 力求最大限度地提高整个社会福祉；
- 了解现状的动态原因；
- 克服项目管理的复杂性；
- 评估和选择最佳的更新方案；
- 做好准备并付诸行动；
- 监测成果并相应修改方案。

过去的经验教训

从过去的更新方法中可以吸取一些经验教训。玛格丽特·撒切尔（Margaret Thatcher）曾提倡以房地产导向的城市更新，但相比于贫困居民，这更有利于商人。“单一更新预算”认识到有必要汇集若干地方政府部门的财政资源，但更新建议并不总是分析问题的相关原因及其实施机制。因此，它们往往忽视问题的真正原因及其拟议的更新措施的效果。一些“单一更新预算”项目的执行被指配给缺乏整合办法的外部承包商。

在中央和地方政府中，条块分割主义仍然盛行。“城市中心”（2010）的结论是，在过去的十年里，城市更新的蓝图仍然基于在衰落社区引发经济增长的基本设想而建造房屋、办公室、公寓楼和科技园，从而延续了撒切尔夫人的做法。

北爱尔兰采取了相反的路线，最初将城市更新的全部责任交给社会服务部门；这种方法有更大可能性去识别弱势群体，但关注的风险点范围太狭窄，无法把握城市衰落的原因。

一个更好的办法是建立一个尚未成立的“战略规划部”，将国家和地方两级的所有相关能力整合起来，要求不同部门的专家密切沟通，并将城市更新专家与战略规划师相结合。然而，最近政府强调城市规划部门的“绩效标准”，强调快速决策，而不是深思熟虑地决策。这进一步收缩了部门间为了合理规划而进行讨论和协作的范围。制定发展规划是有目的的，但是自 1947 年以来，规划系统的最终目的一直是使整个社会人民的净利益最大化。城市更新应以此为指导。

城市系统的动力学

人类生活环境是“积极行动”利益相关者和“被动接受”利益相关者之间复杂、动态的交互作用，前者在特定的生活领域引发变化，后者经历了这种影响，并可能通过变得“积极行动”来作出反应，而这又反过来可能影响其他“被动接受”利益相关者，从而延续这种动态变化链。

我们仅在一个地点和一个时间节点上指出贫困的迹象是不够的，相反，应该了解导致这种不良状况的“连锁反应”，考虑当前的趋势并评估可能的结果。这种“过程分析”揭示了“变化的动因”以及人们的动机和制约因素，这些都构成变化趋势的关键。它可以通过将“积极行动”和“被动接受”利益相关者聚集在一起，并一起构建由他们交互作用引起的变化路径来实现。了解过去的相互作用及其产生的结果为分析城市衰落的原因、影响的分布和潜在的更新战略提供了基础。

城市更新的系统展望

对城市衰落的分析及其更新方案的编制，需要一个系统性方法。更新项目的工作人员和理事会成员需要：

● 最大限度地把握问题的范围；

● 了解问题产生的动态原因；

● 确定不同的“积极行动”和“被动接受”利益相关者，并探讨他们的动机和反应；

● 建立一个整合性的组织和管理风格，最大限度地分享知识、计划和行动。

一旦了解系统的故障，综合规划和管理就能促成变化，其目的是产生一套新的相互作用以及有益效果的预期分配。

这不是一项简单的任务，因为系统的互动性是在中央和地方政府的不同部门（财政、教育、卫生、环境等）单独控制的活动领域之间进行的。虽然现实生活是所有这些领域相互作用的产物，但各级政府相关部门之间缺乏“联合思维”。

重要的是，良好的管理及其相关问题是：

● 良好的管理被认为是一个核心问题；

● 基于对动态场景的连贯感知；

● 从一开始就被纳入一个更新方案或项目的设计中。

构筑基础和分享理念

进行城市更新是一项重大操作，因此在整个项目开始之前需要谨慎地对更新潜力进行初步的范围界定。了解过去相互作用的进程及其结果将为逐步考虑城市衰落的原因及其影响的分布提供基础。

城市更新的管理，需要确保不同背景的人们之间的合作。引入共同的理念有助于相互理解。它有两个主要特点：

● 一种动态的观点：把世界视为一个不断进行交互的动态过程，其中一个领域的变化影响到其他因素，并在其他领域引发一系列变化；

● 一种价值体系：意识到一个人经历变化的体验将会被其认为是有益的、有害的，或无关紧要的，并同意其目标是最大化整个社会的有益体验。

确定潜在更新范围

城市更新倡议

城市更新的倡议可能源于：

● 生活环境恶劣的人群；

● 与家庭功能失调和住房不足相关的社会服务；

● 受该地区犯罪团伙影响的人口；

● 希望接纳更多贫困人群的住房慈善机构；

● 希望赢得公众支持的政治家；

● 需要在整个地区引入新的基础设施的地方当局；

● 希望引入更有利可图土地利用方式的私人开发商。

其中一些更新倡议来源主体可能为研究提供资金，或可能影响项目的目标和运作。该更新项目的潜在资助者通常会在承诺之前审查其项目成功的可能性。设立更新办公室是一件昂贵的事情。它可以由政府、慈善机构、私人企业或合作伙伴提供资金。在着手这项工作之前，这些发起者可以要求初步确定范围。

应进行范围界定工作，以确定城市地区衰落的原因、促进者的目的、可能的行动方案和成功的可能性。如果前景光明，随后将产生一个完整的更新战略。

范围界定的本质

范围界定应表明项目的复杂性、要完成的工作的范围、可能的成本和成功的可能性。它应该说明：

- 当地问题的本质或需求；
- 造成这种情况的原因；
- 潜在的补救办法；
- 涉及的规划和具体补偿的工作；
- 所需资源的数量及其来源；
- 潜在的失败风险；
- 可能的成功程度及影响范围。

这些信息能够决定是否将范围界定报告扩展为全面规划分析和实施战略，或修改或放弃该报告。

范围界定的挑战

范围界定是一项要求很高的工作，需要有一位能干的项目经理。他可以对项目的性质、可行性和预估成本提出看法，能够就项目的可行性及其成功向潜在资助发起者提出建议，并能够评估是否值得对更全面的研究进行投入。

理解导致城市地区衰落的变化过程而不仅仅拥有对现状的“大致印象”，对于更新的成功至关重要，并将确定“积极行动的”利益相关者和“被动接受的”利益相关者谁将受到更新的影响(见专栏 11.1)。

范围界定的管理

根据更新项目的特点，范围界定应让具有适当经验和良好态度的项目经理来做，并由专业工作人员协助。进行范围界定的经理及其工作人员的专业能力应该能够反映潜在更新项目的特点上，至少具备三方面基本能力：

1. “社区联络官”：社会经济研究人员或管理者，善于沟通，与当地社区保持联系，衡量人们的反馈，以反映他们在当地社区的存在比例，并避免既得利益的支配；

2. 城市设计师：应具备考虑区域布局、建筑物、服务设施和道路可能发生的物理变化以及法定规划约束的专业技能；

3. 测量师、估价师或工程师：有经验和能力对土地、房地产价值以及工程费用进行评估。

进行范围界定的管理人员应举行一次早期入职会议，在会上，小组将就以下方面研究的基本理念、方法和分工达成一致：

- 联系更新倡议的来源及财务资助者；
- 联系受影响的当地社区、企业或机构；
- 收集城市地区衰落的证据以及受其影响的人群；
- 寻找引起有关问题的原因和“积极行动的”利益相关者的额外信息来源；
- 分析过去或当前为克服这些问题所做的一些努力尝试。

鉴别当地问题

存在的问题可以用来描述当前困难的原因,但归根结底,问题是人们所经历的影响,这就留下了一个悬而未决的问题:为什么这些特征存在于某个特定地区?一个城市更新团队应该探究原因,其可能是源于历史条件,使它成为低收入家庭的地方。

专栏 11.2　对预期寿命的流行病学研究

流行病学研究显示,格拉斯哥最贫穷地区和最富裕地区的人的预期寿命存在长达 20 年的显著差距,伦敦也有类似的趋势。这些发现也与低收入和不健康的生活方式有关(Marmot, 2015)。

识别和评估当地问题并非易事,它们的性质可能大相径庭,原因也各不相同。有些地区可能呈现普遍贫困,房价低廉,健康状况不佳。而其他"问题地区"可能表现出衰落迹象,其与最近影响生活质量的情况有关,例如可达性下降、公共服务不足和环境质量低下。一般来说,人们对地方问题的看法,通常受以下因素影响:

- 个人经历的情况(外来者可能会遇见设施陈旧,老年人可能遇到安全问题,母亲可能害怕帮派文化);
- 知识和解释(意识到他人所经历的问题,理解诸如社会和经济条件与青少年犯罪之间的因果关系等)。

尽管个人的印象或少数对此感兴趣的人的印象可能提供一个起点,但必须与其他观察者和利益集团讨论,对当地问题的原因及其影响进行系统性的分析。目的是扩大对某一特定地区衰落的原因和后果的理解,并确定该地区内或周围受影响的人群。

范围界定旨在提供见解，例如：

1. 谁提议在这片地区进行城市更新？他们的动机是什么？

2. 哪些人和/或功能（地区内或地区外）受到当前地区状况的影响？

3. 造成当前状况的可能原因及其更广泛的影响是什么？

4. 以前有否试图解决这些问题，其结果如何？

5. 能否勾勒出一种行动方针，其成功可能性有多大？

6. 哪些人和/或功能（地区内或地区外）可能从城市更新中获益？

7. 反对可能来自哪里，失败的风险有多大？

8. 项目的可能成本是多少，可依赖的资金来源是什么？

范围界定的方式

由于各种原因，范围界定阶段可能需要保密。这也许会妨碍公众参与，并妨碍与地方当局磋商。然而，理事会的“地方计划”可能是有帮助的，它设定了态度和目标。

如果协商不受限制，范围界定的管理人员将咨询当地社区、公共部门和外部利益相关者，包括：

● 就当前情况、过去经验和未来意图，与地方当局相关部门官员进行个人咨询和联络；

● 与其他公共部门和私营部门经理或更新发起者进行个人咨询；

● 与当地居民进行公众咨询，以评估不良经历的性质，以及受影响的人数和类别。

专栏 11.3　公众咨询会议

公众咨询会议中，有空闲时间者和有既得利益者可能占多数。为了获得正确的表述，可以要求受访者提供他们的基本特征（年龄、性别、职业、家庭结构、族裔)。然后,社区联络官可以使用管理委员会的人口数据,校准他们在当地社区的比例。

公众咨询往往关注民众的抱怨和难以实现的“蓝天”理想。更有效的方法是理解导致现有状况的过程或“连锁效应”,并解决这些问题。

“动态规划”和“社区影响分析”是一种公众参与的方法(Lichfield,2006),它将“积极行动的”利益相关者(导致影响他人变化的人)和“被动接受的”利益相关者(经历影响的人)聚集在一起并指导进行有组织的讨论。这些方法有助于“积极行动的”和“被动接受的”利益相关者获得对特定行动的成因、效果和影响的相互理解,并可以产生对替代行动方案的共同探索和协议。

这种方法很有用,因为它揭示了当地问题及其原因,并概述了潜在行动的范围及其可能的影响。由于正在探讨替代战略的可行性和更广泛的影响,它构成了现实的城市更新战略的组成部分。

在这一阶段,关于更新规划的关键组成部分,呈现出若干需要考虑的因素:

- 参与者:其他的机构和所涉及的机构;
- 资源和成本:需要什么,资源从哪来;
- 影响:可能受到有利或不利影响的人和服务。

范围界定的结论

在获得了关键问题的答案后,应该能够就以下主要考虑向有权批准和资助该项目的人提出建议:

- 当前问题的程度及其严重性;
- 造成这种状况的原因;

- 通过消除问题根源或提供补偿性措施来改变现状的可能性；
- 拟议的干预措施可能会使谁受益或受损？
- 更新项目所需的努力及其预算；
- 对项目成功最严重的潜在障碍或风险；
- 经权衡之后，更新项目值得推进吗？

寻求批准和确认财务资助

由范围界定的工作人员、项目发起人和潜在赞助者一起对拟议更新项目进行评估。他们将考虑：

- 更新项目的需求；
- 遭受反对或失败的风险；
- 获得收益的可能程度及其分配；
- 更新所需的资源。

依据更新项目的结果和预期成本及其影响，来决定该更新项目是否值得进行。

设立完整的组织机构

接下来的工作概述

在范围界定向全面规划过渡的过程中，更新倡议发起者会考虑全部机构的运作架构及中期预算，其中最重要的五项工作是：

- 任命合适的项目经理；
- 确认资助人及其他财务资源；
- 组建理事会，其中包括经确认的财务资助人和其他参与者；

- 招聘合适的工作人员；
- 准备合适的办公室。

随后，将有一个专业工作方案：

- 在理事会成员与工作人员之间建立共同的理念和概念方法；
- 测试和细化范围界定阶段得出的研究结论；
- 预先计划——概述更新实施的潜在战略选择，审查外部参与者的支持，计算选择成本，并评估其可行性；
- 比较每个更新方案的潜在结果及其影响；
- 选择一个优先的策略模式；
- 准备详细的行动计划和退出策略；
- 实施最佳更新方案；
- 监督方案执行的结果和影响。

制定城市更新规划本身就是一项重大工作，需要有经验丰富的专业管理人员及其拥护者的支持。同样重要的是，一开始就要任命一名称职的首席执行官和理事会主席。这些关键性的人物必须有共同理念，共同努力，并与其他合作伙伴合作。

一个好的开始：任命全职项目经理

更新规划的发起人及其资助者需要任命一名全能型的项目经理，负责核实范围界定的结果、确保资金筹措、详细说明计划可行性、方案实施并组织事后效果评估。

项目经理的初始角色是进行组织建设——工作人员、办公场所、理事会的日常管理及工作计划。这需要有管理经验和专业知识，清晰的理念，鼓励有用的想法和创造共识。

项目经理应具备更新项目所需的专业经验，并应具备如下素质和能力：

● 掌握人类生活环境动态、交互的复杂性，并具有以整体性、综合性方式进行预先规划的智力和专业能力；

● 以社会为导向的理念，使合作计划和有效行动成为可能，旨在最大限度增加对整个社会民众的净收益；

● 了解和熟悉公共服务部门和市场机制的运作；

● 具有创造性的思维；

● 具有领导素质和人际交往技能——沟通、激励和促进不同个人和组织之间的合作；

● 能够有效地管理资源和时间；

● 有良好的从业经历、资历和地位来指挥资源和行动。

如果更新项目发起人确信前期开展范围界定的管理者有合适的能力，可以考虑将此人作为整个项目经理的候选人。理事会或批准该经理的任命，或进行更广泛的搜索和招聘。

项目经理可以从公共部门、志愿部门和私营部门等中招聘，但必须具备上述素质。然而，在许多情况下，更新项目发起人在获得资金之前无法任命地位较高的人担任项目经理。在“单一更新预算”项目中，这一困境具有普遍性，在投标之前没有获得任何资助，但同时投标建议书却要提供可靠的信息。因此，更新项目发起者通常会在以下两者中择其一：

● 一个现有单位的能力很强的主管，将项目作为一项额外任务来承担，但可能只能对项目提供有限关注；

● 任命一名较低级别的人员来全职处理项目，但其能力不足可能会导致结果不理想。

确实，也存在替代性选择：

- 如果项目资金由中央政府提供，利用资本方案的一小部分为项目规划提供资金也许是值得的；
- 地方当局可能会考虑招聘一名合适的项目经理，无论外部资金如何，因为即使投标失败，所做的工作也可能带来好处。

指定一个理事会

理事会成员人选可能来自金融投资人、慈善机构、其他重要的拥护者及服务提供者中的利益相关方以及接受方。

理事会主席和项目经理将发现一个最初共享的更新理念是非常值得拥有的，有助于达成共识和节省时间。指导更新范围界定的理念和方法应加以讨论、扩大、接受或改进。

城市更新管理机构

概述

管理一个更新项目需要一个更大的组织，并有更艰巨的任务。管理者必须掌握城市系统的复杂性、城市变化的动态性以及利益相关者的经历及其动机。

一个城市更新管理者的基本任务是：

- 确保理事会成员与规划团队之间拥有共同的概念方法；
- 测试和完善前期更新范围界定的结论；
- 与主要利益相关者和潜在参与者建立联系；
- 为“积极行动”和“被动接受”的利益相关者举办研讨会；

- 预先计划——制定战略方案并计算其成本,并比较其可行性;
- 评估潜在结果及其对人的影响;
- 选择一个优先的战略;
- 制定详细的实施方案;
- 优先方案的实施;
- 随着时间推移,监测结果和影响。

职业项目经理面临的挑战

项目经理必须在工作团队和理事会成员中培育对当地变化动态性质的共同看法。

对城市更新的狭隘关注不太可能触及问题的根源或提供有效的解决方案。所有相关方应该知道为何提出更新规划;当地问题相互关联的原因是什么?哪种解决方案将使大多数人的获益影响最大化?

几乎所有的更新项目都将导致对现有居民及周围人口或企业的重大改变。有些项目可能有更广泛的有利(或不利)影响,从一开始就应该清楚地了解这些影响。

一个称职的项目经理会深入实际,了解影响到指定区域的人们的变化过程,并提高他的工作团队和理事会对以下方面的认识和理解:

- 由于当地特殊条件造成的当地苦难程度;
- 导致目前局势的一系列原因和后果;
- 更新项目发起者的动机;
- 旨在最大限度地为广大公众提供有益的经验;
- 需要相互理解和有相同的立场;
- 管理可用资源以达到最佳效果的必要性。

项目经理的业务概要

项目经理的职责将要求进行更多的协商,审查前期范围界定的结论及成果,并检查其建议是否获得批准,以及:

- 核实并确定资金来源;
- 根据即将开展的工作进行人员安排;
- 设置合适的办公室以及举办公共协商研讨会的场所;
- 强化理事会和员工共享的理念与方法;
- 审核和总结更新范围界定报告;
- 为工作团队设定全面研究的主要内容;
- 实施拟议的城市更新规划;
- 监测结果,随着时间推移,评估其对所有相关人员及其利益的影响,并在必要时调整行动;
- 向理事会通报进展情况,并与理事会商定战略问题和预算。

良好的管理不仅仅是组织和财务审慎

项目的成功将取决于项目经理的方法和能力;它需要的不仅仅是一个有序的组织:

- 想象一下,有一箱 30 个玩具士兵——你把它们放在架子上,然后离开一个月,在你回来之前,它们会一直保持在那个位置;
- 想象一下,有一群 30 个活的士兵——你把他们组织成特定的配置,然后离开一周,当你回来时,会发现他们运用自己的判断,改变了他们的位置——但他们的新秩序符合你的要求吗?

如果他们拥有与你相同的理念和方法,那么他们的新配置将与你的偏好相类似。

良好的管理需要“效率和责任”，以及共同的理念、洞察力和值得信赖的领导。项目经理必须与理事会和员工建立这些共享关系。

提供运作办公空间

办公室将要容纳项目经理、理事会主席、会议室、工作人员以及公共聚会和研讨会的空间。更新办公地点应便于当地居民进出。

除了常规的工作空间和设施外，办公室还应包括一个用于展示通知和规划的展示墙、用于展示图像和影片的屏幕和投影仪，以及用于工作团队小组会议以及与举办“积极行动的”和“被动接受的”利益相关者的动态规划研讨会的更大空间。

任命工作人员

项目经理将在前期范围界定报告中找到相关信息，以决定需要哪些专家。重新聘用一些前期进行范围界定并已具有当地经验积累的工作团队可能是有用的，特别是在与社交网络进行沟通、举办“动态规划”和“社区影响”研讨会、了解当地经济和财政预算等方面。在评估潜在更新战略时，无论在财务方面还是在社区影响方面，都需要具备专业知识。

与新工作团队和理事会分享方法

更新方案提出的主要原因是克服城市条件或有不利影响的变化。然而，变革的更新方案可能出于政治的、实用性的或经济方面的动机。

成功的城市更新取决于理事会成员、发起人和工作团队共享一种分析当地条件的原因及其影响的方法，并制定有效的规划，最大限度地为广大公众带来净收益。

首要的挑战是通过与理事会和员工的入职培训，建立一个共享的城市更新概念方法。一致性的方法将促进连贯与综合的城市更新。

在制定连贯的更新战略时，系统性展望具有重要意义。关键是要认识到：

- 导致城市场景变化的行动/反应的动态性；
- 相同的改变可能对不同的人群产生不同影响；
- 人类生活环境各种元素之间的相互关系，需要用一个系统性视角来理解正在发生什么以及为什么会发生。

专栏 11.4　一个系统性的展望

一个系统性展望的思维方式在更新中是必不可少的。它也用于其他领域，例如健康和生活条件之间的关系。它的计算机化软件广泛应用于交通管理和制造企业，这些企业在生产和组装货物时需要正确的特定投入的数量和时间。城市更新涉及许多领域之间复杂的相互作用，在这些领域无法获得计算机化的分析，团队的系统展望应指导与其他相关机构的讨论。

当一个元素的变化直接由另一个元素的变化所引起时，计算机已经能够快速计算一个系统中元素之间的相互关系，最初是两个元素之间的简单或线性关系。但很明显，在许多情况下，是一组更复杂的相互作用导致了变化。复杂性的概念形成了，计算机化的分析进一步发展，能够对一个系统的不同元素之间更复杂交互进行分析和管理。系统分析已经成为管理生产系统的相关组件的通用方法。对于城市系统来说，要做到这一点比较困难，但寻求理解相互关系的思维模式应该是主流。

更新战略的本质

总体行动框架

更新战略是应对局部问题的总体行动框架。它概述了更新目标、如何推进目标，以及谁会受到有利或不利的影响。在了解影响该地区的问题及其原因和拟议干预措施可能产生的结果的基础上，一个好的更新战略提供了一种方法和框架，在这种方法和框架内，进一步的想法可以得到发展。更新战略不仅仅是长期目标；它包括六个关键要素：

- 明确可以量化的宗旨和目标；
- 理解导致问题的变化过程；
- 评估可用资源——财务和其他资源；
- 提供创意；
- 概括性设想和选择一个切合实际的行动方案，确定参与方案实施的机构和人员，但允许“现场参与者”拥有在当地自行决定细节的裁量权；
- 监测进展及其结果，必要时，修改规划以实现预期结果。

战略可以调整和评估

一项更新战略应该是稳健和有弹性的，但不是一成不变的——它可能随着经验或环境的变化而演变。实际上，在明智的战略中，其中一部分是不断重新评估变化的动态过程和适应不断变化的场景。

战略选择可以根据投入与产出之间的关系进行评估。经济价值意味着所选择的战略比下一个选择可以提供更高价值的结果，或者以较低的成本提供相同的结果。

受更新战略影响的人们在社会、经济和环境的产出方面经历了有利的或不利的变化。对受影响的人来说，价值并不总是用金钱衡量的。此外，同样数量的钱对穷人比富人有更高的价值。然而，应该考虑到有利和不利的影响。

战略决策的本质

就战略的具体细节，将要作出决策。某些决策可能会影响整个战略，这些应该得到理事会的批准。战略决策涉及大量的战略性问题及其战略本质：

- 它不是一个常规性的决策；
- 它是一个复杂的决策；
- 它必须考虑实力、资源和外部力量，并可能导致目标或行动过程的改变。

例如，一个旨在实现充分就业的战略可能依赖于私营企业提供更多就业机会。如果通过市场机制不能实现，人们可以考虑注入公共财政。然而，这可能导致通货膨胀，因此一种观点可能会建议应把精力投入到培训人员短缺的教育和培训科目上。这个例子说明了在进行战略决策时，对场景进行综合、系统的评价的重要性。

更新战略的编制

概述

更新战略及其规划的编制过程旨在为更新项目制定最实际和最有益的行动计划。然而，更新地区并不是孤立存在的，其与周边地区的相互关系将成为分析的一部分。

人们可能面临一种或多种选择，其需要不同类型的投入，可能产生不同的有利和不利的结果，直接预期或偶尔发生的副作用，从而影响更新地区及其更广泛地区的不同人群。

这种战略选择分析应包括五个主要方面：

- 可行性和失败风险；
- 产生效果的时间及其持续性；
- 更新地区内及地区外的有利及不利影响的分布情况；
- 成本与收益；
- 社会净价值。

项目经理必须掌握复杂的情况，并使工作团队和理事会能够分享方法。

工作计划概述

在早期，工作团队的小组讨论将审查目前为止所获取的关于导致一个地区问题的地理、制度、经济、社会和其他原因链的调查结果，以及造成这些问题的“积极行动的”利益相关者和经历这些影响的“被动接受的”利益相关者的身份。

其他的讨论，包括更新项目的动态规划方法、更新战略的潜在本质及其主要风险因素、需要解决的主要问题以及即将做出的战略决策。这个工作计划概述是未来分析和协作的重要基础。

让项目理事会成员参与这一分析过程将会受益于他们的专业特长。它还应提供一个发展共享知识和方法的机会，并将有助于统一决策。

工作人员和理事会的审查和分析，应考虑以下主要问题：

- 什么活动或情况被我们视为“问题”，受影响的人是谁，在多大程度上受影响?

● 是什么或是谁造成了这种有害活动,谁又从中受益?

● 如果保持不变,未来可能产生的影响是不利的还是有利的?

● 针对这种情况,可以寻求哪些改进,其可行性如何?

● 从城市更新中受益的将是哪些人,以及有多少人?

● 拟议的城市更新战略将会给哪些人以及多少人(如果有的话)带来损害?

● 更新项目的总体财务成本将是多少?

● 是否有私营部门的投资,投资者的动机是什么?

● 公共部门的成本是多少? 如果这些资金用在其他地方是否会带来更大公共利益?

对这些问题作出解答,将减少出现意外障碍的风险,并将加强理事会成员和工作人员之间的协作思维,基于以下几点:

● 综合性思考,揭示物理、经济和社会方面变化之间的相互作用;

● 在专业工作团队、理事会成员、资助商和当地人之间共享社会价值观;

项目经理还必须与下列人员保持联系:

● 该地区的人群,以及相关周边地区的人群;

● 与该地区过去或未来变化有关的所有外部机构;

● 地方当局相关部门和服务机构;

● 可能为项目提供资金的主体——政府部门、慈善组织和其他可能为项目融资和扶持做出贡献的人。

更新参与者之间分享方法、知识和前瞻性思维,应该有助于就战略目标、愿景和预算分配达成协商一致的意见。

了解问题出在哪里

有效的城市更新战略是建立在一个清晰概念基础上的，即现阶段什么是错误的，什么导致了目前的状态，谁正在遭受或获得不合理的后果。衰落往往一个长期而复杂的过程，其原因是相互关联的，可能是战争、世界经济等外部因素造成的，但更多的是住房政策、服务和经济投资等内部变化的结果。了解衰落原因是进行成功更新的关键。

这里的一个有用工具是动态规划方法的初步研讨会（见专栏 11.1），在这个过程中，经历过问题的“被动接受的”利益相关者与引起这些问题的“积极行动的”利益相关者举行联合研讨会。参与者在会上能获得一些简单的文本资料，以帮助他们找出谁造成了问题，为什么会造成问题，以及谁受到了不利影响。

这些深刻认知产生了相互理解和一定程度的感同身受。更重要的是，它为随后的“积极行动的”利益相关者和“被动接受的”利益相关者的联席会议奠定了基础，在这些会议上，他们可以相互理解彼此的关切，并寻求一个切实可行和公平的解决办法。

识别潜在资源

资源不仅仅是分配给用于更新的预算。每个城市地区都有一些改善活动及生活质量的潜力，无论在该地区内部还是周边地区，都是如此。这种潜力存在于物理、经济和人力方面，例如未充分利用的土地、未实现的经济优势、浪费的财政资源以及对潜在工作的培训不足。这种潜力可能存在于效率低下或不协调的地方机构中，也可能存在于未能充分就业或缺乏创造性而不能充分发挥自身潜力的人身上。

一个更广阔的资源未充分利用或使用不当的城市景象，也许会持续不断地浪费财政和其他资源。这些浪费加在一起可能会超过专门的城市更新预算。即使是分配给更新的预算小幅增加,也可能产生超出专门的城市更新预算的显著“产出等额”。

一项旨在改善现有资源管理的战略需要谨慎思考,需要有与不同技能或信念的人沟通的能力,需要有适当的财务资源。

战略选择可以比较其对以下方面可能产生的影响:

- 更新地区内受影响的人;
- 对其他地区的人和组织的作用和影响;
- 更新项目实施所需的财务及其他资源;
- 公共财政的收益/成本。

更新边界的界定和调整

“边界”这个词既指物理的界限,也指活动的边界。更新项目的边界可以与街区的位置相关,或者与共享活动的社区相关。许多更新方案涉及社区的位置及其共同的活动。

综合性更新战略可能涉及各种活动(住房、就业、教育等)。其中每一个活动都可能有服务提供者所界定的不同“业务边界”。业务边界各不相同(大多数更新方案是综合性的,涉及多种经济活动和服务);每种业务可能有不同的行政边界和交集区域。重要的是,要区分以下不同含义的边界:

- 作为更新研究起因的目标地区,是生成大多数变化和利益的地方;
- 具有更广泛背景的研究地区,涉及范围更广的活动,如交通、就业或学校;
- 需要对目标地区进行干预的行动地区,可以在目标地区之内或之外;

● 时间边界，这在制定战略中很重要，因为可能会出现若干时间限制；

● 外部性地区，即更新目标区改进会对那些既不是项目提出相关者也不是预期受益者的人群产生有利或不利的附带作用。

外部性的边界和范围应列入共享的数据库，对它们的影响应列入整个更新项目的收益/成本分析，特别是在整个城市规划和管理的范围内。

战略考量

战略考量影响战略的本质，并且影响范围超出了最初界定的更新地区。人们普遍认为，城市更新应该是可持续的，而不是暂时性的，应该为一个地区的长期良好生活奠定基础，而不是暂时性改善。人们必须区分更新地区不可改变的固有因素、更新机构控制之外的因素，以及那些可以由更新机构管理的因素。

持续的城市更新，如果不是自发的，可能需要地方当局甚至中央政府的干预来诱导改变。这种干预可以采取各种形式(包括基础设施改革、预算注入、启动投资的经济举措，以及教育等社会手段)。

更新项目的管理者必须熟悉所有类型的潜在干预措施，因为如果管理人员能够补充和协调这些投入，城市更新战略将是最有效的。中央和地方政府现行政策及其活动的改变可被视为影响自发市场进程的干预措施。反对政府干预私人市场的争论是人们熟悉的争论焦点。然而，其中一些干预措施可能已经到位，产生了重大的公共福利。寻求这种干预也许被视为一种政治举动，应该由项目理事会来决定，因为他们意识到这一决定可能被视为“对市场的干涉”。

理事会在考虑这一决定时，应寻求对有公共部门投入和没有公共部门投入两种选择可能产生的后果进行比较分析。这将需要进行比较可行性和成本分析以及社会经济收益/成本分析，以比较更新项目在有否额外公共资金情况下产生的不同结果。专栏11.1中描述的“社区影响分析”方法提供了这样的比较。

可行性分析

可行性分析旨在确定每个拟议更新方案是否能够实施，或是否会因潜在障碍而中止：

- 财务可行性分析要求考虑财务资源及预期产生的回报，可能涉及外部资源和项目合作伙伴，其标准可能不同；
- 经济可行性分析要考虑是否存在足够的“市场需求”来支持更新规划的活动（例如，新的文化活动大厅或商务需求的新楼面空间）；
- 开发可行性分析要考虑通道、排水等物理性质，获得规划许可的可能性，业主的合作，以及其他法律限制；
- 公共可行性分析要考虑可能的社会和政治反应，预测支持和反对可能来自何处，以及是否可以减少反对声音。

通过预测那些可能因更新实施而受到当面影响的机构和人员，跟踪和保持与他们的联系，并对他们的关切作出回应，可以减少其他障碍。

更新实施通常是分阶段进行的。每个阶段都会产生成本，有些阶段可能会带来收入。阶段性计划及其财务影响对项目的可行性至关重要。

可供选择的更新战略比较

制定一项战略可能会揭示出可供选择的潜在行动方案——有些将会被彻底摒弃，另一些可能需要对预期的有益影响和失败风险进行比较评估。更新工作团队将定义一个战略为“基准战略”，分析其属性，并比较不同战略或替代战略的属性。

在比较备选方案的过程中，值得考虑的问题包括：

● 该地区贫困吗？还是正在螺旋式下降？如果拟议的更新战略没有实施，将会发生什么情况？

● 哪些人以及多少人可能从更新战略带来的变化中受益，哪些人将会受损，其受损到什么程度？

● 哪些团体或利益在更新目标地区之内，哪些在目标地区之外？

● 更新战略的改变会减少对最弱势群体的影响吗？

● 受更新战略影响的深度及其受影响人数应该如何衡量？

● 更新战略的变化将如何影响受益与受损的分布？

● 能否确定该地区更新对整个城镇社会和经济结构的潜在影响？

● 该地区能否保持其正向功能（例如，低成本住房）？

● 所有的利益相关方是否理解有关更新的分析及提议的改变，以及他们的反应如何？

● 预算资金能否用于更有利公众的地方？

可供选择战略可行性和影响的评估

进行上述分析和规划过程可以提供有用的信息，并应抛弃任何不切实际或误入歧途的行动方针。尽管如此，在承诺实施最佳战略之前，需要让更新项目资助者和理事会确信，鉴于项目的有利影响（相对于其财务成本和有害的副作用），实施这一战略是值得的。

以社会为导向的更新战略的评估，不能仅仅基于财务分析。它还应该考虑各种各样的副作用及其影响，其中许多是无法“货币化”的。即使是经济上的影响，对每个人的价值也不一样——损失一笔钱，对穷人来说，可能意味着是很大损失，但对富人来说，却无足轻重。

项目经理需要面对一些关键问题：

● 更新项目的真正目的是什么？人类、环境或其他影响是其主要关注的吗？

● 哪些潜在选择可以为社会提供最大化净收益？

● 所选更新方案的有利影响与不利影响的分布如何？

● 我们应该重视这些有利和不利影响的程度以及受影响的人数吗？

在这一点上，应对各种备选方案进行比较评估。

对更新战略的最后决策，并不简单，因为很多改变都不带货币化标签，例如去掉一个运动场或延长公共汽车服务。“社区影响”分析方法可以提供有关每次变化所影响的人数及其受影响程度的信息（见专栏 11.1）。

如果这项分析的结果表明该项目既可行又有价值，它就为获得公众对该项目的支持，并从需要其授权或参与该项目的其他机构获得实际支持提供了基础。

计划一个退出战略

依靠外部资金来源所设立的更新机构，通常是在有限的时间和预算内进行运作的。在更新项目完成后将机构撤销可能会导致人们已经习惯的设施和活动的损失，造成比更新项目开始前更大的剥夺感。

为了将这种损害降到最低，应将退出战略作为总体战略的一部分准备好，并在评估更新提案时，评估其可能的有效性：

● 在资金撤出后，该更新战略是否会带来自我持续的改善？

● 哪些准备措施可以满足可持续的城市更新？

● 建议的干预措施需要得到多长时间的支持才能产生自我持续的改善？

应该尽早考虑退出战略。尽管它可能在行动接近结束时才全面执行，但一些准备工作和培训应该提前开始，以便在退出时达到预期的水平。退出战略还应处理不连续的更新项目活动的继续或停止问题。本质上，它应该检查过去的交付机制、每部分项目活动的成本和结果，然后解决以下问题：

● 到目前为止，这一更新活动有多成功？是否值得继续、修改或停止这一项目？

● 当前更新活动的交付机制能否作为独立操作而继续存在？

● 未来，更新项目需要哪些资源和预算？

● 目前的项目资金是否可以从公共来源、慈善机构或其他来源那里替代，或者是否可以自筹资金？

● 如果目前更新机制停止运作，能否建立一个负责任的替代机构？如果可以，更新活动的性质是否会受到不利影响？

在解决了这些问题之后，项目经理可以提出未来的更新倡议方案和现有更新项目逐步退出的安排。

为理事会决策提交调查结果

理事会具有实施更新项目的决策权，在决策中，也可以与其他机构协商。项目经理将向理事会提交工作总结及工作团队建议，内容包括：

● 同意此项研究的原因；

● 分析问题及其原因；

● 对各种选择的比较，它们可能的结果及其成本；

● 社区影响分析——识别目前处境中的人群以及那些应该从未来处

境中受益的人群；

● 对工作团队的结论和建议进行简洁但有意义的总结；

● 有关实施过程长期监测及其效果分析的建议。

更新结果的长期监测和评估

更新项目的监测和评估应在实施期间及之后进行，目的包括：

● 告知项目团队他们的计划是否成功，以便实施过程能够继续、纠正或修改更新战略；

● 向地方当局和公众披露运营情况；

● 为今后的更新举措吸取经验教训。

但是，应该在规划阶段就奠定评估的基础，原因有二：

● 确保提供基线数据，以衡量变化的程度；

● 使未来使用的监测数据及标准与预测拟议战略结果的事前评估相关。

本书第10章详细讨论了此类监测和评估方法，专栏11.1和专栏11.5总结了“社区影响”分析方法。

专栏11.5　阿什克伦更新项目

例如，阿什克伦更新项目的主要战略目标之一是在地方当局的领导人和高级工作人员中产生有能力的管理、信心和经济倡议。虽然该项目在四年后结束，但又花了五年时间，才产生了持续良好的地方治理的全面效果。十年来，地方政府的领导和管理方式显著改善，人口也增长了。

参考文献

Centre for Cities(2010) *Cities Outlook 2010*. London: Centre for Cities.

Lichfield, D. (1984) 'Alternative strategies for redistribution', *Habitat International*, 8:3—4.

Lichfield, D.(1992) *Urban Regeneration for the 1990s*. London: LPAC.

Lichfield, D.(1994) 'Assessing project impacts as though people mattered', *Planning*, 4 March.

Lichfield, D. (2006) 'From impact evaluation to dynamic planning', in E. R. Alexander(ed.), *Evaluation in Planning*. Aldershot: Ashgate.

Marmot, M.(2015) *The Health Gap*. London: Bloomsbury Publishing.

延伸阅读

Lichfield, D. (1986) 'Ashkelon's clean streets—face lift or body and soul treatment?', *The Planner*, 72:1—2.

Lichfield, D.(2004) 'Integrated planning for air quality', in E. Feitelson(ed.), *Advancing Sustainability at the Sub-national Level*. Aldershot: Ashgate.

Lichfield, D. and Lichfield, N.(1997) 'Community impact evaluation in the development process', in C. Kirkpatrick and N. Lee(eds), *Sustainable Development in a Developing World*. Cheltenham: Edward Elgar.

Lichfield, N.(1956) *Economics of Planned Development*. London: Estates Gazette.

Lichfield, N.(1996) *Community Impact Evaluation*. London: UCL Press.

第四部分
国际经验和未来展望

第12章
跨大西洋政策交流

蕾切尔·格兰杰　马丁·麦克纳利

引言

鉴于美国的规模及其多样性，虽然很难一概而论，但在城市更新领域，美国与英国的跨大西洋政策交流确实由来已久，可以说比任何其他领域都要多(见 Hambleton and Taylor, 1993)。一些最重要的“更新”(在美国，使用“复兴”一词)方面的核心政策制定及其项目已经在大西洋两岸实施，这是由两国各自的经验形成的，并经过了合作讨论。这些措施包括指定区域和其他基于地区的更新方案，以及城市开发公司、项目开发公司、商业改善区(BIDS)和公私伙伴关系，它们从不同方面解决贫困和社会排斥问题，并通过企业和就业促进经济发展。这些更新方案虽然起源相似，但在不同的政策和实践背景下运作。美国的政治和行政地理与英国有很大的不同。美国的面积是英国的40倍，许多大都市区的面积相当于英国整个国家大小——美国人口构成，因州而异，其政策范式也不同，而且两国在制度基础设施方面存在显著差异。然而，两国面临类似的问题，在政策设计方面有许多相似之处，并有政策讨论的既定空间，这些都值得进一步分析。

在本章中，我们通过三个案例(巴尔的摩、纽约和底特律)的系列研究来验证这些更新项目的社会生态学。通过这些，本章指出：

- 城市和大都市区具有不断增强的力量；
- 在后经济衰退时期，城市地区内城衰落及日益边缘化的忧虑；
- 通过“授权地区”和“企业社区方案”(EZEC)将基于地区的更新方案纳入主流；
- 社区开发公司(HCDC)在实现整体更新中发挥的作用。

概述：回顾美国城市危机

美英两国在经济表现上似乎具有显著的对称性，一定程度上反映了两国经济的相互联系。20 世纪 70 年代，在石油输出国组织(OPEC)的石油危机和工业基础日益全球化之后，这两个国家都遭受了去工业化的蹂躏。在美国，随着底特律、克利夫兰、匹兹堡、圣路易斯和纽约州布法罗等城市的制造业就业和人口减半，中西部和东北部城市的制造业大幅下降，并转移到海外或南部的低成本地区。[①]20 世纪 80 年代之前，底特律和芝加哥被视为与制造业相关的高工资、富裕生活和投资的热点，城市中心地区以高生活水平、高度房地产开发以及区域经济和人口增长而自豪。后来，这两个城市都变成了贫困、失业严重和种族权利被剥夺的地区，这是现在大片“生锈地带”的特征；“生锈地带”是一个贬义词，用来指东北上州、五大湖和中西部各州的去工业化程度。在英国，这一状况有着惊人的

① 虽然美国东北部和中西部地区被视为高度工会化，但东南部和西南部地区作为“工作权利”州通过了禁止工会协议的法律，因此有更多的工人愿意接受较低的工资。

相似性。中部、东北部和西北部地区工业中心地带的去工业化始于 20 世纪 70 年代初，并一直持续到 20 世纪 80 年代，格拉斯哥、纽卡斯尔、利兹、曼彻斯特、利物浦、谢菲尔德、诺丁汉和伯明翰等工业重镇惨遭淘汰，这导致许多工业地区经济和人口基础发生了大规模变化。诚然，大西洋两岸都在进行城市更新和复兴，但作为更广泛的旨在抑制千禧年之前和之后去工业化下降的房地产项目和服务业就业增长已被全球金融危机重创，其在演变成一个全面危机和全球经济衰退之前，美国和英国的城市首先受到冲击。然后，与易受外部冲击的经济波动相关联，两国一些前工业区呈现不确定的情况，因此随着越来越多的富裕家庭离开，而留下那些仍在与就业、低工资、低社会流动性和城市空间投资不足作斗争的家庭，城市已成为社会和物理问题日益加深的家园，导致根深蒂固的社区问题。

巴尔的摩：内城重新定位作为城市政策蓝图

前工业城市巴尔的摩是巴尔的摩—华盛顿大都会区的一部分，位于美国东海岸，但它的历史本身更像是曾经的生锈地带。如今，巴尔的摩以建立城市更新的霸权主义模式而闻名于世，这一模式与它的港口更新密不可分，也与它臭名昭著的种族紧张关系和社区贫困密不可分。

巴尔的摩的基础就在它的港口，现在是大西洋中部各州的第二大海港，但它比东海岸更靠近中西部市场。巴尔的摩的去工业化已被广泛描述过，我们在这里不想再次重复。从 20 世纪 60 年代开始，随着钢铁和航运业开始崩溃，该市希望重新塑造地区形象，并通过消费活动（旅游、会议、艺术和文化）来提供新的就业机会。在 1980 年前，巴尔的摩就已意识到要进行海滨地区开发，这是一次积极的尝试，目的是利用联邦和州的投资来撬动私人投资，并通过大规模的城市更新，在一块 260 英亩的棕地上重建物业和企业，以重新获得城市的自豪感。高达 28 层的世界贸易中心的建造，公园绿地周围的步道建设，以及马里兰州科学中心、会议中心、节日市场和水族馆等标志性景点的开发，成为这座城市投资的重要催化剂。内港更新的明显成功（它的概念发展来自市民振兴主义）以及通过示范性开发促进公众对该地区再投资的想法（Molotch，1976），在过去的二十年里，西方世界的很多地方都在效仿。它的核心是一种更积极主动、更具创业家精神的经济增长，进而实现城市更新。英国伯明翰在其重新开发的运河和示范性的布林德利工业区和会议中心开发中公然复制了“节日市场”，是对巴尔的摩更新模式成功的公开承认。然而，房地产主导的城市更新所假定的收益涓滴效应受到了激烈的质疑。虽然巴尔的摩已经成为“滨水再开发”的典范，但它也因其多重剥夺而臭名昭著。它有一个令人震惊的称号，被称为“死亡地带”，因为它的低技能、低工资的经济来自与滨水开发联系在一起的旅游、娱乐和零售业，已成为“疾病，毒品和犯罪的温床”（EIR，2006）。今天，巴尔的摩的静脉注射毒品使用率、谋杀和暴力犯罪率在美国是最高的，吸毒、犯罪活动与高失业率、低工资工作之间的动态关系是显而易见的。

Levine（1987）注意到，巴尔的摩再开发几乎没有促进城市的整体财富增长，反而造成了明显的城市二元结构，即开发商及从事专业服务的高级白领占据了市中心的士绅化住宅；相比之下，巴尔的摩其他地方则居住着贫困的非裔、流离失所的制造业工人和有犯罪前科的人，他们继续遭受着经济萎缩、公共服务下降以及 Levine（1987）所说的“社区困境”，其通过种族抗议和动乱事件（如 2015 年 4 月的格雷骚乱）会不时地显现。Levine（1987）列举了巴尔的摩在城市更新中存在的问题，例如强大的公私伙伴关系的固有问题，滨水开发或总体更新规划与低收入社区之间的联系不紧密，以及建立基于服务和旅游业的低工资经济的缺陷等。所有这些都是通过城市更新实现可持续变化的一个有益提醒。与巴尔的摩公私伙伴关系有关的问题,引起了更广泛的关注。

巴尔的摩公私伙伴关系的历史可以追溯到 40 年前,涵盖了各种更新项目。公私伙伴关系是以“公民规划”和“住房协会”和“大巴尔的摩委员会(商会)”的演变为前提的,Lyall(2007)认为公私伙伴关系是民间企业家的孵化器,但 Levine(1987)则持不同意见,认为公私伙伴关系在更新开发中促进了私营部门的利益。例如,巴尔的摩开发公司(Baltimore Development Corporation)是该市为促进经济发展而签订的公私伙伴关系合同,但它在运营的企业振兴园区等更新项目中扮演了重要角色,帮助园区内企业获得税收减免,进行商业园区的管理,并对新兴技术中心和备受争议的希尔顿酒店等重大项目进行投资(希尔顿酒店项目是有争议的,因为会议中心酒店项目几乎完全由公共部门出资,但收益方是私营部门,希尔顿酒店只贡献了总成本的 2%)。

公私伙伴关系对企业振兴园区的管理提出了进一步的问题。企业振兴园区一直是大西洋两岸内城地区更新的主要工具——在英国,1981—1982 年设立了 23 个园区,到 1996 年又设立了 15 个园区,这是受美国人杰克・肯普(Jack Kemp)的启发,他在里根政府时期担任过顾问。在美国,企业振兴园区是在布什政府领导下发展起来的,但后来被放弃了,然后在 1992 年克林顿政府时期再加以实施,作为联邦住房和城市发展部(HUD)在一个更广泛的企业振兴园区和授权区更新倡议下宣布的一系列举措的一部分。企业振兴园区提供对企业有吸引力的税收优惠,旨在鼓励企业发展,但正如比尔・克林顿(Bill Clinton)承认的那样,这只是解决社会问题的更广泛一揽子计划的一部分。在美国,副总统阿尔・戈尔(Al Gore)成为第一个企业振兴园区和授权区更新倡议的领导者,这是克林顿政府的城市政策规划的标志性项目,由住房和城市发展部部长亨利・西斯内罗斯(Henry Cisneros)具体负责。在奥巴马政府期间,该政策已经成为主流，并得以扩展。现在，该政策负责提供企业干预措施和社会性支持，从整体上处理不满社区的问题。在英国，2011 年联合政府(2010—2015 年)重新引入企业振兴园区作为经济增长的主要工具。但这次吸取了早期使用企业振兴园区的教训(如产生短期商业行为，以最大化财务激励，却没有产生任何收益涓滴效应，见 Granger, 2012)，把重点放在促进本地增长潜力、长期生存能力、尽量减少换置效应，并为当地经济带来持久的利益。但“城市中心”认为，(英国)地区需要更积极地增加就业和新工作，而不是支持企业增长，这样才能获得持久的利益(Larkin and Wilcox, 2011)。一些较为成功的地区(如曼彻斯特空港城和纽约上曼哈顿地区)已经采纳了这一想法。

纽约：授权区和社区经济发展

1993 年，美国宣布了 9 个授权区(6 个由国务卿指定为住房和城市发展部，另外 3 个由农业部长指定)。这些授权区是在 1994 年的一次申报竞争后被指定的，此举呼应了 1992 年英国基于地区的更新倡议的早期竞争性质，例如“城市挑战”和教育区域。与英国“城市挑战”(1992 年)、社区更新基金(2001—2008 年)以及后来的标志性项目社区新政(1998 年)一样，美国授权区(1994 年)也是基于综合性的更新方法，在以地区为基础的更新方案下处理经济、人类、社区和物理发展的多重问题。授权区的主要特点是，以地区为基础，将公共部门和私营部门利益相关方作为战略伙伴聚集在一起，并通过综合性更新战略对公共资金进行竞标。

例如，上曼哈顿授权区(UMEZ)将私人和商业利益与公共和社区利益的相关者聚集在一起，以振兴上曼哈顿地区的贫困社区，包括马布里希尔、华盛顿高地、哈德逊高地、哈莱姆、南布朗克斯和汉密尔顿高地。与纽约其他地区不同的是，上曼哈顿并没有受到近几十年来同样的经济增长、士绅化和旅游业发展的影响，尽管最近有人认为旅游业和士绅化正在塑造这个地区，当然其速度和风格不同。上曼哈顿于 1994 年被指定为联邦授权区，并成立了上曼哈顿授权区开发公司来监督其实施。虽然上曼哈顿授权区是通过联邦预算提供资金的，但也利用了纽约市和纽约州的资金，这意味着上曼哈顿授权区是一个长期的战略性工具，将在联邦地区指定的有效期之后继续存在。

与其他授权区不同，上曼哈顿授权区完全专注于企业发展，并制定了四项战略来实现这一目标：

● 拓展当地企业获得资金的渠道；

● 为商业开发提供具有竞争力的定价资本；

● 加强社区文化机构的建设；

● (需求驱动的)劳动力发展，将就业机会与未就业/未充分就业居民联系起来。

到 2013 年，上曼哈顿授权区已提供了超过 9 000 万美元的资金，主要用于艺术和文化以及人力资源开发，1.7 亿美元的贷款用于混合用途的房地产和商业企业，5 700 万美元的免税债券用于房地产开发项目，并利用额外的 10 亿美元私人投资用于社区发展(UMEZDC, 2014)。有人认为，1997—2010 年，上曼哈顿授权区在曼哈顿上城区创造了 9 000 个工作岗位，帮助降低了 28%的失业率，减少了四分之一的贫困人口，提高了 30%的收入增长，并超过了同期指定的其他城市授权区(同上)。上曼哈顿授权区最成功的方面之一，是其社区发展和战略协作的方法。克林顿政府从一开始就强调利益相关者合作的重要性："社区更新不能单靠公共资源取得成功。对于一个寻求成功的社区更新来说，私人和非营利组织的支持和参与至关重要"(CEB, 1994:1)。从这个意义上说，社区委员会和社区开发公司的出现是一些地区成功(例如上曼哈顿授权区)的重要基础设施发展的关键。

社区委员会由50名志愿者组成,作为一个代表机构,在改善社区居民的生活质量方面发挥重要作用。这一委员会负责监测社区的需求,向市政厅提出建议,在土地使用和分区决策方面发挥咨询作用,并启动新的增长规划,以解决诸如住房陈旧、运动场、自行车道或交通问题等。目前,纽约有59个社区委员会:曼哈顿12个,布朗克斯12个,布鲁克林18个,皇后区14个,斯塔顿岛3个。

社区开发公司(例如哈林区的社区开发公司)是一个更大的城市开发公司(例如纽约州城市开发公司)的附属公司,该公司实施加强社区发展的更新方案。因此,它是一个社区的正式部门,并作为一个战略性机构,与其他利益相关者进行战略合作,管理联邦或州的更新方案。在哈莱姆,社区开发公司负责处理一系列问题,如规划和开发、商业开发、住宅开发、创新和基于社区的企业发展,并管理“气候变化援助计划”(针对低收入群体的联邦节能计划)。其示范项目之一是La Marqueta Mile,该项目与当地商业专家、基层社区及社区合作伙伴进行合作,试图改造公园大道上未被充分利用的地铁北线高架桥部分,从东111街到东133街。La Marqueta Mile提供了创建一个地区的机会,为充满活力的当地公共市场发展提供了空间,它将容纳当地生产的食品供应商、工艺品以及批发和零售设施,并为当地居民和旅游业提供服务。因此,这是一个将公共和私人问题结合在一起的很好例子,也是一个解决企业问题(通过食品供应商、游客支出)、社会投资问题(通过当地新鲜食品、社区活动)和设施陈旧问题(通过重新利用交通基础设施)的更新项目。

哈林区也是奥巴马政府的“希望邻里儿童区”(Promise Neighborhood Children's Zones)之一,就像英国的“确保起步”(Sure Start)项目,为目前或面临边缘化风险的弱势儿童及家庭提供关键支持;通过解决教育、保健和家庭发展问题的广泛措施,提供从出生到成年的支持。哈林的儿童区(Harlem Children's Zone, HCZ)在20世纪90年代开始试点,从整体上解决当地贫困问题;应对不友好家庭、吸毒和酗酒、健康状况不佳、暴力犯罪,以及教育质量差和身体衰弱等更广泛的问题。2000年,政府宣布了一项为期十年从财政和地理上扩大试点范围的战略(最终扩大到97个街区),使"希望邻里儿童区"模式得以继续,如今该项目由联邦城市事务办公室(Federal Office for Urban Affairs)资助。

在当时的美国,社区委员会的非正式使用和社区开发公司的正式指定提供了当地企业和社区发展携手并进所需的关键基础设施,其超出了他们管理基于地区的更新倡议的作用。例如,与上曼哈顿授权区合作而成立的南布朗克斯全面经济发展公司(SoBRO)为曼哈顿上城的南布朗克斯地区提供了专门的支持,并在扭转经济下滑的同时促进社区授权方面取得显著成功。南布朗克斯全面经济发展公司提供信贷援助和金融知识支持,帮助经济贫困的居民,为低收入的地方企业提供商业支持,发展和创建商业区,提供成人及青年发展教育项目,以及管理多元化的房地产投资组合(690个住宅单元、154个特殊需求住宅单元和70万平方英尺的商业空间)。然而,南布朗克斯全面经济发展公司最重要的成就是帮助当地居民就业和提供经济适用房,这两项工作都对当地居民日常生活产生重大的影响。诸如哈林的儿童区将公寓改善与健康、教育和家庭支持等更广泛的问题结合在一起,给了我们一个提示,在某些情况下,重组和衰落的影响也许如此严重,以至于需要采取集中的地区性措施来缓解一个地区受衰落破坏的影响,以及解决低收入种族社区中复杂的、看似棘手的贫困问题,这是更泛化的城市更新无法实现的。

底特律:货币贬值和种族衰落

许多城市的命运与其产业结构密不可分。在这一章及其他章节中,衰落地区已被证明是低附加值产业部门收缩的产物或正在转型的地区,而繁荣地区则有大量的高增长、高附加值的产业部门。底特律是一个不同寻常的研究案例,因为它是一个脆弱的大都市区,显示出增长、收缩和转型的迹象。当2007—2008年全球金融危机爆发之初,底特律正经历从汽车制造业经济向专业和休闲/零售服务经济的快速转型。随着全球金融危机的展开,由于住房和企业丧失抵押品赎回权引发了更大的危机,在失业、企业倒闭和消费者支出减少上产生了乘数效应,从而通过税收减少间接影响了该市的财政收入,其所受到的打击尤为严重。底特律的街区被遗弃,无家可归的人遍布街头,公园里及废弃铁路沿线到处都是临时避难所等,这些对许多人来说,都是一种世界末日般的景象,这场危机最终导致了底特律在2013年破产。

不管怎样,在底特律案例中,增长与衰落、富人与穷人,以及白人与黑人之间的鸿沟更加复杂化,也更加不稳定。就像中西部许多地区一样,底特律汽车工业也受到去工业化的影响,这打击了黑人社区中低技能的蓝领家庭,并导致了更多富裕白人社区一个明显的城乡转移(在美国被称为郊区化),这一过程也被称为"白人逃离"。结果,几乎在一夜之间,底特律从一个拥有200万人口的繁荣和多样化的城区变成了一个只拥有70万低收入居民的内城区,其中许多人住在黑人社区。因此,许多困扰城市的社会和社区问题(其根源是经济)表现为种族问题,这成为城市更新的进一步障碍。

诚然,自1980年以来,底特律及其内陆地区遭受了汽车制造业萎缩,导致大量就业岗位流失和人口外流,但城市也经历了剧烈的复兴。20世纪 90 年代中期，在“底特律复兴”（一个负责城市重建的私营部门组织）的支助下，底特律开始对城市地区进行持续投资，重新规划和发展娱乐业，以取代制造业。底特律采用的方法与巴尔的摩是一致的，因为两者都基于对娱乐和公共设施的改进，特别是标志性的物理开发项目，作为一种吸引对城市进一步投资的方式。正如 Spirou（2011）所指出的，体育场馆改造成了更新开发的标志性项目：2000 年，耗资 3 亿美元的科梅西亚公园（Comercia Park）取代了老化的体育场（棒球联赛的底特律老虎队的主场），并在 2002 年，让全美橄榄球联盟底特律狮子队（NFL Detroit Lions）迁至位于市中心耗资 4.3 亿美元新建造的福特球场（Ford Field），为美国冰球联盟底特律红翼队添加了该市现有的乔・路易斯竞技场（Joe Louis Arena）。此外，以赌场、酒店综合体和剧院区等娱乐导向的基础设施建设作为补充，也为城市吸引游客和举办大型体育赛事提供了基础。

与此同时，密歇根街区和企业振兴园区，由作为密歇根经济发展公司附属机构的市中心发展局运营，为新住房的建设和现有住房的修复提供税收优惠，以此来解决原有住房老化问题，同时吸引专业人士到这座城市。这种城市更新与英国 2002—2011 年推出的“住宅市场更新”类似，目标是针对土地价值低于 8 万美元的房产，其通常与早期“白人逃离”导致低收入社区的房屋贬值和物理衰退有关。在截至 2006 年的五年时间里，快速的新住房建设为市中心增加了 2 500 套共管公寓（condo），并以靠近艺术和文化机构和娱乐区为卖点向年轻的专业人士推销。现在，正如历史所表明的，这两种更新战略都是不可持续的。修缮后的住房与银行和抵押贷款协会对低收入群体的不良贷款做法有关，这些做法与丧失抵押品赎回权联系最为密切，并导致了银行业危机。与此同时，高空置率使新建的共管公寓黯然失色，随着全球金融危机逐步展开，服务业工作岗位减少，这座城市经历了曾被吸引来重建这座城市的同一批自由自在的专业人士和游客的离去。这两种方法都包括土地和建筑存量的大规模贬值，导致中央商务区和郊区的大量废弃，而又反过来通过显著的“租金缺口”导致大规模再投资和士绅化(Smith，1979)。当实际地租与潜在租金及销售之间的差距足够大，可以作为一个有利可图的投资机会时，就会出现租金缺口。

“白人逃离”导致住房投资不足，在某些情况下还造成城市的“红线”，再加上最近低收入(黑人)社区的房屋止赎，以及新建(和那些“在建”)建筑群的废弃，已经危及城市经济，迫使它濒临崩溃。在过去 12 个月里，底特律一直是密集而活跃的投机投资之地，其住房和建筑存量的贬值，正在催生出一个双速城市。底特律市中心正吸引着大量来自美国和中国投资公司的投资，这一直是刺激更新规划的重点(如新的 M-1 有轨电车线等)，并因租赁价格低而吸引着白人嬉皮士。随着底特律从破产中走出来，它正在以几十年来从未有过的速度吸引着企业、基础设施投资和居民。例如，亿万富翁丹·吉尔伯特(Dan Gilbert)在市中心购买了 60 多栋建筑，拥有底特律两支运动队的老板迈克·伊里奇(Mike Ilitch)购买了价格空前下跌的房地产。然而，在市中心之外，仍有 15 万栋空置或废弃的建筑，在一些街道上仅有一两所房子被使用。这造成了两个城市印象，一个被白人占据的城市，另一个被黑人占据的城市(*the Guardian*，2015)。这两个过程结合在一起，描绘了一个城市正在同时发生士绅化和崩溃。

让底特律与众不同的是它的愿景，它将白人财富和士绅化牢牢地置于其更新的中心，与纽约的做法形成了直接对比。有人认为，对房地产和基础设施的投资会增加土地价值。底特律市中心的楼宇空置率大体上低于 5%，租金比一年前高出 200—400 美元。科技初创企业越来越多，富有创造力的专业人士被便宜的租金所吸引，大公司为年轻员工居住在市中心提供经济奖励。河滨地区已成为一块特殊的磁石。然而，很少有证据表明，由于租金缺口而产生的大量投资会涓滴到低收入社区，正如巴尔的摩所证明的那样。例如，在纽约，曼哈顿的平均租金超过 3 800 美元，而半数居民生活在贫困线附近或贫困线以下。一个问题是，处境不利的社区很难从核心地带的新机会中获益，除非有适当支持，以及使弱势群体获得新的就业机会的规定。这是因为弱势群体的技能获得率最低，社会流动性差，这意味着他们不太可能从新的就业机会创造中受益，而贫困社区的公共设施服务不足，以及由于紧缩削减而导致的重要支持和教育举措的收缩，都可能加剧上述问题。也许令人惊讶的是，底特律的政策制定者正在鼓励中央商务区的士绅化，而故意忽略了市中心之外的关键问题。正如一位居民所说："我们过去什么都有：百货商店、杂货店，全都有。现在污水倒流，公园被封锁了，学校也关闭了。如果我们有更多的维修费，人们就会留在这里了。"（Harris，2014 in *The Guardian*，2015）

从大西洋两岸更新过程中吸取经验教训

就更新政策和方案取得成功的程度得出结论，从来都不容易。鉴于与一个地区日常状况有关的无数问题，以及随着越来越多的教训被吸取而不断演变的政策，要想就一个更新方案在控制一个地区再开发或阻止衰落取得成功的程度得出结论，则更加困难了。还有一个公理是，区位是独特的，这意味着，试图进行比较，考虑将一个地区的想法或活动转到另一个地区等，即使不是徒劳，也是困难的。然而，现在人们普遍认同，城市衰落部分或全部与经济有关，经济、社会/社区和物理衰退的根源是经济衰退，进而是产业结构调整和经济冲击。从 20 世纪 70 年代开始，在去工业化的时期，从制造业向服务业转型的经济结构调整，在美国和英国都造成了实质性的衰退，这不仅导致城市更新作为一种不连续的政策工具在这两个国家诞生，而且也可以在前工业地区的当今表现中得到反映，这些地区继续遭受着多重剥夺的折磨。第一个观察结果是，财富减少和经济衰退、社会剥夺和物理废弃所引起的城市衰落在短期内难以扭转。从大西洋两岸的情况中，可以明显看出，受全球金融危机打击最严重的地区之一仍是那些去工业化而经历转型的城市地区。第二个观察结果是，在美国和英国，已经有了一个更长期的地区更新政策，现在大规模更新的公共资金承诺通常至少十年时间。值得注意的是，英国联合政府当选后，在2010年的《综合支出审查》中宣布，将撤出对“确保起步”(Sure Start)项目和“住宅市场更新”项目的公共资金。

人们已经汲取经验教训并重新确定政策重点的第二个方面是认识到，以物理更新为主导的开发很少起到作用。它们可以相对较快地振兴一个地区，但不能带来全面振兴一个地区所需的持久变化，除非经济增长与解决贫困问题挂钩。换句话说，如果投资一些地区并假定会产生涓滴效应，那么有证据表明，如果没有进一步的干预，这种情况就不会发生。在美国，对巴尔的摩内港周围的物理结构和关键标志性建筑的投资，以及底特律对标志性休闲设施和住房的投资，导致了士绅化，而不是贫困社区财富和社会状况的持久改善，其中央商务区核心的发展又进一步剥夺了这些权利。因此，美国的做法已经从投资于一个地区的物理更新作为改变的催化剂，转向更全面和长期的方法，将公共和私人利益、企业和社区的关注结合在一起。不仅成长型公司需要在当地雇佣员工，而且利益相关方也需要进行干预，以确保当地社区令人满意的技能发展与提供的就业新机会相吻合。在这方面，早期将企业增长与社区培训相结合的尝试，如英国的“社区更新基金”(从1998年开始)，以及积极主动的“授权区”和利益相关者(如 UMEZ、HCZ 和 SoBRO),带来了思想上的转变,现在这种转变正在成为主流。例如,最近英国企业振兴园区在处理就业和企业增长方面的态度有所软化,这表明,即使是自由市场的倡导者也认识到,在实现经济增长时,如果不为处境不利的社区提供利用投资所产生的新机会的工具,就无法实现经济增长。曼彻斯特空港城企业振兴园区的就业支持发展就是一个很好的例子,尽管只有时间才能证明经济力量是否占上风。它采用"企业增长+社区就业能力"的更新模式,与其他机构合作来实现这一目标,标志着与过去二十年来单一机构、物理主导的更新规划有重大的区别。在这方面,巴尔的摩港口更新的投资(巴尔的摩规划 2.0)带来种族剥夺问题的不断恶化、底特律以牺牲郊区贫困社区为代价的市中心投资,与此形成鲜明对比,并提出了严重的问题,即它们是否有能力实现彻底更新一个地区所需的持久变革。

关键问题及行动

- 只有在更新方案解决了当地问题并能增加当地财富和提高当地生活水平时,城区改造和复兴对城市更新是有用的。
- 城市更新项目增加了士绅化的风险,英国和美国一些地区的超级士绅化,使边缘化的种族社区被进一步剥夺了权利。
- 全球金融危机对英国和美国一些处境不利的社区产生了不成比例的影响,这些社区受到进一步紧缩政策的影响。这造成了严重的资源限制,从而限制了援助一些弱势群体的干预范围。
- 英国和美国已经共同努力发展以地区为基础的综合性更新方法,目前使用的授权区被认为能有效将多个利益相关者以及需求与供给问题联系在一起。

参考文献

CEB(1994) *Building Communities Together: Empowerment Zones and Enterprise Communities Application Guide*. Washington, DC: US Department of Housing and Urban Development, Community Enterprise Board.

EIR(2006) 'Deindustrialization creates "Death Zones". The case of Baltimore', *EIR Economics*. EIR Feature, 6 January 2016. Baltimore: Larouche Publications. Available at www.larouchepub.com/eiw/public/2006/2006_1-9/2006-1/pdf/04-27_601_featbalt.pdf(accessed 1 June 2016).

Granger, R.C.(2012) 'Enterprise Zone policy—developing sustainable economies through area-based fiscal incentives', *Urban Practice and Review*, 5(3):335—41.

Hambleton, R. and Taylor, M.(eds)(1993) *People in Cities. A Transatlantic Policy Exchange*. Bristol: School for Advanced Urban Studies, University of Bristol.

Larkin, K. and Wilcox, Z.(2011) *What Would Maggie Do? Why the Government's Policy on Enterprise Zones needs to be Radically Different to the Failed Policy of the 1980s*. London: Centre for Cities.

Levine, M.V.(1987) 'Downtown redevelopment as an urban growth strategy: A critical appraisal of the Baltimore Renaissance', *Journal of Urban Affairs*, 9(2):103—23.

Lyall, K.(2007) 'A bicycle built-for-two: Public—private partnership in Baltimore', *National Civic Review*, 72(10):531—71.

Molotch, H.(1976) 'The city as a growth machine: Toward a political economy of place', *American Journal of Sociology*, 82(2):309—32.

Smith, N.(1979) 'Towards a theory of gentrification: A back to the city movement by capital, not people', *Journal of the American Planning Association*, 45(4):538—48.

Spirou, C.(2011) *Urban Tourism and Urban Change. Cities in a Global Economy*. London: Routledge.

The Guardian(2015) 'The 2 Detroits: A city both collapsing and gentrifying at the same time', *The Guardian*, 5 February.

UMEZDC(2014) *Upper Manhattan Empowerment Zone: Channelling Growth and Opportunities to Upper Manhattan Residents*. New York: UMEZ.

第 13 章

城市更新：来自英国“凯尔特边缘”的经验和见解

黛博拉·皮尔*　格雷格·劳埃德**

引言

本章主要讨论英国政治权力下放地区的城市更新。苏格兰、威尔士和北爱尔兰是不列颠群岛的一部分，被认为是由大不列颠和爱尔兰的较大岛屿和几千个较小的岛屿组成，苏格兰、威尔士和北爱尔兰的扩张地区被普遍指定为英国的“凯尔特边缘”(Jones and Evans, 2008)。然而，这三个各不相同的国家—地区对城市衰落的原因以及历届英国政府实施不同规定性的更新措施提供了深刻见解。这些经验为我们提供了在城市更新的问题界定、解决方案设计、优先次序安排及实施中不断演变的社会结

* 黛博拉·皮尔(Deborah Peel)教授，邓迪大学建筑与规划系主任。在苏格兰工作之前，曾在北爱尔兰(阿尔斯特大学)和英格兰(利物浦大学和威斯敏斯特大学)工作。职业生涯始于当地政府的规划和更新工作，并将实践见解与学术工作相结合。

** 格雷格·劳埃德(Greg Lloyd)教授，阿尔斯特大学城市规划名誉教授。2008—2012 年，担任阿尔斯特大学建筑环境学院院长。曾在利物浦大学(2006—2008 年)、邓迪大学(1994—2006 年)和阿伯丁大学(1978—1994 年)工作。社会科学院院士。曾担任北爱尔兰议会政府关于土地使用规划改革的部长级顾问。

构和国家—市场—市民社会关系的理论认识。

在这一章中，我们将探讨英国凯尔特边缘地区的更兴，其中的城市更新框架是：

- 解决长期问题，表现为干预的“痕迹”和一系列“再解决方案”；
- 以社区为中心，以公共领域和城镇中心为重点的更新干预措施；
- 由权力下放和政治权力区域联盟形成的地区差异。

理解凯尔特边缘的“城市更新”

正如本书中所讨论的，结构变化具有特定的地理效应，对当地和地区经济产生不同的影响，但特定的“事件”（有规划或无规划的/有意或无意的）或涉及更长时间的“事件”可以改变一个地方的发展轨迹，无论是好还是坏。正如Couch等（2013）所指出的，随着政治和意识形态背景、经济条件和社会环境以及政策重点的变化，城市更新经历了不同的阶段。他们指出，城市更新具有明显的两重性，一方面促进城市增长和竞争力；另一方面解决街区更新的需要。这种经济需求和社区诉求之间的对立紧张关系是通过为更新及其行动优先顺序设定各种限制来得以缓解的，这在凯尔特边缘地区尤为明显。本章按照Leary和McCarthy（2013a）的观点，建立本质上以人为中心，国家主导的城市更新。更重要的是，他们指出：

> 城市更新是一种以城市为基础的干预措施，由公共部门发起、资助、支持或引导，其目的是对当地人民、社区和地方的多方面贫困（通常具有多重性质）状况作出显著、可持续的改善。（Leary and McCarthy，2013a：9）

本章探讨这是否成为凯尔特边缘地区更新的焦点。

凯尔特边缘地区的城市对更新有各自不同的理解，并在实践中采取了不同的形式，这可以通过高级别（中央政府）的战略性文件来说明，这些文件显示了凯尔特边缘地区一定程度的差异。威尔士政府在更新框架《充满活力和可行的地方》(*Vibrant and Viable Place*，2013：4)中将城市更新定义为：

> 一套旨在扭转经济、社会、环境和物理衰退以实现持久性改善的综合活动，在这些领域，如果没有政府的一些支持，市场力量是无法单独做到这一点的。

同样，北爱尔兰社会发展部(Department For Social Development In Northern，2013)将城市更新定义为：“在没有政府支持的情况下，市场力量无法扭转地区经济、社会和物理条件衰退的领域开展的活动。”因此，在这些背景下，城市更新的前提是有关市场失灵以及国家干预以纠正市场失灵的理论基础。他们还参考了有关经济、环境和社会方面的可持续发展的观点。

与此形成微妙对比的是，苏格兰地方政府和更新委员会(2014：1)在苏格兰更新调查之后的报告中指出：

> 我们将城市更新视为一个通过贯穿所有公共政策领域的战略方法及其集中力量来实现的愿景。城市更新的首要任务是减少处境不利地区的贫困、衰落和机会不平等。它是改善社区的结果。

在这里，重点似乎是努力改善因产业结构调整和经济变革而处于不利地位的社区的福祉。这一说法反映了苏格兰政府在公共政策、规划和治理方面更广泛和明确地推行以结果为基础的方法。尽管凯尔特边缘地区对城市更新有如此高水平的认识,但更新方面的新兴政策实践往往是多方面的。

虽然中央政府提出政策目标和广泛的政策方向,地方当局往往是实施更新政策的主要行动者。但更新概念扮演"保护伞"的角色并不少见。因此,在威尔士,例如托法恩郡自治区议会(2004)的《2004—2016 年更新战略》不仅是作为一个指导企业层面更新的战略性文件,而且为行政辖区内正在进行的"基于众多地方和主题的更新方案提供了保护伞"(2004:6)。因此,这一地方层面的更新战略向上传达了该地区的总体社区战略,对外传达给一系列合作伙伴组织,向下传达并塑造了战略重点在社区层面的应用。这个例子表明,更新发生在多层次的治理安排中,涉及不同利益之间的多重关系,需要多方参与,并且是构成以地方为基础的更新政策的大熔炉的一部分。

在本章中,我们认为,尽管凯尔特边缘地区在城市更新的想法和实践上各不相同,但设计和实施更新的方法却有明显的共同之处。其中,有四个主要方面:将城市更新纳入更广泛、全面的卫生和住房公共政策组合的主流;重点转向战略更新框架;关注公共领域,特别是城镇中心;以及明确关注地方层面的社会福利效果。本章没有考虑更新活动的其他方面,包括社区团体、慈善机构和社会企业的工作,扩大继续教育和高等教育的范围,志愿活动和由有关人士组织的大量社区项目等,而是审视更高层次的更新进程。

从当地政府的政策文件来看,凯尔特边缘地区更新政策越来越以社区为导向,并以减少贫困、衰落和机会不平等等更广泛的目标为框架。例如,苏格兰的地方政府和更新委员会(2014)扼要指出:"更新是关于人的事情”。本章明确聚焦“以社区为中心”的城市更新的阐述，聚焦苏格兰、威尔士和北爱尔兰确保以人为中心的城市更新的更高层次的政治抱负。最后，总结我们可以从所选案例的经验和新提出的未来方向中学到的东西。

在本章的剩余部分，通过重新审视 Rittel 和 Webber(1973)的“棘手问题”(wicked problem)概念，城市更新在概念上被理解为重新解决城市退化和衰落问题。其次，凯尔特边缘地区的更新是以强调权力下放及政治权力不断演变的重新组合为背景的，这对于理解地区的独特性是很重要的。我们认为，权力下放为实验和主张意识形态差异和地方特殊性提供了思想和政策空间。这一问题已通过各种方式得到解决。然后，基于更高层次的意图陈述，我们探索凯尔特边缘地区的更新进程，并考虑未来的更新方向。

更新作为“棘手问题”的再解决

城市更新被认为是一个非常广泛的领域，在这本书中涵盖了经济、物理环境、住房、社区等各个方面。除此之外，还有文化、技能、环境可持续性等问题。这种兼容并蓄的更新活动不仅强调了定义问题，而且指出了更新所固有的混合性。Leary 和 McCarthy(2013b:583)观察到：

> 城市更新的历史就是突然出现的城市问题并引起政治关注的历史。一个主要的悖论是，虽然这些问题往往是长期的，而且是迄今难以解决的，但解决办法则是短期的和可变的。

为了突出意外，Leary 和 McCarthy(2013a)指出了地方和社区在经济和产业结构调整方面的潜在脆弱性。

对于那些参与更新的人来说，干预措施和工具的多样性与 Rittel 和 Webber(1973)试图发展(城市)规划的一般理论产生了共鸣，他们认为问题本身是复杂和系统的，没有确定的解决方案。Rittel 和 Webber(1973)得出结论，规划中要解决的问题，即与社会或政策问题有关的问题，本质上是“棘手的”(1973:160)。他们将自然科学中的问题描述为“可定义和可分离的”，并具有潜在的“可找到的解决方案”(1973:160)。相比之下，他们将社会或政策规划中的问题(也适用于城市更新)定义为“定义不清的”，依赖于“难以捉摸的政治判断来解决的”(1973:160)。重要的是，Rittel 和 Webber(1973:160)极力主张，这些社会问题是复杂开放系统的一部分，它们很少被“解决”，而是“一次又一次地解决”。地方经济结构持续调整表明，更新受到不断要求解决问题的压力。正如本章将阐述的，凯尔特边缘地区的经验证实了导致衰落原因的长期性和复杂性。这些特征暗示了更新作为问题再解决其周期上的恶性循环。当然，对更新的持续需求表明，没有迹象表明存在良性循环。

重要的是，Rittel 和 Webber(1973)所阐述的一些规划中的问题特征，在这里被认为与理解城市更新有关。我们认为，对“棘手问题”的理解有助于解释凯尔特边缘地区城市更新是如何演变的。实际上，更新规划者和参与者都在寻求对人们生活世界的某些方面的改善。这些问题(比如，那些与退化和多重不利因素相关的问题)都是根据不同的价值观及其相应的意识形态背景来分析和解释的。因此，政策解决方案不是“对或错”的问题，而是“好或坏”的问题(1973:162)。这一观察揭示了城市更新的规范性本质，并表明人们所持的态度和社会结构对更新有重大影响。

根据 Rittel 和 Webber(1973:164)的观点，棘手问题“本质上是独一无二的”，而且本质上是复杂的，因为它们构成了相互作用的开放系统的一部分。由于对某一特定问题缺乏“明确的表述”（1973：161），而且某一特定问题的症状可能与其他棘手问题是相互关联的，因此很难界定因果关系。例如，由于涉及复杂的因果链和社会经济系统所固有的开放性，多重贫困的原因可能具有 Rittel 和 Webber（1973：162）所称的“没有固定法则”。棘手问题是复杂的，例如健康不佳可能是若干原因（如缺乏就业、住房条件差或环境污染）引起的症状。一个地方退化的因果关系具有持续的相互关联的性质，因此很难确定责任所在，也很难确定衰落问题及可解决衰落问题的方面。此外，棘手问题可以用许多方式来解释。对原因与结果的意识形态解释各不相同，因而对政策解决方案选择也会相应不同。此外，为解决棘手问题而实施的更新计划（问题再解决方案）可能得不到即时或最终“成功”的检验，因为后续影响的波及需要时间来显示。因此，更新干预措施不能被认为是一次性、离散的或有时间限制的。每一种干预都是相对的，并留下“痕迹”，这些痕迹将继续定义发生衰落和设计更新的条件。这些痕迹不可避免地成为广大纳税人、政治家、学者、越来越多的媒体以及直接参与其中的社区密切关注的对象。例如，我们可以从北美城市更新的背景中得出一个有趣的观察。Rose 和 Baumgartner（2013）指出，媒体对贫困问题的讨论，已经从关注贫困产生的结构性原因，转向将穷人描绘成骗子及社会福利计划弊大于利的方面，这在前一章中是被认为带有种族色彩的。在这里，更新政策的痕迹在公众眼中可能会被进一步扭曲。

从根本上说，更新是一种规范性活动，正如 Rittel 和 Webber（1973：166）对规划者所说的那样，“没有错的权利”。可以说，如果不能找到解决不利条件、不平等和社会排斥问题的办法，更新本身就可能加剧潜在的原因，或者因环境变化而令人措手不及。基于 Rittel 和 Webber（1973）对规划一般理论的研究，表 13.1 总结了一个将更新理解为问题再解决的词汇表。

表 13.1 更新作为问题再解决：一个“棘手”的词汇表

衰落和不利条件的问题	更新解决方案
社会建构	规范性
意识形态定义/价值导向	意识形态定义/价值导向
独特性	特定的(没有“一刀切”的办法)——定制
难以定义	涉及多层次治理
相互依存	相互关联
因果链的一部分	留下痕迹，即，相应的一无意识的?
持续存在的	有影响吗?
系统性	系统性

凯尔特边缘地区更新：权力下放之前

关于单一凯尔特边缘地区的概念是有争议的(Ellis，2003)。在本章中，我们并不暗示苏格兰、威尔士和北爱尔兰在身份认同、治理和城市更新方面遵循特定的同一性模式。相反，我们认为，凯尔特边缘地区呈现差异化的核心—外围关系和多样化的机会，以维护区域不同的更新重点。凯尔特边缘地区提供了一个透镜，通过它可以看到经济变化的不平衡地理位置。这一透镜有助于揭示 Krugman(1991)所认定的一个民族国家中经济活动过程的不平衡性以及经济和政治权力的不平衡集中。例如，与以伦敦为中心的地区结果相比，凯尔特边缘地区可能被解释为一系列功能失调的核心—外围关系和结果。这些因素带来了相对经济表现、经济历史和地理、时间、规模和位置的关系、可达性和连通性、区域主义概念，以及2014年苏格兰公投所见证的各种独立主张的复杂考虑。这种动态与文化方面交织在一起，进一步塑造了社区和空间关系的特征。

在整个英国，传统的城市更新在明确优先事项、资金和工具方面，往往广泛地仿效经济发展和以地区为基础的方式。更新的补充措施用以处理相关的社会和社区问题。更新不可避免地涉及多层次治理安排。在不同的凯尔特边缘地区，更新的水平因情况而异。一个特别的例子是北爱尔兰，在2015年4月之前，26个地方议会的法定权力和责任非常有限，主要以北爱尔兰政府的协商身份行事。《公共行政审查》的执行，恢复了11个（数量减少）地方议会的权力，包括规划在内。《更新法案（2014）》为更新权力设定了新的议程，这些权力也将在2016年下放给新的地方议会。

随着时间的推移，特殊的空间因素影响了苏格兰、威尔士和北爱尔兰在不同背景下（农村、岛屿、沿海、郊区和城市）的相对经济表现方面。在区域尺度上，由于主要的城市形态，空间差异以特定的方式形成。这里指的是凯尔特边缘地区最大的城市区域格拉斯哥，以及爱丁堡、卡迪夫和贝尔法斯特等地区首府。例如，在苏格兰，格拉斯哥中心的战后重建——例如格拉斯哥东部地区重建项目（GEAR）——涉及综合更新。从第二次世界大战结束到20世纪70年代末，这是英国最大的城市更新项目。它包括拆除成千上万的贫民窟和重新安置约45%的城市战后人口（将近50万人）。作为一种非常物理性的城市更新形式，格拉斯哥东部地区重建项目被认为对苏格兰中心地带后续的城市发展和更新政策具有重要影响。它创造了一个特殊的遗产（Local Government and Regeneration Committee, 2014）。从格拉斯哥东部地区重建项目中汲取的教训是，物理性更新和搬迁计划留下不利的社会“痕迹”，其后果表明，人们没有被充分认识或预料到地区退化的复杂相互关联性质对周边住宅区的影响。值得注意的是,这种物理性的城市更新形式有效地预示了随后的新自由主义强调土地和房地产开发作为确保城市更新的杠杆。

城市更新可以被视为嵌套在更广泛的"区域问题"中(Armstrong and Taylor, 2000)。例如,一项直接区域援助政策试图吸引公司到失业率相对较高的南威尔士山谷。这种方法不可避免地包括特定的城市地区,比如庞特普里斯(Pontypridd)。与城市衰落有关的相对区域经济表现是20世纪30年代经济状况的结果。早期的城市更新强调对特定公司的直接帮助,这种做法一直持续到20世纪70年代中期。像迈斯泰格(Maesteg)和布里真德(Bridgend)这样的小城镇受益于贸易地产的建立,但政策往往高度本地化。这种基于地区的方式可能与21世纪头十年的举措形成对比,后者更直接地投资于人力技能和基础设施,旨在为已确定的产业部门创造更有利的条件(Centre for Regeneration Excellence in Wales, 2012)。

在北爱尔兰,一个非常不同的议程盛行,城市更新与"北爱尔兰纠纷"紧密相连。内乱和宗派动荡为采取措施解决产业重组的局部影响设定了背景。自2003年以来,社区更新规划作为一项跨政府部门的战略开始运作,目标是整个北爱尔兰遭受严重贫困的社区。例如,2007年启动的社会发展部"社区更新"项目承认,"那种短期性、以内部为重点以及主要依赖于社区努力的更新活动将不足以扭转该地区的命运或确保未来的实际增长"(Department for Social Development, 2009:5)。当时,贝尔法斯特的战略更新框架的鼓动是一个明确的尝试,以"联合"多部门的行动。其目的不仅在于解决去工业化带来的物理和经济后果,而且在于解决内乱对社会和心理健康的影响。一个特别的重点是促进社区凝聚力和共享社区。这种方法寻求将公共部门的战略和资源与私营部门的投资计划联系起来，以解决基础设施问题，同时努力确保地方社区的“共赢”。

在苏格兰的敦提(Dundee)，李维斯(Levis)和天美思(Timex)等个别工厂的倒闭、引发了当地经济和社区危机，而苏格兰经济整体表现不佳。城市更新包括以地区为基础、以人为基础和以部门为基础的多重方案。例如，“优先伙伴关系区域”和“社会包容伙伴关系”旨在通过设计当地项目来解决整个城市不利条件的具体问题，重点关注社区主导的更新优先事项(McCarthy and Fernie, 2002)。随后，权力下放为解决这种干预主义安排中的碎片化提供了机会。

凯尔特边缘地区更新：权力下放之后

在权力下放时，每个民族地区面临的一系列城市问题都与产业结构调整相关，如苏格兰和北爱尔兰的工业重组以及威尔士的煤矿行业收缩等。在英国权力下放时期，具体更新政策发展本身是在宪法、意识形态和政治关系不断演变的背景下(特别是那些与布莱尔政府权力下放相关的关系)发生的。苏格兰议会、威尔士议会和北爱尔兰议会的成立为新一届政府提供了机会，让他们能够维护相对的自治权，并以特定文化和基于地方敏感性的方式解决城市地区退化和衰落问题。在特定政治抱负的指引下，更新议程反映了地方不同尺度(次区域、城市经济和社区、内城、郊区和农村地区)的不同优先事项及其影响，在北爱尔兰，包括共享社区、良好的关系和跨境更新问题。

权力下放有着强大的政治渊源。在英国，它是根据一整套特定经济理念构建的，反映了转向新自由主义的经济议程(Sandel, 2012)。然后，权力下放可能会被解读为英国政府试图实现公共部门组织和管理方式现代化的不可或缺的一部分。在凯尔特边缘地区,权力下放有不同的影响,反映了对特定经济、环境和社会条件的定制反应的发展(Morgan and Mungham, 2000)。人们已经注意到各种趋同和分化的过程(Keating, 2003)。有人认为,权力下放有助于公共部门的现代化;确保公共服务的权力下放,倡导更有意义的公众文化,并为地方和区域治理建立新的安排(Goodwin, et al., 2005)。这些争辩表明了对权力下放治理及辅助作用的期望是如何在当地被解读和落实的,因为政治权力下放为更新政策和实践发展提供了批判性学习、试验和创新的潜力。

通过1998年的《苏格兰法案》、1998年的《北爱尔兰法案》和1998年的《威尔士法案》,权力下放得以实施。苏格兰议会、威尔士议会和北爱尔兰议会享有不同的立法和财政权力(Morgan, 2006)。虽然威斯敏斯特在某些领域(如财政、外交和国防政策)保留了权力,但苏格兰、威尔士和北爱尔兰都有权制定城市更新政策。当然,城市更新政策相对于其他公共政策的"地位"以及城市更新如何组织或实施,则有所不同。人们可能会质疑,更新实践在多大程度上与以威斯敏斯特为中心的宏大叙事存在分歧。

早期对英国更新实践的回顾提出了一些独特的方法。如Jones和Evans(2008)提出,城市更新是以一种多样化的方式发展的。同样,Adamson(2010:1)指出,"在四个权力下放的地方政府中,基于地区的更新政策实施是共同的,但在政策细节和实施机制结构上存在相当大差异"。这些差异在一定程度上反映了每个民族地区的特殊情况、更广泛的政治经济、每一套规划和治理安排的具体特点,以及每个权力下放地区的地方政府的相对行政管理能力。这些差异化是特定治理环境、社会经济条件及其经验的结果。更重要的,也许是权力下放的民族地区对城市的认知,以及所面临挑战的重点,决定了城市更新的范围。

通过约瑟夫·朗特利(Joseph Rowntree)基金会关于贫困和更新的比较研究，我们对这些差异化有更深入的理解。关于苏格兰，Robertson(2014)解释说，城市更新的途径源于苏格兰特定的政策制定和立法结构。这种独特的制度安排旨在适应苏格兰独特的领土政治和《苏格兰法》的法律要求。Robertson(2014)进一步认为，苏格兰的更新政策倾向于大体上模仿英国政府的政策目标，但也存在一些差异。共同的资金来源，比如通过欧洲经济共同体和英国政府提供的资金，包括20世纪70年代的"城市援助"，意味着苏格兰的更新政策是按照英国政府的优先事项来实施的。英格兰的城市更新主要集中在市中心。然而，在苏格兰，贫困程度也集中在外围的社会住宅区，这些住宅区本身就是早期城市分散化的结果或痕迹(Local Government and Regeneration Committee, 2014)。

关于威尔士的更新途径，Clapham(2014)提出的解释，是20世纪60年代以来行政权力日益分散化的政治结果，特别是1965年威尔士办公室的创建。例如，这种治理安排使城市更新主要集中于正在进行重大产业重组的南威尔士山谷。

关于北爱尔兰，Muir(2014:33)在对贫困和更新政策的回顾中指出，"城市更新一直被视为反贫困工作的一个重要方面"。证据表明，北爱尔兰继续强调以社区为基础的更新工作。然而，她也引用了北爱尔兰更新方法"碎片化"的例子，这在中央政府权力下放前后都有明显表现。Muir(2014)的结论是，从更新方案的数量来看，碎片化问题是明显的；在同一地区同时进行的并行更新方案，为单个更新方案提供混合方案资金，有时间性限制的项目资金，以及从政府预算中转移支出，这些因素叠加在一起对更新"真正额外性"提出了严重的质疑(2014:1)。除此之外，北爱尔兰政府本身可能也存在系统性的碎片化，反映了其特殊的权力分享基础和安排。

人们对城市衰落和环境的批判性评价，清楚地塑造了城市更新的问题界定、解决方案设计、优先事项安排及其实施的相关过程。我们认为，城市更新必须被理解为对发达市场经济体社会嵌入的、系统特征问题的持续不断的再解决。这一观察与 Neal(2003)的观点一致，他认为城市问题的发生与更深层次的社会主题相冲突。这些主题涉及生活条件、机会和住房等方面。关于不平等在多大程度上是现代社会的内在特征的新辩论中出现了明显的新情况(Hutton, 2015)，这可以从饥饿和粮食贫困的程度及其地理分布中得到说明(All-Party Parliamentary Group on Hunger and Food Poverty, 2014)。对社会排斥和社会不公的强调，揭露了英国普遍存在的深层次的不平等(Lawton, et al., 2014)，因而重新设定了城市更新的背景。

凯尔特边缘地区更新的战略方向

在本节中，我们利用表 13.1 的词汇表探讨凯尔特边缘地区的当代城市更新，并在以下小标题(横向战略；资源提供；城镇中心；基于社区的更新)下展开讨论。

横向战略：一种框架方法

权力下放后地方政府都公布了城市更新战略，以在更广泛的公共政策组合中确立一个参考点。2011 年，苏格兰政府发布了“实现可持续的未来：更新战略”。这种优先支持弱势社区，确保所有地方的更新战略是可持续的，并促进了福祉。在这里，城市更新既是反应性的，又是预防性的。特别是，这一更新战略为解决地区不平等、创造机会和改善社区的地方行动确立了一个框架。

2013 年，威尔士政府发布了“充满活力和可行的地方”的更新战略，强调了伙伴关系合作、战略思考、综合行动以及承诺可持续发展的重要性。本质上，与苏格兰一样，更新战略的使命是确保跨领域的政策干预以及可确定的结果。涉及城镇中心、沿海社区以及更传统的地点。同样，北爱尔兰政府发布了“城市更新和社区发展政策框架”（Department for Social Development，2013），其目标是解决基于地区的贫困，增强城镇竞争力，改善需要地区与机会地区之间的联系，以及发展更具凝聚力和参与度的社区。

横向框架的使用将为城市更新指明一个更全面的方法，同时寻求更适合于已知退化原因和社区需要的针对性措施。这些框架将表明，有一种实质性的努力，以确保城市更新不是个别政府部门的孤立行动，而是置于整个主流政策之中。其中明确提到城市更新与每个民族地区的总体政治抱负、普遍的经济战略以及更广泛的住房、健康和教育安排之间的关系。这种将城市更新立场明确地纳入主流的做法是政策的核心，并反映出一些影响。人们普遍认识到，城市地区衰落是多方面的、相互依存的和系统性的。任何政策回应或干预都必须反映这种复杂性和相互关联性。它强调在各个地区借鉴已有经验的各级治理中开展合作伙伴关系。此外，多部门和多层次的干预是承认经济状况继续恶化和蔓延，以及（在紧缩的情况下）资源日益有限。有必要为城市更新建立一个更广泛、更主流的基础——一个反映所涉及复杂性的基础。横向框架方法可能创造灵活性，阐明并应用于适应当地情况的广泛方向，从而认识到社区和地方的特性。

在苏格兰，更新政策的主流化辅以城市区域主义，旨在为城市更新提供更清晰的战略环境。城市区域议程与持续现代化的法定土地使用规划紧密相连。2006 年《苏格兰规划法案》为爱丁堡、格拉斯哥、阿伯丁和敦提四个主要城市提供了新的战略规划安排。战略发展规划必须考虑到城市地区住房市场、工作通勤，以及在相对较大地理区域获得服务的机会，这些都要横跨各地方当局的行政管辖范围。事实上，城市更新是在一个更具战略性的土地使用规划框架内进行的。这种方法将城市及其城市地区的绩效和生产力定位为确保国家经济政策目标的关键(Scottish Government，2015)。至关重要的是，苏格兰的城市更新重点是确保跨部门和相互关联的工作，以实现战略结果。更高层次的战略框架的作用是为更多地方层面的城市更新措施的实施提供总体指导和目标愿景。

资源提供

对更传统的以地区为基础的更新方法进行重塑，明显反映了城市更新的思想及其实践的趋同。例如，在威尔士的瓦利斯、蒙阿梅奈、北威尔士海岸、西瓦利斯、斯旺西、阿伯里斯特威斯和巴里等，地方当局已经设立了更新区。这些指定的更新区反映了需要进行干预的情况。现在，新的更新战略框架提出了一种不同的办法，即将资金直接分配给若干更新理事会，以便在其特定地区实施主要更新项目。新的更新议程包括：纽波特和庞特普里德的房产升级；雷克斯汉姆的宽带和安全摄像头建设；塔尔伯特港的重大再开发；鼓励业主改善特雷迪加空置及不合标准房产的可循环利用的贷款规划，以及为巴里的滨海更新项目提供资金。此外，正在制定有针对性的不同筹资安排。

又如，在苏格兰，“苏格兰城市中心更新伙伴关系”(SPRUCE)是一个 5 000 万英镑的基金，提供贷款和股权投资，用于产生收益的基础设施和能效项目，以支持 13 个符合地方当局条件的地区更新。苏格兰城市中心更新伙伴关系是与欧洲区域发展基金连同欧洲城市地区可持续投资联合支助方案(JESSICA)一起设立的。其具体项目包括：为科特布里奇中小企业开发商务办公楼、在格拉斯哥市中心提供办公室、爱丁堡的混合用途开发项目，以及法夫前造纸厂的更新项目。此外，政府还设立了“更新建设补助基金”，以支持在当地社区参与下的帮助贫困地区实现地方更新的项目。“空置和废弃土地基金”支持在未充分利用土地上促进创新的临时及长期绿化技术项目，以造福当地社区。

城镇中心

在整个凯尔特边缘地区更新中，城镇中心的衰落已成为一个特别的优先考虑事项。许多城镇中心的贫穷状态代表了过去更新规划和政策的“痕迹”，其鼓励城镇外的住房建设。此外，零售、消费者预期、交通和停车等方面的结构性变化侵蚀了许多城镇中心的经济活力和社会活力。尽管一段时间以来，城镇中心一直是政策干预的主题，但现在被列入到战略更新议程之中。2013 年，苏格兰制定了“城镇中心行动规划”，其中包括提供资金，将城镇中心的空置房重新用作经济适用房。该规划的制定，基于一份全国城镇中心审查报告，其阐述了城镇中心对苏格兰经济和社会结构福祉的重要性。该报告指出，城镇中心位于社区生活的核心，为人们提供了相互接触及互动的空间，以及所需要的设施和服务。在北爱尔兰，Ilex 是德里—伦敦德里(Derry-Londonderry)的城市更新公司，旨在倡导可持续的城市经济、物理和社会更新。它已经完成了一些大型更新项目(包括和平桥，2013 年的文化之城等)，并正在推进市中心埃布灵顿兵营的重新开发。威尔士设立了“城镇中心伙伴基金”，旨在支持城镇中心伙伴关系发展。纽波特、下塔尔波特港、布莱奈格温特(Blaenau Gwalt)、朗达卡农塔夫(Rhondda Cynon Taff)、格拉摩根河谷(Vale of Glamgan)和雷克斯汉姆等更新项目正在以各种方式寻求减少燃料困难及空置房产数量，实现多样化和促进替代用途（如住宅和休闲），并扩展无线局域网。这种不同的城镇中心重点说明了当地社区的不同构成和需求。

基于社区的更新

在权力下放的凯尔特边缘地区内，仍然注重以社区为基础的城市更新。在威尔士，“社区优先更新方案”支持其最贫困地区的最弱势群体，旨在帮助缓解持续性的贫困。它的目标是使这些社区更繁荣、更健康、更有技能和更知情。威尔士共有 52 个这样的“社区优先更新方案”。它被确定为以成果和效果为基础，社区参与是更新方案的本质。地方行动旨在解决经济、健康、教育和技能差距等不平等问题，以及最贫困地区贫穷的长期原因和影响。

苏格兰政府已经优先考虑增加当地可控的、有“进取心”的社区组织的数量和实力。例如，“加强社区计划”旨在帮助社区组织变得更具可持续性和弹性。这种方法鼓励社区在进行能力建设活动的同时拥有资产。已经设立了一个“人民和社区基金”，以支持登记的社会房东、“社区发展信托基金”和其他社区机构实现地方效益。

新自由主义思想的累积效应，通过紧缩政策削减公共支出，以及公共利益观念的侵蚀（Marquand，2014），共同为城市更新创造了新的环境。例如，在紧缩和新自由主义时代，对地方主义思想的解读，强调了地方政府在领导和承担更新责任方面的核心作用。在整个凯尔特边缘地区，社区规划正在被用作特定的跨部门的政策措施，来鼓励以社区为基础的行动，以满足特定的政策效果。例如，在北爱尔兰，权力下放促进了地方政府重视土地使用规划、社区规划和福利之间的联系。在苏格兰，强调民族政府与地方社区规划伙伴关系之间的“单一成果协议”的作用，同样确定了社区和志愿部门在社区和地方更新方面可以发挥的重要作用。在实践中，实施问题提出了实现更新成果的社区和个人能力的重要问题。

凯尔特边缘地区的未来更新方向

本章考察了在政治权力下放的背景下，苏格兰、威尔士和北爱尔兰呈现的城市更新形式。它证实了这样一种看法，即鉴于所涉原因的复杂性，必须把特定的城市地区问题理解为独特的、难以界定的问题。它们的经验还揭示了城市和产业结构调整、社区和社会影响和能力相互依存的程度，因为它们是开放的城市社会系统的一部分。根据 Rittel 和 Webber (1973)的观点，城市更新在本质上是规范性的，但仍然具有不同思想认识以及时间和地点上的特殊性。让我们重新阐明 Rittel 和 Webber(1973：167)来自城市更新规划的一般理论所得出的结论，城市问题：

> 是棘手且积习难改的问题，因为它们无视划定其边界和查明其原因从而暴露其问题本质的努力。那些使用开放系统方法进行工作的[城市更新者]陷入了因果网络的模糊性中。此外，他的(原文如此)解决方案也被当代公众日益多元化的一系列困境所困扰，公众对他的(原文如此)建议的评价是根据一系列不同的、相互矛盾的尺度来判断的。

这一论断指出，城市更新在问题界定、解决方案设计、优先事项划分及其实施方面是非常令人头痛的事情。城市衰落问题的内在棘手性不断要求给予再解决和对潜在痕迹的认识。

最后的三个观察结果暗示了凯尔特边缘地区进入21世纪20年代以社区为中心的更新方向。这涉及两个过程:随着城市更新的系统性变得越来越明显,将其纳入更广泛的政策领域;以及将更新责任的重心下转到社区本身。

对北爱尔兰来说,逐步实施《公共行政审查》、重新配置地方当局边界和赋予地方政府权力将使规划、社区规划、福利和城市更新都成为地方政府的责任。值得注意的是,城市更新继续与社区发展保持一致,这反映了北爱尔兰一贯的主题。在经历了四十多年的城市更新责任高度集中后,将更新权力移交给地方议会将使地方政府成为聚光灯下的焦点,这需要其具有领导能力、远见和信心,以不辜负社区的期望,并与多样化的社区合作。

在苏格兰,福利和社区规划也已处于中心位置,特别是强调《苏格兰绩效》,作为一套衡量标准,以评估朝着确定的目标要求取得的进展。《社区授权(苏格兰)法案》旨在支持社区通过采取独立行动、控制资产并在影响其决策中拥有更大发言权来实现自己的目标和愿望。这一新的议程使政府发挥支持性作用,并成为正在加大公共部门改革规模和加快改革步伐的一部分。虽然大家认为该法案有潜力改善社区主导的更新工作,但在社区的能力、信心以及再解决(政府一直失败的)的领导能力方面仍存在重大问题。人们担心,弱势社区会进一步被边缘化(Campbell, 2014)。尽管决心很大,但以社区为中心的更新雄心仍有可能无法实现。

在威尔士,2015年《威尔士未来福祉法》是一项进步倡议,可以被视为一种尝试,旨在通过鼓励综合性方法,使各项活动合理化,将伙伴关系纳入主流,并促进可持续发展。社区规划的作用以居民和社区的协作、预防和参与为中心。实际上,一种适应环境不断变化的弹性和成果的新表达为解决不平等和不公平提出了另一种愿景。确保福祉成果是目标,而不是更新本身。

更新政策与其他公共政策一样，需要进行持续的评估和批判性思考。政策所要解决的问题被认为是系统性的，不断扩大的社会不平等主导着政策制定。对早期更新形式的评估，改变了凯尔特边缘地区的更新实践，转向了更全面、跨领域和综合性的干预方法。强调战略框架方法似乎会鼓励灵活性，并与社区一起设计和实施更新，而不是对社区进行更新。干预措施强调伙伴合作、志愿服务和社区主导的更新行动。然而，社区组织的数量增多趋势增加了多层次治理中所涉及利益和主体的复杂性。新自由主义的思维模式也要求达到绩效标准。综上所述，由于非正式的社区主导的更新倡议在更正式的更新安排内部进行运作并与之发生冲突，存在着组织拥挤和社区受挫的危险。一组新的痕迹正在形成。

关键问题和行动

● 问题的“棘手”(退化)，不断要求给予再解决(再更新)。

● 新自由主义，加上紧缩政策及日益稀缺的资源，对凯尔特边缘地区城市更新构成了威胁。

● 更新需求(问题界定)的本质是由环境、当地退化的具体特征以及早期更新留下的“痕迹”所决定的。

● 城镇中心已成为多种更新方法的场所。

● 权力下放和跨部门方法似乎为应对当地问题的基于社区的更新提供了机会，但将更新责任转嫁给当地社区，引起了人们对社区实施能力、规划碎片化和组织拥挤的担忧。

参考文献

Adamson, D.(2010) *The Impact of Devolution. Area Based Regeneration Policy in the UK*. York: Joseph Rowntree Foundation.

All-Party Parliamentary Inquiry into Hunger in the United Kingdom(2014) *Feeding Britain. A Strategy for Zero Hunger in England, Wales, Scotland and Northern Ireland*. London: The Children's Society.

Armstrong, H. and Taylor, J.(2000) *Regional Economics and Policy*. London: Blackwell.

Campbell, A.(2014) *Local Government and Regeneration Committee. Community Empowerment(Scotland) Bill. Summary of Written Submissions, LGR/S4/14/23/2*. Edinburgh: Scottish Parliament.

Centre for Regeneration Excellence in Wales(2012) *Regeneration in the UK. An Analysis of the Evolution of Regeneration Policy*, CREW Review Evidence: Paper 1. Cardiff: CREW.

Clapham, D.(2014) *Regeneration and Poverty in Wales; Evidence and Policy Review*. York: Joseph Rowntree Foundation.

Couch, C., Sykes, O. and Cocks, M.(2013) 'The changing context of urban regeneration in North West Europe', in M. E. Leary and J. McCarthy(eds), *The Routledge Companion to Urban Regeneration*. London: Routledge. pp.33—44.

Department for Social Development(2009) *Strategic Regeneration Framework for North Belfast*. Belfast: DSD.

Department for Social Development(2013) *Urban Regeneration and Community Development Policy Framework*. Belfast: DSD.

Ellis, S.G.(2003) 'Why the history of 'the Celtic Fringe' remains unwritten', *European Review of History*, 10(2):221—31.

Goodwin, M., Jones, M. and Jones, P.(2005) 'Devolution, constitutional change and economic development: Explaining and understanding the new institutional geographies of the British state', *Regional Studies*, 39:421—36.

Hutton, W.(2015) *How Good We Can Be. Ending the Mercenary Society and*

Building a Great Country. London: Little, Brown.

Jones, P. and Evans, J.(2008) *Urban Regeneration in the UK*. London: Sage.

Keating, M.(2003) 'Devolution and policy convergence', *The Political Quarterly*, 74:429—38.

Krugman, P.(1991) 'Increasing returns and economic geography', *Journal of Political Economy*, 99:483—99.

Lawton, K., Cooke, G. and Pearce, N.(2014) *The Condition of Britain: Strategies for Social Renewal*. London: IPPR.

Leary, M.E. and McCarthy, J.(2013a) 'Introduction', in M.E. Leary and J. McCarthy(eds), *The Routledge Companion to Urban Regeneration*. London: Routledge. pp.1—14.

Leary, M.E. and McCarthy, J.(2013b) 'Conclusions and aspirations for the future of urban regeneration', in M.E. Leary and J. McCarthy(eds), *The Routledge Companion to Urban Regeneration*. London: Routledge. pp.569—84.

Local Government and Regeneration Committee(2014) *First Report (Session 4) Delivery of Regeneration in Scotland, SP Paper 476*. Edinburgh: Scottish Parliament.

Marquand, D.(2014) *Mammon's Kingdom: An Essay on Britain, Now*. London: Allen Lane.

McCarthy, J. and Fernie, K.(2002) 'Partnership and community involvement: Institutional morphing in Dundee', *Local Economy*, 16(4):299—311.

Morgan, K.(2006) 'Devolution and development: Territorial justice and the North-South Divide', *Publius: The Journal of Federalism*, 36(1):189—206.

Morgan, K. and Mungham, G.(2000) *Redesigning Democracy. The Making of the Welsh Assembly*. Bridgend: Seren.

Muir, J. (2014) *Regeneration and Poverty in Northern Ireland; Evidence and Policy Review*. York: Joseph Rowntree Foundation.

Neal, S.(2003) 'The Scarman Report, the Macpherson Report and the media: How newspapers respond to race-centred social policy interventions', *Journal of Social Policy*, 32:55—74.

Rittel, H. W. J. and Webber, M. M. (1973) 'Dilemmas in a general theory of planning', *Policy Sciences*, 4:155—69.

Robertson, D.(2014) *Regeneration and Poverty in Scotland; Evidence and Policy Review*. York: Joseph Rowntree Foundation.

Rose, M. and Baumgartner, F.R.(2013) 'Framing the poor: Media coverage and US poverty policy, 1960—2008', *Policy Studies Journal*, 41(1):22—53.

Sandel, M.(2012) *What Money Can't Buy. The Moral Limits of Markets*. London: Allen Lane.

Scottish Government(2011) *Achieving a Sustainable Future: Regeneration Strategy*. Edinburgh: Scottish Government.

Scottish Government (2015) *Scotland's Economic Strategy*. Edinburgh: Scottish Government.

Torfaen County Borough Council(2004) *Torfaen Regeneration Strategy 2004—2016*. Torfaen: Torfaen County Borough Council.

Welsh Government(2013) *Vibrant and Viable Places: New Regeneration Framework*. Cardiff: Welsh Government.

第 14 章

欧洲的经验

保罗・德鲁*

引言

欧盟有 3 500 多座人口超过 1 万人的城镇或城市，因此不可能对欧洲城市更新方面的经验提供一个全面说明。作为一种替代办法，我们可以利用现有的比较研究，特别是那些得到欧盟援助的更新项目的比较研究。这可以被认为是反映整个欧洲城市更新经验的一个足够大且具有相当代表性的样本。但是，这一样本可能稍微偏向于那些处理城市问题中遇到较大困难或善于获得欧洲结构基金的城镇和城市。尽管如此，这些地方的经验为整个欧洲城市更新活动增添了风味，并显示了最佳实践的优势，并有可能被其他地区采用。

本章重点介绍：

- 欧洲城市概况；

---

* 保罗・德鲁(Paul Drewe)教授，退休前一直任代尔夫特理工大学空间规划教授和根特大学城市管理客座教授。退休后任代尔夫特理工大学的名誉教授，并继续进行研究和顾问工作，包括为欧盟、荷兰及其他地方的政府提供决策咨询。

● 对城市问题的不同回应；

● 欧盟开展的城市更新活动[挑选出来的城市试点项目、城市倡议(URBAN)和欧洲经验交流网络(URBACT)]；

● 寻找优秀或最佳城市更新实践；

● 呼吁英国城市更新在欧洲发挥积极作用。

本章旨在提供欧洲大陆丰富多样的城市更新经验，并通过案例研究来说明这一点。

欧洲城市概况

在欧盟，约有四分之三的人口生活在城市地区，又有超过一半的城市人口生活在20万以上人口规模的城市。其中，包括伦敦和巴黎，是欧盟仅有的拥有1 000万人口的超大城市，或者说是世界城市。此外，欧洲有6个超过300万人口的城市：柏林、马德里、巴黎、伦敦、安卡拉和伊斯坦布尔。还有20个拥有100万—300万人口的城市，它们分布在整个欧洲。另外，有80个超过25万人口的城市。但如果不提还有相当高比例的人口居住在中小型城镇和城市(1万—25万人口的城镇)的事实，则情况是不完整的，而这往往被政策制定者低估。

欧盟所有成员国都有明显的城市化趋势，尽管这种趋势远非同一。北方国家的城市化速度已减慢，而南方国家的城市化正在迅速赶上。正如Millan(1994)所观察到的，欧洲的国家正变得越来越复杂。诸如“中心—外围”的二分法或“伦敦—米兰增长轴”等概念，已不足以描述具有不同增长率和不同城市化形式的日益多样化的结构(ECOTEC，2007)。

总体而言，欧洲城市经历了一个日益严重的社会排斥问题，空间隔离加剧并持续存在，特别是弱势群体（失业者、年轻人、无技能人群、移民和少数族裔）的空间集中（European Commission，1994，2010）。然而，重要的是，要认识到，不仅经济衰退会导致社会排斥，如果某些人口群体无法分享不断上升的繁荣水平，经济增长也会导致社会排斥。虽然造成社会排斥的原因是多方面的，但一个共同的潜在因素是全球化竞争和技术创新导致的经济结构变化。这些变化的其中一个方面（经常被忽视的）是欧洲一些地区、城镇和城市的萎缩（Couch，et al.，2012）。

关于城市化、空间变化和欧盟城市功能的详细分析，请参见 Parkinson 等（1992）、Presidenza del Coniglio dei Ministi（1996）和 ECOTEC（2007）。

对城市问题的不同回应

不论所面临的问题是所有地区的共同性问题还是某一地区的特定问题，地方对城市问题的政策反应差别很大。国家的城市政策也因显性和隐性方法及空间规划系统而不同。

当地的政策反应有几种形式：

● 对“欧洲旧核心”城市变化的战略性适应，例如汉堡商业开发公司（一个公私伙伴关系）；鹿特丹开发委员会（研究城市与地区关系的智库）；以及多特蒙德的经历等；

● 促进“新南欧核心”的城市发展，例如蒙彼利埃的技术区或巴塞罗那的四重战略，包括创建市政公司和机构，以吸引和协调投资；中小企业经济开发区；与城市大学合作的科技园区；市政或私营企业创建中心；

● 促进“欧洲外围”的经济增长，例如塞维利亚的电信基础设施建设或法国雷恩市的 CODESPAR——这是为制定城市未来规划而建立共识的一个例子。

更具体地说,西北欧最明确地处理了城市地区的社会排斥问题,包括法国和荷兰的更新方案。法国采取了"城市契约"的更新方法,其政策意图是通过建立大型城市项目,将主要外围问题的房地产重新融入城市生活。荷兰选择在主要城市(鹿特丹等)进行小规模的社会更新,作为其社会住房主导的城市更新政策的后续行动。但荷兰对庇基莫米尔(阿姆斯特丹)周边房地产所采用的方法,不如法国那样是一种自上而下的反应。最近,欧共体委员会关注了欧洲各地移民高度集中的地区,这反映在对城市贫困日益增加的普遍关注上,这既是由于过去二十年的欧盟扩张,也是由于来自欧盟以外的移民增加(European Commission, 2006)。

欧洲所有城市地区都必须应对城市更新的挑战。在过去的二十多年,综合性城市更新显然已成为领先的范例,尽管其在不同国家和城市以不同的方式应用。在评估综合性城市更新的价值时,对优秀或最佳更新实践进行分析是很重要的。回头来看,现在已经有了城市更新规划和项目评估的历史。

早期一项比较研究探讨了上述许多问题,揭示了对城市问题作出反应的不同性质(Commission of the European Communities,1992)。该研究在欧盟成员国的特定制度背景下,探讨了国家发展和一体化方案,并结合了在欧洲西北部城市(加莱、多特蒙德、埃因霍温、贝尔法斯特、布鲁塞尔、格罗宁根、沙勒罗瓦、米卢斯、佩斯利、不来梅)实施更新规划的 10 个具体案例。

欧洲城市保护研究

欧洲经验的另一个来源是欧洲城市地区保护研究(Drewe, 1995; European Commission, 1995)。这些研究表明了对一个共性问题的不同反应。总的主题是，需要一个综合性办法来进行城市保护和更新，不仅限于保护建筑和历史结构，还要确保历史中心或地区的综合振兴。这种战略应包括新的经济和社会发展机会。

从其分析的 16 个案例中，可以确定城市更新任务的四种基本类型：

● 破旧历史中心的振兴（沙勒罗瓦、科克、瓦伦西亚）；

● 历史中心的改善（乌得勒支、爱丁堡）；

● 具有历史意义的老工业区和商业区的振兴（奥登塞、雅典、沃特福德）；

● 中小城镇的保护（勒皮昂瓦莱、米尔贝格、包岑、希腊、托马尔、维塞乌、瓜迪克斯、卡纳芬）。

其研究结果，确定了一些共同的主题和创新的响应方法；这些主题和响应与方法、功能集成和项目开发相关。

城市更新的新方法，包括鼓励公众对更新规划及项目的积极参与（如奥登塞、乌得勒支和沙勒罗瓦的更新规划），或者利用旅游和自然环境投资的影响分析进行保护（爱丁堡）。

为了实现一体化，沙勒罗瓦和乌得勒支制定了特别政策措施和手段。在一些情况下，发展与环境之间建立了联系，特别是与交通（通道和流通模式）的环境影响、城市内部及周边的自然环境（瓜迪克斯）和公用事业基础设施网络（瓜迪克斯和托马尔）的运行有关。

确定了各种保护项目的模式。历史遗迹并不一定只靠旅游业生存，在经济方法和内容上有相当大的创新空间。此外，许多新的想法与软方法和基础设施的使用有关，以支持更新过程。在公私伙伴关系或地方协同作用方面，有三个突出的例子：卡纳芬的“商业规划”、科克的“历史中心发展信托基金”以及现有的爱丁堡“旧城更新信托基金”与洛锡安爱丁堡企业有限公司之间的伙伴关系。就实施阶段而言，一些城市提出了有趣的方法来试验或测试保护项目(包括模拟演练、试点项目和综合示范项目)。在影响分析方面,值得一提的是爱丁堡的经济影响分析(即使尚未应用于具体项目)和乌得勒支的敏感性分析。最后,还有三个与城市更新规划的推广和营销有关的突出例子(科克、乌得勒支、勒皮昂瓦莱)。

保护项目工作与城市经济发展的关系如图 14.1 所示。这种关系表明,有可能确定一种保护项目的模式(根据各种研究的成果),这种模式特别强调对建筑物和物理环境的投资(加上它们的运作及对一系列活动的支持)。保护项目一旦实施,预计将创建与单个独立功能相关的主要现金流,以及由功能协同或不同功能(多功能)组合产生的派生现金流。此外,植根于其历史或象征性特征的项目独特性,可以导致"稀缺性"或区位协同效应。正如爱丁堡案例所表明的,老城区旅游支出变化呈现出成倍的增长,对总产出、收入和就业产生直接、间接和诱发效应。这些影响在该

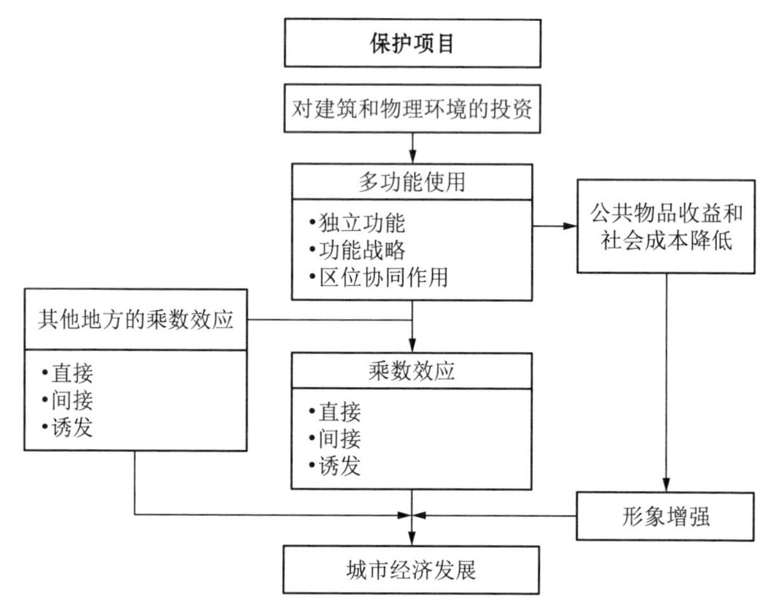

图 14.1 保护项目的经济影响

地区和城市的其他地方都可以看到。根据保护项目的内容，居民、员工和游客支出的变化也可能引发这种经济连锁反应。

除了与城市更新项目有关的经济影响之外，还可以确定社会和公共收益以及社会成本。其收益可能与历史文化价值有关，包括对与公共物品象征性价值有关的非使用者的影响，而社会成本的一个例子是旅游业带来的额外交通所造成的环境破坏。解决任何问题的成本都应该通过纳入项目预算而内部化。最后，物理环境改善可能促进城市经济发展的另一种方式是：通过提高一个地区的形象来吸引外来投资。

城市更新与欧盟

虽然欧盟在城市政策上没有一个特定的任务，它旨在促进城市之间以及成员国之间就如何提高城市政策的有效性进行思想交流。这既包括最佳实践的复制，也包括城市间合作网络的发展。尽管成员国仍对城市政策负责（这符合辅助性原则），但许多城镇和城市及其机构代表（如欧洲市政和地区理事会）与欧盟各部门保持定期联系，并经常为其活动寻求支持。

因此，在各种欧盟政策中，对城市维度的明确认识有所增加。欧盟委员会区域政策总局主要负责城市事务。它负责区域政策和凝聚力。这就解释了为什么它把重点放在旨在促进城市地区的经济运作和福利的项目上，包括对城市地区所属区域发展的贡献。区域政策总局并不是欧盟委员会涉及城市问题的唯一部门；其他部门也涉及一系列广泛的城市活动。

随着时间的推移，欧盟针对城市更新开展了三项具体活动：

- 城市试点项目；

- 城市倡议；
- 欧洲经验交流网络项目。

城市试点项目

1990—1996年，11个会员国开展了33个城市更新试点项目。对这些项目共承诺了2.02亿欧元，其中一半由欧盟委员会资助（European Commission，1996）。

一开始就制定了四项主要原则，以协助对试点项目申报的选择；这些原则要求申报的试点项目表明：

- 城市规划或欧洲更新的主题；
- 方案提出的创新特征或新方法；
- 试点项目的示范潜力；
- 对区域发展的贡献。

在大多数情况下，城市的其中一小部分被选为试点项目，这可能导致解决住房或社会问题以外的具体问题。

所选定的试点项目面向四个基本主题（尽管有一半的项目涉及一个以上的主题）：

- 有社会问题地区的经济发展：在外围和内城有社会问题的住宅地区，由于缺乏就业机会，许多人被排除在经济主流之外（奥尔堡、安特卫普、毕尔巴鄂、不来梅、布鲁塞尔、哥本哈根、德累斯顿、格罗宁根、列日、伦敦、里昂、马赛、佩斯利、鹿特丹）；
- 与经济目标相关联的环境整治（雅典、贝尔法斯特、直布罗陀、马德里、诺因基、泊布拉的里尔雷特、特伦特河畔斯托克）；
- 恢复历史中心的活力：恢复因各种原因导致内部结构已经衰败的经济和商业生活（柏林、科克、都柏林、热那亚、里斯本、波尔图、塞萨洛尼基)；

● 开发城市技术资产(波尔多、蒙彼利埃、图卢兹、巴利亚多利德、威尼斯)。

这些试点更新项目取得了多项成果：

● 主题 1 下的项目包括，培训设施和服务、就业咨询、就业培训和提供就业机会、企业支持服务和设施、新技术产品和培训、城市规划产品、为遭受社会排斥的群体创造机会、建筑物修复以及社区服务和设施；

● 主题 2 下的项目包括：景观改善、翻新和重新改建房舍、环境管理产品和服务，以及就业和商业机会；

● 主题 3 下的项目包括：翻修历史古迹、改善环境、使城市中心重新融入主流城市生活、改善交通管理、促进文化活动、旅游机会和增加当地商业活动；

● 主题 4 下的项目包括：技术研究开发、研发设施建设、加强研究机构与行业的联系、技术培训设施、企业支持服务、历史建筑的翻新以及研发方面的国际联网。

城市倡议

这是欧盟于 1994 年首次提出的一项城市地区倡议，重点是为城市贫困地区制定综合开发方案。该倡议是根据欧洲城市地区作为经济发展、社会融合和环境更平衡系统的一部分的目标愿景而提出来的(European Commission, 1994)。人口规模超过 10 万的城市或城市社区有资格获得该方案的支持。此外，优先考虑位于目标 1 或者其他欠发达地区的城市。

该倡议以综合性方式解决人口密集的城市地区问题，这些地区经历了高失业率、城市结构和基础设施的衰落、住房条件差和社会福利匮乏。

综合性方案包括：

● 开展新的经济活动:包括设立讲习班、支持企业、向中小企业提供服务和创建商务中心;

● 培训规划:针对少数群体特殊需要进行语言培训,教授计算机技能,创建流动设备提供咨询,以及为长期失业者提供工作经验规划;

● 改善社会、卫生和安全供应:包括托儿所设施、戒毒中心、改进的街道照明和邻里守望规划;

● 改善基础设施和环境:通过翻新建筑物以适应新的社会和经济活动,修复包括绿地在内的公共空间,提高能效,并提供文化、休闲和体育设施。

为了提高各城市地区解决问题的能力,还利用了交流方案和伙伴关系。英国的案例覆盖了贝尔法斯特、伯明翰、德里、格拉斯哥、伦敦、大曼彻斯特、默西塞德、诺丁汉、佩斯利、谢菲尔德和斯旺西的社区,欧盟委员会(2002)和研究人员对整个更新项目进行了评估(GHK, 2003; Drewe, 2008)。

欧洲经验交流网络项目

欧盟考虑的第三个活动是欧洲经验交流网络。这是一个促进可持续城市发展的交流和学习的项目,涉及 29 个国家的 255 个城市和 5 000 个活跃的合作伙伴。欧洲经验交流网络 II 项目始于 2007 年,由欧洲区域发展基金及其成员国共同资助,欧盟的出资占比超过 70%。该交流网络下的更新项目按专业领域分组,以便最大限度地转移知识和复制最佳实践做法(见专栏 14.1)。

专栏 14.1　欧洲经验交流网络 II 的专业领域分组

● 创新和创造力;

- 活跃的包容;
- 文化遗产与城市发展;
- 低碳环境;
- 弱势社区;
- 人力资本和企业家精神;
- 高质量的可持续生活;
- 城市治理;
- 港口城市。

寻找优秀或最佳实践

> 城市更新,不管是什么,都有很大的正面效应和价值;这是一件好事,值得追求和效仿。但这美好的东西是由什么构成的呢?更清楚地理解人们所谓的“城市更新”意味着什么,也可能促使人们更批判性地思考哪些方面确实是“好”的,哪些是更有问题的。(Wolman, et al., 1994:846)

我们可以从欧洲城市更新经验中学到什么?上面提到的案例研究可以为英国及其他地方的城市更新者提供灵感来源。然而,必须指出,这需要在适当的背景下对所涉案例进行评估(无论是进行中的还是事后的),以确定它们是否符合优秀的、甚至是最佳的做法。即使在那些案例被证明是成功的情况下,也必须判断其经验是否可以复制或适用于不同的情况。另一方面,不好的做法,也有助于避免在其他地方重蹈覆辙。

在任何情况下,衡量成功与否都需要正确的指标。Ecorys(2011)批评了欧洲经验交流网络 II 项目及其操作指标：总体指标太多，对结果和影响的关注度不够，模棱两可，开放性的解释，有些指标无法量化。其他更新方案也显示出不足，特别是过分强调过程指标。此外，欧盟往往在缺乏学习的情况下运行；在前一个更新项目尚未得出专家评估结果或评估结果尚未“消化”之前，就迫不及待地想开展下一个的更新项目。然而，城市的更新必须植根于实践中学习。

城市试点项目和城市倡议的优秀实践

什么有效，什么无效？这一问题的答案可以从已进行评估的城市试点项目(RECITE Office，1995)和城市倡议中得到说明。对每个主题都进行了良好做法的评估，其要点见专栏 14.2 至专栏 14.6。项目实施方式对项目的成功至关重要。实施进程的几个重要方面已经浮出水面。尽管这些更新项目涉及各种政治文化，但也出现了一些实施过程中的共同点。最重要的四个特点是：

- 横向合作(地方当局、政府部门、地方机构、研究机构、专业团体和各种利益集团)的程度和质量；
- 鼓励法定机构(中央、地区和地方)之间的纵向合作是可取的；
- 私营部门参与的重要性(采取若干形式)；
- 需要让当地的志愿团体或居民团体参与进来。

专栏 14.2　社会问题地区的经济发展

从案例中确定的优秀实践方面(按频次排序)：

- 物理改善效果和安全性提高；
- 针对受益人的精准培训和咨询；
- 具有成本收益的就业安置和在职培训补贴；

- 现场业务支持设施；
- 提升人们自信的活动（就业前培训、教育和咨询）；
- 居民导向的服务；
- 提供面向劳动力市场的培训和雇主的参与；
- 受益群体参与更新项目设计和实施；
- 产生示范效果和技术转移；
- 为小企业和手工艺者提供具有成本收益的住宿补贴。

专栏 14.3　环境行动与经济目标相关联

从案例中确定的优秀实践方面（按频次排序）：

- 在环境保护与企业发展之间保持平衡；
- 在提高环境意识及连带影响方面的示范效果及其推广；
- 将休闲设施与环保意识行动相结合；
- 根据业务需要进行场地保护工作；
- 通过使用“清洁”技术提高影响；
- 环境保护与现场环境培训相结合。

专栏 14.4　历史中心的复兴

从案例中确定的优秀实践方面（按频次排序）：

- 为修复具有历史和文化意义的地区和建筑而制订的高质量翻新标准；
- 进行修复工程，使建筑适应新的需求；
- 改善交通状况，以增加市民的使用及增加商机；
- 将历史中心重新融入主流城市活动，包括明确定义功能需求；
- 改善环境标准，增加当地信心；

● 旨在吸引商业的旅游和文化机会。

专栏 14.5　城市技术资产的开发利用

从案例中确定的优秀实践方面(按频次排序):

● 所进行的科技研究符合当地行业需求;

● 强调向当地中小企业转让高技术和吸引外来投资;

● 强烈倾向于研发成果的商业化;

● 在本地和国际层面的技术扩散,以增加商业机会;

● 前沿技术的研究与新的资历要求及培训相结合;

● 对提高认识和促进传播产生实际影响;

● 将科技研究活动作为恢复历史遗迹功能的手段。

专栏 14.6　城市卓越的产品展示

● 当城市建筑对周围环境敏感时,效果会更好。

● 花哨和新奇本身并不是重要的价值;当它们有作用时,它们可能受欢迎,但当它们没有作用时,它们可能是不合适的或有害的。

● 保护老建筑可能是城市卓越的一个组成部分,部分原因是旧建筑丰富了社区的历史感。然而,保存并不是绝对价值;有时新建筑更优越。

● 建筑通常不被视为物体,而是作为人们更容易开展活动和满足需求的场所。

在大多数情况下,现有的城市更新与开发机构、新的组织或专门建立的伙伴关系负责更新项目的设计和实施。少数情况下,更新项目管理和协调工作被委托给独立机构。此外,必须指出,很少利用独立咨询机构的外部评估。

评估通常是正面的,评估报告重点考虑项目的建设性方面。为了查明更新项目存在的不足,必须从字里行间进行理解:明确提到的一个主要问题是,32 个更新项目中,有 23 个项目要求延长时间以完成其执行方案。这些延误主要是由于解决土地所有权的不确定性、获得建筑和旧屋翻新许可以及建立新的组织结构需要的时间。从评估人员对未来试点项目的建议中可以推断出更多存在不足的间接证据,说明哪些工作不能令人满意。这些因素包括:

● 需要更明确地界定中央政府与地方当局合作方面的责任;

● 由若干先决条件所施加的限制:没有一开始首先解决物理或土地所有权限制问题,缺乏有效的管理和控制,是否存在现有的详细提案,战略选择的非持久性,需要为项目建立广泛的地方共识;

● 需要进一步明确伙伴关系的安排;

● 要对项目投入和财务回报有更清晰的处理。

至于城市倡议项目,其规模比城市试点项目大得多,但很明显,有许多经验教训是相似的。城市倡议总共包括 190 个更新项目,这些更新项目由欧盟(16 亿欧元)及其成员国和其他合作伙伴(14 亿欧元)资助。城市倡议项目强调了通过综合性措施解决城市问题的重要性,这些措施将物理改善与提高社会经济条件和社会资本影响相结合。城市倡议项目的影响包括:

● 制度影响:从政府主导转向社区主导的更新方式,多维度而不是单一性的关注,合作而不是排外的方法;

● 城市战略:通过战略实现综合性更新方法;

● 城市结构和功能:以影响整体目标区域;

● 对邻近地区产生积极影响;

● 区域发展:不仅是城市,而且是整个区域;

● 避免退化问题的空间转移：如贫困、毒品、卖淫；

● 通过战略方法，减少了当地社区对变革的阻力。

然而，并不是所有城市倡议项目都成功地触及了问题的核心，2005年和 2007 年在被纳入城市倡议项目的法国郊区发生的骚乱就是明证。

一般来说，从关注城市环境的卓越表现的评选中，我们可以获得一些经验教训（Langdon，1990）：

● 需要进行深入的现场检验。

● 仅仅报道好消息是不够的，也需要承认存在的缺点（可能给其他人带来教训）。

● 关于质量构成的重要假设需要明确。

● 检查工件（项目、对象、地点，见专栏 14.5）以及相关过程和价值取向是必要的；过程问题包括：例如，上述实施进程的各个方面，以及它们是否有效的评估；价值取向包括：例如，有意识的多样性（服务于社会广泛部分的项目）或赋权（使人们对自己的生活施加更多的控制）。

● 评估应该讲述参与者的全部故事（专业的、政治的、社会的、经济的，等等），而不是讲述一种类型的参与者。

欧洲的经验与展望

继 1994 年以来举行的一系列有关城市更新及相关主题的高级别会议之后（见专栏 14.7），2010 年托莱多城市发展非正式部长级会议讨论了城市更新广泛调查的结果。这项调查涵盖了 27 个欧盟成员国，以及挪威、瑞士和马其顿，重点关注七个问题：

1. 城市更新的重要性；

2. 管辖和规管架构；

3. 城市更新的运作问题；

4. 城市更新的综合方法；

5. 城市更新与城市规划的联系；

6. 监察城市更新政策；

7. 总体成效和影响。

讨论问题的范围清楚表明，城市更新是一个相当复杂的问题，远远超出任何部门政策的范畴。

专栏 14.7　迈向托莱多

- 1994 年关于地方可持续发展的《奥尔堡宪章》。
- 2000 年里尔行动计划，探讨城市更新与空间发展的合作。
- 2004 年提倡一体化的鹿特丹城市经验。
- 2005 年《布里斯托尔协议》采用了英国可持续社区计划和学习方法。
- 2007 年《莱比锡宪章》，关于综合可持续发展，特别是贫困社区的可持续发展。
- 2008 年《市长公约》，强调城市环境优先事项。

在迄今所有更新方案及其经验基础上，欧盟委员会在 2010 年发布了《2020 年欧洲展望》(European Commission，2010)。这一愿景列出了三种可能情景和一些标志性举措。

这些情景包括：

- 可持续复苏——恢复增长；
- 缓慢复苏——从降低的基数开始增长；

- 失去的十年——财富和潜力的永久损失。

标志性的措施包括：

- 创新联盟；
- 青年人口流动；
- 欧洲数字化议程；
- 资源节约型的欧洲；
- 全球化时代的产业政策；
- 新技能和新职业的议程。

虽然没有明确提出城市更新的标志性措施，但所有举措都将对城市地区产生影响。欧盟成员国中，一些符合结构基金协调政策(Structural Funds Cohesion Policy)的城市地区将获得更新项目资金，那么其他城市能做什么？它们可以确定一个综合性的城市发展战略，以迎合城市更新中的社会创新(Drewe，2008)。此外，还需要一项国家城市政策；仅靠实际规划政策是不够的。

最后，英国城市的情况如何呢？许多英国城镇参与了欧盟的城市倡议，其中许多是主要合作伙伴。在寻找优秀或最佳更新实践时，如果缺少了英国城市更新方面的诀窍，欧洲的经验将很难完整。比如，英国城市更新协会、可持续社区规划或利物浦的 Eldonians 的工作会怎么样？

重要链接与网站

European Commission—DG Regio：http://ec.europa.eu/dgs/regional_policy/index_en.htm.

Committee of the Regions：www.cor.europa.eu.

EUKN(European Urban Knowledge Network)：www.eukn.org.

EUROCITIES：www.eurocities.eu.

URBACT National Dissemination Point：http://urbact.eu/Presage CTE(monitoring system)：presage-cte.asp-public.fr.

INTERREG IVC：www.interreg4c.net.

INTERACT(sharing expertise)：www.interact-eu.net/.

Covenant of Mayors：www.covenantofmayors.eu/index_en.html.

L'Acsé(L'agence nationale pour la cohesion sociale et l'égalité des chances)：https://www.legifrance.gouv.fr/affichTexte.do?cidTexte=JORFTEXT000000268539&dateTexte=&categorieLien=id.

Mayors and Cities：www.mayorsandcities.com.

参考文献

Commission of the European Communities (1992) 'Urban social development', *Social Europe*, Supplement 1/92, Luxembourg.

Couch, C., Cocks, M., Bernt, M., Grossman, K., Haase, A. and Rink, D.(2012) 'Shrinking cities in Europe', *Town and Country Planning*, 81(6):264—70.

Drewe, P.(1995) *Studies in the Conservation of European Cities: A Synthesis Report*. Delft: University of Technology, Delft.

Drewe, P.(2008) 'The URBAN initiative or the EU as a social innovator', in P. Drewe, J. Klein and E. Hulsbergen(eds), *The Challenge of Social Innovation in Urban Revitalisation*. Amsterdam: Techne Press.

Ecorys(2011) *Mid-term Evaluation of URBACT II: Final Report*. Rotterdam: Ecorys.

ECOTEC (2007) *State of the European Cities Report: Adding Value to the European Urban Audit*. Brussels: Commission of the European Communities.

European Commission(1994) *Europe 2000+: Co-Operation for European Territorial Development*. Brussels and Luxembourg: European Commission.

European Commission(1995) *Studies in the Conservation of European Cities: Synthesis Report Prepared for the European Parliament, Directorate-General XVI*. Brussels: European Commission.

European Commission(1996) *Urban Pilot Projects, Annual Report 1996*. Luxembourg: European Commission.

European Commission(2002) *The Programming of the Structural Funds 2000—2006: An Initial Assessment of the URBAN Initiative*. Brussels: European Commission.

European Commission(2006) *Cohesion Policy and Cities*. Luxembourg: European Commission.

European Commission(2010) *Communication from the Commission: Europe 2020, A Strategy for Smart, Sustainable and Inclusive Growth*. Brussels: European Commission.

GHK(2003) *Ex-post Evaluation of the URBAN Community Initiative*. Brussels and London: GHK.

Langdon, P.(1990) *Urban Excellence*. New York: Van Nostrand Reinhold.

Millan, B.(1994) 'Europe 2000+: Territorial aspects of European integration', *EUREG, European Journal of Regional Development*, 1(1):3—8.

Parkinson, M., Bianchini, F., Dawson, J., Evans, R. and Harding, A.(1992) *Urbanisation and the Functions of Cities in the European Community*. Report to Commission of the European Communities, European Institute of Urban Affairs, Liverpool John Moores University.

Presidenza del Consiglio dei Ministri(1996) *European Spatial Planning*. Ministerial Meeting on Regional Policy and Spatial Planning, Venice, 3—4 May.

RECITE Office(1995) 'Urban Pilot Projects: Second interim report on the progress of urban success stories', *Urban Studies*, 31:835—50.

Wolman, H.L., Cook Ford III, C. and Hill, E.(1994) 'Evaluating the success of urban success stories', *Urban Studies*, 31(6):835—50.

第 15 章

澳大利亚的城市更新

彼得·牛顿[*]　贾尔斯·汤姆森[**]

引言

在 21 世纪,城市更新作为可持续城市发展的机制将扮演越来越重要的角色,因为在过去一个世纪的大部分时间里,城市的发展都没有像现在的大都市规划者所面临的大量压力和约束,例如,Newton 和 Doherty (2014) 所详细讨论的人口快速增长,城市化和集约化,资源约束和气候变化等。在澳大利亚政府可用的所有政策杠杆中,从环境和社会的角度来塑造一个大都市地区的未来,鼓励住宅(重新)开发是一个可以产生重

---

* 彼得·牛顿(Peter Newton)教授,墨尔本斯威本科技大学可持续城市主义研究教授,领导可持续建筑环境研究。加入了三个合作研究中心——低碳生活、空间信息和水敏感城市,为澳大利亚城市研究基础设施网络的董事会成员。澳大利亚社会科学院院士。在 2007 年加入斯威本大学之前,曾担任联邦科学和产业研究组织的首席研究科学家。最新著作包括:《弹性可持续城市》(*Resilient Sustainable Cities*, 2014)、《城市消费》(*Urban Consumption*, 2011)、《建筑环境中的技术、设计和工艺创新》(*Technology, Design and Process Innovation in the Built Environment*, 2009)和《转型》(*Transitions*, 2008)。

** 贾尔斯·汤姆森(Giles Thomson),城市设计师,在英国和澳大利亚的城市更新项目中有丰富的经验,最近担任南澳大利亚政府综合设计策略(5000plus.net.au)的研究负责人。目前在科廷大学从事可持续城市主义研究,这是低碳生活合作研究中心项目的一部分。

大影响的领域。如果我们能够通过更全面的规划来加强城市系统的某些关键方面,如其核心基础设施(如水、能源、交通)和工作地点等,那就更有必要了——这与许多次优的、机会主义的、零碎的住宅再开发形成了鲜明的对比,而这些再开发是目前澳大利亚城市郊区大多数房地产行业活动的特点。

本章探讨澳大利亚的城市更新:

- 澳大利亚主要城市的更新现状,特别是澳大利亚第二大(420万人口)和发展最快的城市——墨尔本(ABS, 2012);
- 选择针对棕地和灰地进行更高密度再开发的澳大利亚城市更新活动作为案例研究;
- 辖区尺度的灰地更新是"绿色城市主义"模式的一个新特征——这是实现21世纪可持续城市发展的必要条件。

由于认识到预测未来人口和何时实现人口增长的难度——事实上,墨尔本在1995年、2002年和2008年的三个城市战略规划中,人口增长率都被低估了(Department of Planning and Community Development, 2012:16)——政府已将重点转移到考虑未来一些需要被安置的人口,例如墨尔本的500万人口(Department of Environment, Water and Planning, 2008),以及需要引入的城市规划战略来解决这一目标。

自20世纪50年代中期以来,鉴于新住宅开发主导模式仍然是低密度的独体建筑(1971年,其占所有住宅存量的78%, 2011年占74%),因此遏制城市扩张一直是墨尔本城市规划者面临的一个挑战。正如维多利亚州住宅部长在1960年所说的:

> 在维多利亚州的都市发展中,我们必须作出改变的是,阻止新郊区蔓延,重新规划和重建近郊地区,以容纳合理增长的人口,使他们

住在舒适、最新的房子和公寓里。(Kneebone, 1980:3,引自 Newton and Wulff, 1983:7)

这对澳大利亚的大都市机构来说仍然是一个主要问题,所有这些机构现在都制定了"填充式"的住房开发目标(即在以前开发的土地上建造新的住房),试图将人口和住房投资转向城市内,而不是继续城市向外蔓延。"填充式"的住房开发目标,从大多数省会城市(包括墨尔本)的50%到悉尼的70%(National Housing Supply Council, 2011)。

在战后郊区化达到顶峰时,澳大利亚经历了几十年的人口减少,现在主要城市的近郊正处于强劲的再城市化(见图15.1)。这里有很多因素在起作用。首先,早期商业(集装箱前港口)和制造活动的区位要求不断变化,这意味着它们的地点已经逐渐被作为工作场所抛弃,取而代之的是更高阶的服务行业(金融、商务、法律、零售)和信息、知识和创意产业——代表了澳大利亚工业城市地理的重大转变(Gipps, et al., 1997)。这些行业的高收入工人也开始向内城迁移,以与他们工作地点的距离更近些。其次,自20世纪70年代初以来,产生的一系列士绅化浪潮是典型的墨尔本和悉尼等城市住房和人口近郊化,这个过程一直延续至今(Taylor and Watling, 2011; Atkinson, et al., 2011;墨尔本近郊,见图15.2)。资本收益的前景与对技术上和社会上过时房屋的改造或通过拆除过时物理结构的重建联系在一起,而在越来越受欢迎的地区以新建独立住宅或联排别墅来取代,推动了这一过程。收入决定了住房扩建和改建方面的支出水平。住房扩建和改建是指在不增加与住宅流动性有关成本的情况下进行的房屋修缮。由于对所有物业所有权变更都要征收印花税,这方面的支出是相当可观的。大多数的小规模住房扩建和改建项目(每个项目的平均开支为82 000美元以下)是由生活在较不富裕社区的家庭完成的。在开支高于平均水平 30%的住房扩建和改建项目中，大部分是位于收入高于平均水平的社区(表 15.1)。

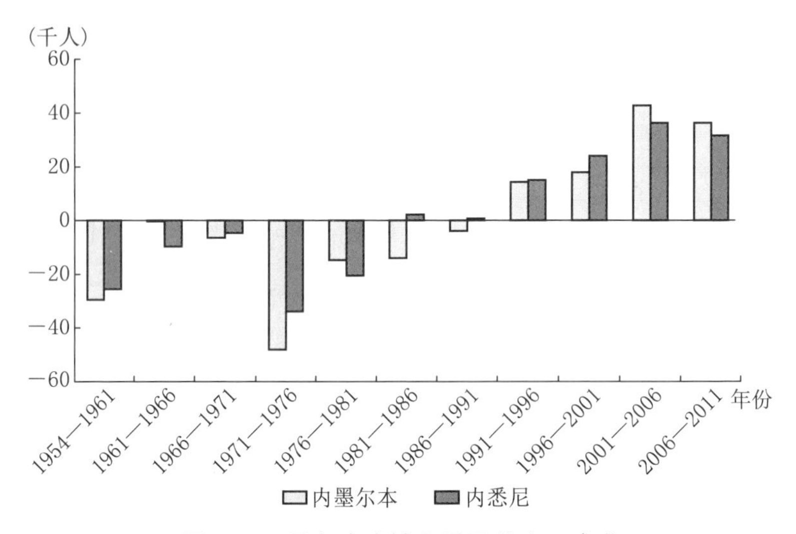

图 15.1 墨尔本内城和悉尼的人口变化

资料来源:Jeremy Reynolds，维多利亚州规划和社区发展部。

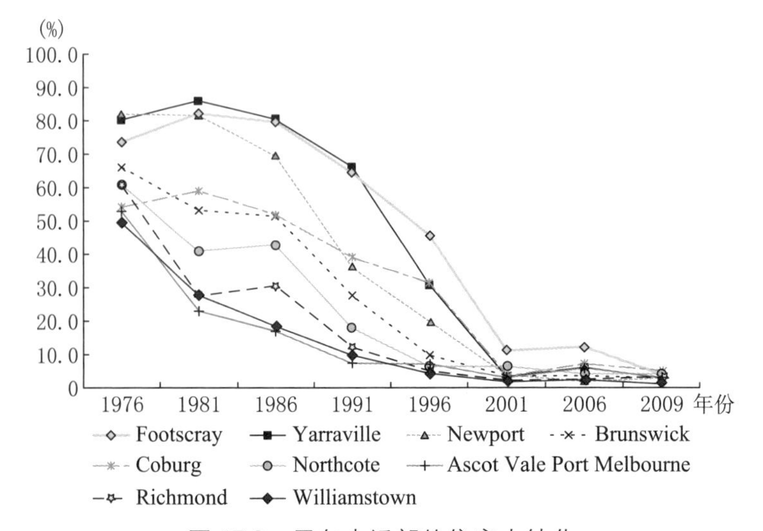

图 15.2 墨尔本近郊的住房士绅化

资料来源:Taylor and Watling(2011).

表 15.1 根据近邻地区经济优势/劣势,2009 年墨尔本住宅改建和扩建支出

改建/扩建的总费用		SEIFA(优势与劣势)		总计
		降低 5 个百分点:相对劣势	提升 5 个百分点:相对优势	
低于平均值	数值	117	73	190
	占比	42.5%	26.5%	69.1%
高于平均值	数值	21	64	85
	占比	7.6%	23.3%	30.9%
总计	数值	138	137	275
	占比	50.2%	49.8%	100.0%

注:SEIFA 是一个反映邻近地区经济优势/劣势的多因素指数。
资料来源:维多利亚州建筑委员会 2009 年提交的建筑许可证申请。

然而,澳大利亚的主要城市未能实现战略规划中确定的填充式住房目标(RDC, 2012),如表 15.2 所示,大部分住宅建设项目继续发生在远郊的绿地上。定期修正和扩展的城市增长边界(即设计用来抑制澳大利亚城市的扩张速度),将更多城市边缘地区土地重新规划为住宅,也是政府应对房地产开发持续压力的一种最小阻力的路径,它们拥有土地储备(Buxton, 2011),尽管现在已经很好地分类了与城市扩张相关的许多环境、社会和经济问题(Newton, et al., 2011; OECD, 2012)。大型项目住宅建筑商的流行商业模式,加上"澳大利亚梦"——在 1 000 平方米的土地上独立居住——的坚持(McLaughlin, 2011),提供了一个供给驱动的过程,使低密度绿地住宅永续存在,不断挑战城市填充式住房政策和目标。

目前缺少的是澳大利亚城市(主要是中郊区)加强城市更新的可行模式。城市更新是一个更高层次的再开发过程,它超越了单体建筑,将整个街区或区域(通常)毗邻的地产和相关的城市基础设施(水、能源、废物、交通)的更完整的再创造结合起来。它代表着 21 世纪经济体新的绿色增长引擎(Cunningham, 2008; UN DESA, 2012)。

表 15.2 2009 年墨尔本新住宅建设与升级(扩建、改建)项目的价值

地区	新建筑		扩建与改建	
	价值(美元)	占比(%)	价值(美元)	占比(%)
近郊	466	7.7	439	29.7
中郊	1 775	29.5	783	52.9
远郊	3 781	62.8	257	17.4
总计	6 022	100.0	1 479	100.0

资料来源:维多利亚州建筑委员会的规划许可证数据。

城市更新的舞台

显然,住房填充作为大都市开发的一个关键概念,需要根据其发生的尺度进行区分:如地块或区域;也需要根据其发生的地块性质来区分:如棕地或灰地。每一个城市更新项目似乎都需要有不同的开发模式,包括规划、城市设计、财务、建设和社区参与。

棕地是指与早期经济活动有关的废弃或未充分利用的工业或商业地块。它们通常包括集装箱化之前为航运服务的码头区、过时的商业高层建筑、废弃的制造场地、铁路部分路段、空置的加油站、曾经的零售场所等。它们典型地为单一主体所拥有,通常是政府或企业;其场地规模更接近用于开发的绿地规模;场地通常受到某种程度的污染,这取决于先前用途的性质;而且其是空置的,无须灰地层面所要求的社区参与。

灰地与此不同,通常不需要进行场地整治。此外,它们主要位于更有活力的中央商务区和内城住宅市场以及最近开发的市郊绿区之间,可以比棕地提供更多的就业机会、公共交通和服务。在澳大利亚,灰地指的是那些已经老化但被占用的内城和中环郊区的广阔地面,这些地方在物理、

技术和环境上都处于衰退状态，代表着资本不足的房地产资产(Newton，2010)。在某些地区，灰地的住房也成为社会弱势群体的主要场所(Randolph and Freestone，2008)，但其规模不及美国或英国的城市。

澳大利亚的城市规划机构都没有对发生在棕地和灰地上不同类型的住房再开发和收益进行区分。然而，它们是截然不同的，而且具有指导意义(见表15.3)。在此分析中，首先要注意的是，墨尔本在2004—2010年所有新建的填充式的住宅(最常见的重建类型)，要么是1∶1(占19.2%)，即一个住宅被拆除与替换(称为“推倒重建”)；要么是1∶2—4(占32.8%)，即一个单体住宅被拆除，然后在那里建造两到四个联排住宅。这类填充式的住宅开发存在明显的空间碎片化——它并没有发生在地铁规划政策所预期的那些“地区”(Newton and Glackin，2014)。另一个房屋重建项目的主要类别是1∶100+，即在以前由一栋建筑占据的(大)场地上开发一组公寓，通常在四层以上。目前，最后一种类型再开发项目大多局限于棕地，而灰地对前两种类型房屋重建项目具有吸引力，这是当地和州政府现行规划规定所允许的。另一个值得注意的关键点是，相对缺乏以1∶5—9(7.0%)、1∶10—19(5.1%)和1∶50—99(8.2%)类别为代表的住房重建项目。这些是中等密度的重建项目，但密集度目前不符合都市规划和分区条例。

表15.3 2004—2010年，墨尔本填充式住宅开发的组成部分

	加密住宅开发的类型							
	1∶1	1∶2—4	1∶5—9	1∶10—19	1∶20—49	1∶50—99	1∶100+	总计
棕地	1.3%	0.5%	0.7%	2.8%	4.1%	5.9%	**19.2%**	34.4%
灰地	**17.9%**	**32.3%**	6.3%	2.3%	3.2%	2.3%	1.3%	65.6%
合计	19.2%	32.8%	7.0%	5.1%	7.3%	8.2%	20.5%	100.0%
(N)	21 947	37 614	**8 029**	**5 833**	**8 309**	**9 374**	23 487	114 593

资料来源：Newton and Glackin (2014).

从正在进行的填充式住宅开发的所在社区经济状况来看棕地与灰地的收益，可以发现，公寓类的再开发目前似乎只有在居民反对程度较低的地区（即棕地）和负担能力较高的地区（即经济地位高于平均水平的郊区）才能取得成功（考虑到高层建筑每平方米的成本差异显著；Newton, et al., 2011）。这些发现也与悉尼和珀斯的填充式住宅开发研究相一致，在那里发现，仅仅在低价值地区划出高密度开发用地不会使其发展（Rowley and Phibbs, 2012）。最后，通过对棕地和灰地的观察，我们可以看到其在城市中的主要地理位置不同，棕地主要位于中央商务区及其邻近郊区，灰地则位于内环和中环郊区（同样，请参阅 Newton and Glackin, 2014）。

在接下来的章节中，我们将探讨大都市地区棕地和灰地在辖区尺度上的城市更新途径。以大量填充式住宅开发活动为特点的碎片化更新，代表了一种次优的解决方案，所有通过增强混合用途开发和重点发展交通（如步行、自行车和公共交通通道），实现住房、能源、水和废物系统以及当地设施的更新，最好在辖区层面完成（Lukez, 2007; Dunham-Jones and Williamson, 2009）。Newton 等（2011）认为，辖区层面的城市更新具有如下优势：

● 住房：在更高密度以及一些混合用途的基础上，提供混合型的住宅类型、风格和成本，同时有能力提供一个比其前身更美观和更舒适的重新设计的社区。

● 能源：通过引入分布式（可再生）能源、储能和微发电技术，作为混合建筑或小区的新元素，实现碳中和或零碳状态，能够为当地和国家电网提供能源。

● 水：涉及对水敏感的城市设计的综合城市水系统最好在区域尺度上实施，使当地水的收集、储存、处理和最终使用的技术以生态高效的方式适当组合,实现“城市作为集水区”。

● 废物:辖区层面的更新规划可优化拆卸物料的再使用,尽量减少新建筑产生的废物,实现废物处理自动化,并最大限度地回收生活垃圾。

● 可步行性:有机会减少分配给汽车运输的土地,并进行重新配置,以鼓励更积极的交通方式,如步行和骑自行车。

● 施工:将非现场制造和现场模块化组装结合起来,减少传统施工现场的许多负面影响,缩短“施工”时间,降低交付成本,提高质量,使之与生产产品更紧密结合。

● 场所感:有机会创造一个更有吸引力的物理街区和社会社区的环境,具有独特的外观和感觉。

棕地的城市更新

澳大利亚所有主要城市均为沿海城市,因为早期的定居以码头为中心,为当时的船运提供服务。同样,许多工业活动位于市中心,如果与重工业(如钢铁厂)有关,则也位于海滨地带。进入 20 世纪后半叶,国际航运的大型船舶要求更深的吃水量,以及广泛的集装箱码头和货运基础设施,这使原有的设施过时。许多重工业也转移到那些生产要素和进入全球市场都比澳大利亚城市更有利的国家。在这方面,与其他发达国家的城市有共同之处。

到 20 世纪 80 年代早期,澳大利亚的主要城市出现了大量著名的棕地,但鉴于项目的规模、所需资金、可用规划,以及设计和房地产开发的专业知识,没有一种开发模式能够在私营部门可以接受的风险水平上提供一条向前发展的道路。在 1983 年霍克—基廷(Hawke-Keating)工党政府当选之前,没有一个联邦政府[除了 1972—1975 年短暂执政的惠特拉姆(Whitlam)工党政府]认为其负有帮助塑造国家城市的使命——这个角色通常被分配给州政府。然而,城市更新的重要性和复杂性需要联邦系统中所有三级政府的参与,包括国家的领导及其资助。

"建设更美好城市"项目:棕地更新的开发模式

"建设更美好城市"(Building Better Cities)项目始于 1991 年,是一项全国性的联邦和州政府联合开发规划,旨在与房地产和建设部门进行合作。它的目标是通过加强各级政府(国家、州和地方)之间的合作以及政府机构与行业之间的整合,促进战略性的城市更新,特别是对棕地的再开发,从而改善城市规划和城市生活质量。

- 由"建设更美好城市"推动的一系列主要项目(地区战略)包括:
- 新南威尔士州纽卡斯尔的哈尼萨克尔(Honeysuckle)地区;
- 新南威尔士州悉尼的皮尔蒙特—乌尔蒂莫—达令港(Pyrmont-Ultimo-Darling Harbour);
- 昆士兰州布里斯班(Brisbane, Queensland)近郊的复兴;
- 西澳大利亚州东珀斯(East Perth, Western Australia)废弃工业用地的再开发;
- 南澳大利亚州伊丽莎白市(Elizabeth, South Australia)公共住房的更新;
- 塔斯马尼亚州朗塞斯顿(Launceston)内城和因弗雷斯克(Inveresk)铁路调车场的重建;
- 维多利亚州的内墨尔本及其河流:林奇桥(Lynch's Bridge)、肯辛顿畜牧场(Kensington stockyards)和南岸城市更新区。

作为1991—1996年联邦政府的一项国家建设规划，“建设更美好城市”项目可以被认为是引领澳大利亚内陆城市更新的一项重大举措(Neilson, 2008)。通过这一项目，政府积极选择了有能力进行重大城市更新的战略性项目。

哈尼萨克尔地区提供了一个相对成功的城市更新成果，可以直接归功于“建设更美好城市”项目。1992年，哈尼萨克尔开发公司获得了6 000万美元的“建设更美好城市”再开发资金，用于50多公顷土地的海滨重建(见图15.3)。选择这个地点是为了启动纽卡斯尔市中心的重建工作，在此之前的十年里，纽卡斯尔经历了一连串的冲击，包括其主要产业的BHP钢铁厂关闭，以及1989年的一次大地震给这座城市造成50亿美元的损失。

“建设更美好城市”项目的优点之一，在于特定项目的战略目标与资金安排是联系在一起的。为了确保哈尼萨克尔区更新的良好结果，“建设

图15.3　纽卡斯尔更新规划，2011

注：地图上的所有符号都表示新南威尔士州政府确定的更新规划(2011年前后)。
资料来源：www.hunterdevelopmentcorporation.com.au/initiatives/.

更美好城市”资金要求根据一系列商定的结果予以交付，例如：

- 提供经济适用房；
- 历史建筑修复及适应性再利用；
- 改善水道；
- 修复受污染的旧港口土地；
- 新小区基础设施、公共艺术等。

联邦政府“建设更美好城市”项目的最初 6 000 万美元投资将通过州政府和私人开发商的合作关系进行杠杆化，总共产生 6.21 亿美元的投资。

哈尼萨克尔开发公司负责通过编制地区战略进行整体协调，最终按照商定的结果分阶段执行。联邦政府的投资主要用于场地准备，包括土地净化、防洪涝和其他工作，以消除可能阻止或推迟州政府机构或私人开发商开发场地的障碍。政府对哈尼萨克尔区的投资促进了原本缓慢或根本不可能发生的开发。“建设更美好城市”项目通常被认为是“启动了澳大利亚内陆城市的再开发”，其初始投资回报率高，政府每投入一美元，其乘数效应在 1∶5—12 之间(Neilson，2008：83)。

尽管哈尼萨克尔开发项目(像许多公共政策主导的更新项目一样，由一个特别设立的开发机构主导)的成效明显，但一直受到批评，被认为导致该地区士绅化，超出了现有居民的经济能力。然而，若干因素已在减缓士绅化的步伐和规模扩张，包括住房存量主要由小型和中等住宅组成，对现有工业用途的保护，社区嵌入性，以及保留或提供社会住房(Davison，2011)。

总之，“建设更美好城市”项目表明，经过深思熟虑的政府参与，可以通过以下途径以低成本高效益的方式促进城市更新：

- 确定战略更新地点；

● 政府投资用于消除私人投资的障碍(如场地整治)；

● 建立伙伴关系以协调和撬动投资；

● 制定明确的具体地点更新目标,以提高开发愿望,确保所有合作伙伴的共同方向,并确保公共资金满足更广泛的政府战略优先事项。

墨尔本滨海港区

作为“建设更美好城市”项目的结果,棕地已经对房地产开发和金融业具有吸引力,新的开发模式被创建,以承接重大项目,如墨尔本的南岸、滨海港区和联邦广场、悉尼的达令港和布朗格鲁、阿德莱德港和布里斯班南岸的新港码头。它们代表了对废弃城市土地的振兴和日益增长的城市住房存量净增额的重要贡献,但其水平不太可能满足大都市对新填充式住房的总体需求。

与全球许多城市港口一样,随着集装箱航运的发展,这个历史悠久的墨尔本港口几乎被废弃,留下了 200 公顷的棕地,直接毗邻中央商务区的西部边缘。在 20 世纪 90 年代中期,维多利亚州政府试图释放这片未被充分利用土地的开发潜力,使其成为一个“世界级的混合用途区域”。早期政府投资兴建港区体育馆,以吸引开发商的兴趣。到 21 世纪初,维多利亚州政府的城市更新机构 VicUrban 积极参与协调该地区的私人开发,目标是实现 2 万居民的居住和 4 万多名工人的就业。到目前为止,实施方法包括将大的地块划分为许多区域,每个区域由不同的开发公司进行开发(图 15.4)。

虽然该更新项目成功促进了以商业建筑和高层公寓为主的开发,但其成果的质量一直是被反复批评的对象,主要是由于过度的市场驱动,牺牲了与社会和环境标准相关的城市设计成果。那些没有明显和直接的经济回报的因素,诸如绿地、能被频繁使用的适宜的人行通道,包括学校在

图 15.4　墨尔本滨海港区和后面的中央商业区

注：前景是体育场，商业脊梁——代表中央商业区的延续，左右都是住宅楼。
资料来源：Places Victoria.

内的社区设施以及文化活动，都以牺牲场地收益为代价。根据 Oakley 和 Johnson 的评论(2011:3)：

> 许多对该地块的模糊愿景转化为私营部门的竞标战，最终演变成一系列不协调的区域，通常是凌乱的开放区域，与邻近中央商务区的不规则连接，以及零售、住宅和写字楼开发的大杂烩。

滨海港区案例说明，围绕一个综合性的物理和社会更新规划框架，需要有明确和高度的共识。如果没有这样一项共同协议，项目伙伴的愿望以及现有、邻近和未来社区的需要可能无法通过开发成果得到满足。从某种程度上说，自上而下的规划以及地方政府和公众参与不足被认为与迄今取得的更新成果不佳有关。

环境可持续性是滨海港区更新的绩效目标之一。港区管理局制定了墨尔本港口区生态可持续发展(ESD)指南(VicUrban, n.d.)。它主要关注于建筑层面,为澳大利亚绿色建筑委员会的绿色之星评级工具作出了重大贡献。鉴于建筑合同的签订方式,创新仅限于建筑。这意味着失去了实施辖区层面创新的机会,这些创新与低排放的当地能源发电、综合供水系统和更适宜步行的社区有关。滨海港区现在已经开发到一半,2011年的人口普查数据显示,大约6 000人(规划中是2万人)居住在这里。目前正在努力确保从早期阶段汲取的经验教训能够在滨海港区后期开发中,特别是在毗邻的渔人码头开发的总体规划中进行迭代改进(MPA, 2014; CRC for Water Sensitive Cities, 2015)。

"邮编3000"

"邮编3000"是中央商务区的所在地,于1992年开始的一个更新项目,作为墨尔本市和维多利亚州政府协调政策发展的结果,旨在吸引更多的居民到城市中心,特别是中央商务区(邮编3000)。虽然这不是典型的棕地开发,但到20世纪80年代末,中央商务区的消亡已变得很明显:原先的总部办公室正向悉尼转移,其专用(单一)办公功能意味着在工作时间之外,它是被遗弃的场所。此外,经济衰退给商业地产带来了35%的空置率。

这一更新项目通过运用四个关键要素:财政激励、技术支持、街道层面的支持和宣传推广(Charlesworth, 2005),制定了一项内城更新战略,积极地区别对待住宅用途。主要重点是鼓励将C级及D级商务高层楼宇改建为住宅公寓(见图15.5)。

在这里,墨尔本市政府免除了这些改造的规划许可税,改变了一些阻碍市中心地区更密集住宅开发的建筑和规划法规,并对市政厅对面的商

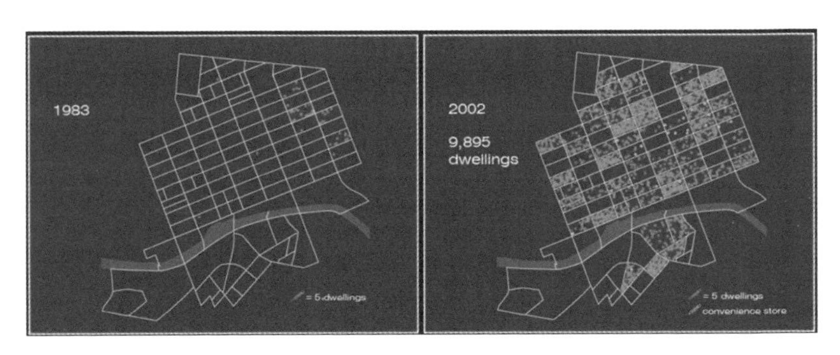

图 15.5 1983—2002 年墨尔本城市住宅增长

资料来源:墨尔本市。

业建筑进行了早期的典型翻新,包括以合理的租金出租(Verrall, 2004)。墨尔本市政府也制定了一个战略,目标是创建一个全天候(24/7)的城市:规划在中央商务区的小巷中创建一个充满活力的咖啡馆社会,作为吸引居民、游客和工人的地方;并与州政府启动了一个项目,尝试在全年日历上安排以城市为导向的"节庆",例如 F1 大奖赛、大满贯网球赛、艺术节、喜剧节、美食节、赛马节,以及城市的定期体育和戏剧活动,并辅以积极的宣传活动。对表现不佳的商务空间的拆除,为新的高性能办公空间建设提供了激励,在这点上,墨尔本市政府通过建造 2 号市政大楼(CH2)再次发挥了绿色建筑方面的领导作用。这种城市设计的领导地位在步行区、城市森林和中央商务区的绿色基础设施倡议方面继续表现明显——所有这些都旨在使城市更加以人为本。

总的来说,"邮编 3000"更新项目被证明是一个巨大的成功,中央商务区的人口从 1991 年的 1 600 人增长到 2011 年的 22 000 人(ABS, 2012)。随着城市人口增加,配套性服务和活动也在增加。一个基于新的、更国际化和更成熟人口结构的城市品位支撑了许多小咖啡馆、酒吧、艺术画廊和零售店,墨尔本现在以此而闻名。现有空间的适应性再利用和宜居化补充了新建筑,创造了丰富的形式多样性。这些因素的结合见证了这座城市成为世界上最伟大的更新故事之一。经济学人智库在 2012 年的宜居性调查中，将墨尔本列为全球最宜居城市，这在很大程度上要归功于城市中心的更新。

灰地的城市更新

“灰地更新”一词在这里被用来表示战略城市规划的一个新的关键焦点，需要一个新的过程（框架、模型），以更有效的三重底线改造城市大片区域。这就需要关注以下问题：基于辖区的尺度，而不是零碎的填充式开发；与中等密度开发相关的新住宅类型；除了更新中的公共或私人伙伴关系和更普遍的私营部门发展外，建立新的社区参与的伙伴关系；未来建筑环境建设的新模式以及建立新的房地产再开发经纪机构，以促进灰地更新。它将涉及现有的、老化的公共部门住房，在澳大利亚的任何一个城市里，这些住房约占住房总存量的 5%，这是社区更新的重要催化剂（Murray, et al., 2015）。然而，灰地更新规划将包括对澳大利亚城市近郊区和中郊区表现不佳的私有住房进行更实质性的改造。这里设想的灰地更新代表了一个更有目的性的社区改造过程，而不是等待社区退化达到需要重大公共干预这样一个转折点。

与澳大利亚城市相关的灰地辖区更新有三个主要方面。

活动中心和公交导向开发

早在澳大利亚大多数省府城市制定战略规划之前，活动中心就一直是强化灰地开发的重点。活动中心与从“中央”（中央商务区尺度）到“乡村”不同层面上的零售和商务活动的集中有关，并响应尽可能减少居民通勤和其他购买服务的出行时间的需求，随着城市规模扩张和不再局限于单一的中心活动节点（例如，在澳大利亚背景下，悉尼的“城市之城”计划和“20分钟城市”体现了多中心城市的概念）。它们现在已成为所有大城市加强开发的新的重点，连同公共交通导向开发（TOD）项目。TOD的原则已经确立：刺激城市更新和提升中心形象，围绕高质量的公共交通服务配置作为扩大社区的核心，以更高的密度聚集更多混合性土地用途和房屋。它们还受益于有效应用于TOD项目的开发模式：政府主导（如黄金海岸大学医院区域）、私营部门主导（如布里斯班的阿尔比恩米尔区域），以及公共或私人伙伴关系（如悉尼的绿色广场城镇中心）。

最近交付使用的圣伦纳兹论坛综合体是澳大利亚最成功的TOD项目之一，赢得了2002年新南威尔士州“城市特别工作组发展卓越奖”。郊区的高层建筑群被规划为一个城镇中心，利用悉尼北岸线铁路走廊的空中权利，释放场地未实现的发展潜力（见图15.7）。该项目将商务和住宅活动集中在两座住宅楼中，其中包含782套公寓，38层的论坛大厦，三座商务办公楼，一个小型超市，以及34个食品和零售商店，这些都可以直接到达下面的车站。中央广场两旁是商业用途，激活了公共空间。尽管车站位于郊区，但它提供了一条通往悉尼中央商务区的15分钟直达铁路。

州政府政策确定了促进这一开发的战略导向——更好整合土地使用和公共交通。州政府的参与非常重要，因为站点跨越了三个地方政府的边界，增加了必须解决的服务提供问题的复杂性。

鉴于广泛的战略政策支持，实施良好的公共交通导向开发可能并不像它们应该的那样普遍。阻碍其快速发展的障碍包括：社区对更高密度或高层建筑的抵制，与土地征集有关的困难，重型铁路基础设施附近地区再开发的更高成本，不一致的规划控制和分层立法。

为了确保更大程度实现长期战略规划目标，需要有可以实现更大程度政府间和部门间协调的机制。使用治理安排,如调整权限、协调结构计划和设计审查小组等,可以帮助确保高水平的设计质量和利益相关者的整合。

在圣伦纳兹,一个良好的商业开发案例和致力于创新的开发商得到了当地经济性的支持,包括对高地块收益和高房地产价值的规划支持,因为它位于悉尼富裕的北岸——所有这些都使开发在经济上是可行的。

公共交通走廊

最近的城市更新建议,将线性交通走廊作为更密集的中高层建筑开发的新增重点。这项工作的要求是由 Adams 等(2009)提出的,包括对交通走廊开发关键方面的规范性控制,如预先"依法当然取得"4—8 层的开发权。主要的驱动因素是为灰地地区大量净新住房提供一条实现途径(因为使重新开发的土地价值更容易确定),另外,就是消除现有空隙性郊区的发展压力,使其能够在既有的低密度水平上充当城市的"绿肺"(提高水、能源和粮食生产等)。与所有灰地更新规划一样,一个关键的挑战是如何取得公众的认可。概述的原则将有助于这方面的工作,因为它们旨在帮助更广泛的社区确保这些走廊是固定的,不会蔓延到邻近的郊区。

维多利亚州交通部和墨尔本市政府联合委托开展的"澳大利亚城市转型"研究(Adams, et al., 2009),旨在应对城市增长的挑战,即"在 40 年时间内,墨尔本需要建设相当于过去 175 年建成的城市及其基础设施",以容纳翻倍的人口——达到 800 万人(Adams, et al., 2009:4)。在尝试为典型的郊区扩张提供替代方案的过程中,墨尔本走廊计划的刺激因素出现在巴西的库里蒂巴等地,在那里,沿着快速公交运输脊柱开发了一个中等密度的"线性城市"。墨尔本的计划提出,"澳大利亚城市的目标应该是最大限度地沿着新的和未来的道路公共交通走廊发展"(Adams, et al., 2009:13)。由于规划控制"目前还不具备处理快速开发审批的能力”，该研究建议从“开发评估”转向“开发促进”，这描述了一种确定可重新开发的机会领域的方法，以主动促进变化。

该研究表明，高密度开发并不意味着要建高楼大厦(见图 15.6)。澳大利亚的大多数城市郊区，居住密度非常低，平均为 10—20 套住宅/公顷(净值)，而许多国际城市，例如巴塞罗那的埃克斯豪斯(Eixample)，平均密度约为 200 套住宅/公顷(净值)，也并不需要求助于高层建筑(建筑高度普遍在 6 层和 8 层之间：见 www.aviewoncities.com/barcelona/eixample.htm)。

目前的 Maribymong 路、Maribymong 学习区

也许是未来

图 15.6　改造公共交通走廊

资料来源：Adams, et al.(2009).

Adams 等(2009 年)的研究得出结论,沿着城市走廊,一个密度类似于巴塞罗那的 4—8 层楼之间的中密度开发形式,可以容纳新增的 240 万人口,另外 140 万人口将被容纳在现有的活动中心和已知的更新地点。

复杂的是,迄今为止,活动中心和交通走廊未能达到吸引新的住宅和商业再开发的水平,而这是能够消除墨尔本当前日益增长的新的绿地和灰地碎片化住宅开发压力的(Newton and Glackin, 2014)。此外,McCloskey 等(2009)的研究表明,考虑到墨尔本的就业地理位置,强化过境走廊的运输协同效益可能是有限的:居住在离火车站或电车站一公里以内的所有就业人员中,只有不到一半的人在上班途中使用这些交通工具。

住宅区更新

在其他地方,也有人提出(Newton, 2010),当前棕地和灰地的城市更新方法是必要的,但对我们的城市可持续转型来说还是不够的。事实是,指定的战略再开发区域(活动中心和交通走廊)在生成新住房方面相对无效,而在已建立的郊区,碎片化的填充式开发仍然是新住房的主要来源(Newton and Glackin, 2014)。因为这种非正式的填充式开发通常属于政府政策重点区域之外(不像它的绿地和棕地,灰地住宅区更新缺乏一个成熟模式来推动这一过程,而不是以一种极简主义的、碎片化的方式),它一直被忽视,未被作一个调查或行动的问题。

可以确定有两种响应的途径,如下所述。

公共住房:社区更新的催化剂

在二战后,数十年建造起来的许多公共住房,现在已经陈旧了,但地点位置很好,而且只有一个业主。挑战在于,如何最好地更新这些住房属性。

其中一个例子,就是位于墨尔本东南部温莎郊区多次获奖的 K2 公寓。该开发项目由四座相连的建筑组成，其中包括 96 个中密度公共住宅单元，占地 4 800 平方米，以前曾是皇家维多利亚盲人学院（见图 15.7）。2000 年，维多利亚州房屋署举办了一项公开的设计竞赛，设计价值 3 200 万元的公共房屋开发项目。最后中标的是墨尔本建筑师设计公司，因为它们的设计方案旨在为澳大利亚中等密度公共住房开发设定基准。

图 15.7 墨尔本 K2 中等密度公共住房重建

资料来源：DesignInc.

开发背后的驱动价值是可持续性绩效。这包括优化建筑的得房率，以及提供环境效益，在这种情况下，通过被动式太阳能设计、太阳能热水、22 kW 太阳能光伏系统和高度绝缘的建筑材料等，比标准开发实践节省了 46%的能源。通过安装 6 000 升污水处理系统、8 万升雨水储存系统及节水装置，减少 53%的用水量（Government of Victoria, n.d）。

K2 公寓的关键创新在于，它代表了一个精心设计的、中等密度的灰地开发项目，通过为居民提供高质量的居住环境以及卓越的生态可持续发展认证，打破了公共住房的刻板印象。这是一个重要的示范项目，因为它展示了一个理想的替代开发模式，适用于一个较高密度的中高层类型的灰地更新。重新开发的地块达到了每公顷 200 个住宅的总密度，同时仍将约 20%的场地覆盖面积用于软性景观。

K2 这样的例子在展示良好设计的价值方面非常重要，它提供了三重底线的城市开发成果，并有助于促进中等密度的住宅类型，具有吸引力，能够被更广泛复制。创新设计的可复制性是一个主要的追求。利用灰地公共住房存量作为区域再生的催化剂，能够增加新的公共住房和私人住房的数量以及社区的复兴，现在已经为墨尔本大都市地区的不同郊区设置了一个模型。考虑到目前公共住房部门缺乏资金和开发专业知识，社区住房部门似乎处于追求这一机遇的最佳位置(Murray, et al., 2015)。

辖区尺度的灰地私人住宅更新

目前灰地碎片化住房更新项目中，有相当大一部分涉及 2—6 个新住宅的建设，这些新住宅要么是在几个相邻的住宅地产上，要么是在一个大的地块上，在重新开发前，土地的价值通常占总资产价值的 80%以上。这代表了对再开发的一种支离破碎的、次优的回应，并没有为城市更新提供基础，更不用说实现城市填充式住房开发目标了。

澳大利亚住房和城市研究所的一项主要研究探讨了如何在辖区基础上更有效地进行填充式住宅更新，以促进实现一系列大都市战略规划目标。在一年的时间里，该项研究与 70 位建筑环境专家举行了一系列研讨会，目的是阐明灰地更新的新开发模式的基础(Newton, et al., 2011)。

研究显示，灰地住宅区更新方法是可取和可行的，但需要克服一些障碍，以顺利加以实施。这主要是组织和制度上的创新，并得到一些技术创新的支持。图 15.8 指出了需要作出重大改变的领域(阴影部分)，以实现灰地住宅区可行的开发新模式：

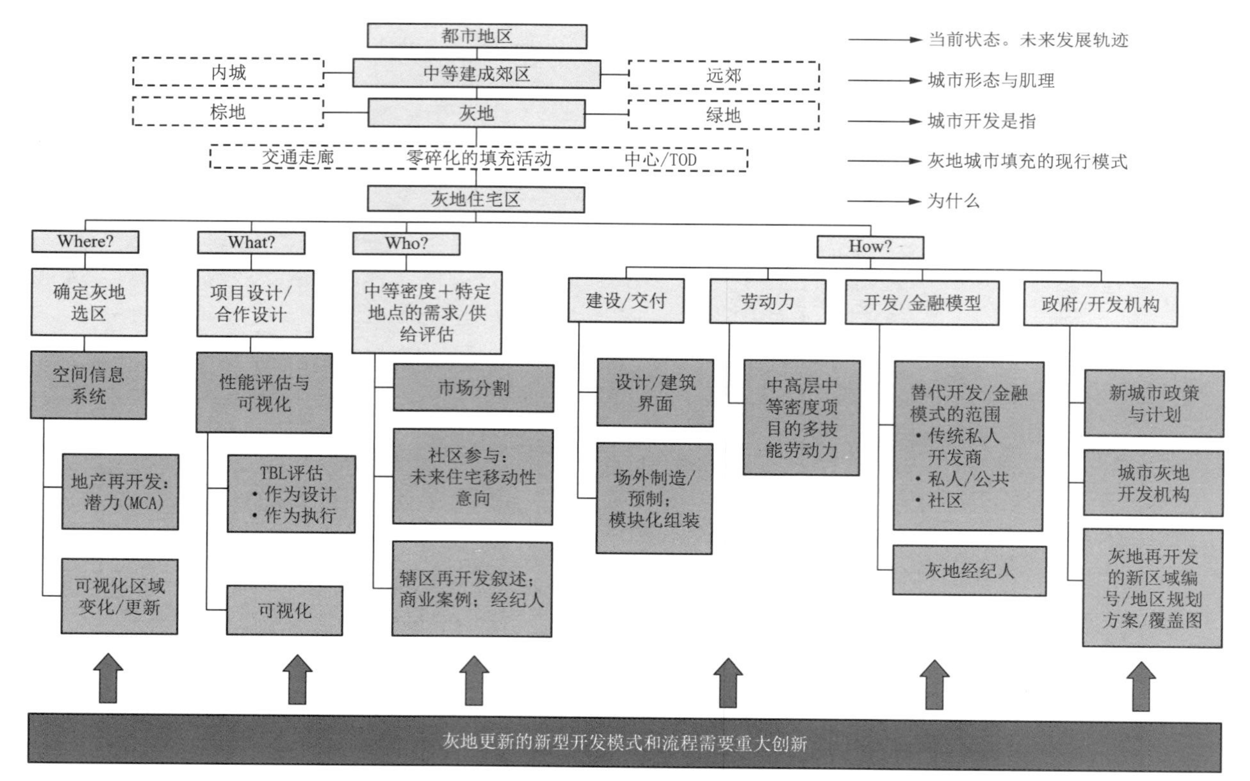

图 15.8 灰地住宅区开发的创新和“未来逻辑”

资料来源：改编自 Newton, et al.(2011)。

● 确定开发商和规划师应该针对辖区再开发的最有前景的地点（“where”）；

● 实现这一目标所需的流程改进，包括中等密度住宅的设计创新（“what”）以及合作设计；

● 了解那些倾向于居住在中等密度住宅的家庭（“who”）的市场需求；

● 为实施灰地更新项目制定有效的新流程（“how”）；包括利益相关者的参与；实施辖区更新的规划和建筑规程；新的财务模式；以及新的建造和组装工艺（例如，模块化住房）。

在灰地，特别是在辖区尺度上实现更高水平的住宅集约化和更广泛的城市更新，将需要在 Newton 等（2011）确定的若干方面进行创新：第一，新的城市政策能够阐明一个长期性战略，目标是灰地近郊区和中郊区的城市更新。这可能需要类似于以棕地为导向的“建设更美好城市”的更新规划；建立一个政府的灰地更新机构，其权力相当于那些为开发墨尔本绿地和棕地（维多利亚的地方）而设立的机构（如维多利亚州的增长区管理局等）。这些更新组织可以通过更本地化和/或小尺度的干预工具来补充，这在美国和英国更常见，特别是在地方议会缺乏所需的专业知识的地方（Spiller and Khong，2015）。第二，加强市政当局能力建设，以适应社区变化和更新要求，以及符合大都市和城市次区域的发展目标，制定住房战略和当地空间规划（www.crcsi.com.au/research/4-5-built-environment/4-55-greinging-the-greyfield/）：

● 一个 21 世纪的空间信息和规划平台，具有相关的工具，能够识别最有前景的区域进行更新，为利益相关方提供一套工具，让他们参与可视化的开发方案，并展示它们对更可持续的城市发展的贡献——与社区范围更新相关的“红利”。

● 采用新的城市设计方法，开发低矮（三至五层）的中密度地区，包括高环保性能（能源、水、废物）和高质量住宅及公共设施。

● 从规划/设计和财务的角度确定让公众参与开发的“合作伙伴”的机会。这需要一种新的参与和“中介”模式，从根本上背离现有的“安抚”或“对抗”模式，这些模式通常会在社区变化和住房再开发中发挥作用；确立适当的“价值主张”，使居民土地所有者能够充分获得为再开发而进行的土地合并所带来的经济利益。

● 创新的建筑工艺和劳动力的变化可能会为中密度住宅开发提供一些有吸引力可负担的解决方案。包括预制面板、服务系统和室内饰面组合在内的工业化工艺，可以为替换现有的低密度住宅提供快速周转选择。对于居住在灰地地区的居民来说，这可能会使中等密度住宅的选择更加实惠。

当前的规划是为了管理影响，而不是交付有远见的结果。为反对开发商申请规划许可的建议，地方议会或居民向维多利亚民事和行政上诉法庭（Victorian Civil and Administrative Appeals Tribunal, VCAT）提交了大量拟议的房地产再开发项目，这表明 VCAT 已成为墨尔本事实上的规划机构，主要对收益较高的中等密度开发申请进行裁决（Newton and Glackin, 2014）。规划法在大多数情况下关注的是历史先例，在解决居住模式转变或新住房方法或类型学（尤其是中等密度住宅类别），或者在关注 21 世纪的城市挑战（这些挑战与我们目前的规划制度建立时的 20 世纪的挑战又有很大的不同）方面几乎没有什么余地。当前规划的局限性阻止了灰地的再开发，除非有其他的说服力，否则开发商将继续追求久经考验的“安全的”碎片化方法来进行填充式的住宅开发。因此，需要一种新的强有力的规划工具或规范来重新开发灰地住宅区。

结语

显然，城市发展需要一套新的逻辑。正如 David Harvey（2008）所说：

按照不同的逻辑，以不同的形象重塑这座城市的前景。我们需要朝向这些前景来改变这座城市。

绿色城市主义就是这种新的逻辑(见图 15.9)。在 21 世纪，城市主义是地球上主要的建筑、社会和经济系统的主要代表。如果城市主义能够在未来保持一个弹性和可持续的生活方式，绿色城市主义已经成为一个必要的条件(Beatley, 2000; Lehmann, 2010)。绿色城市主义代表了建筑环境及其运作方式的转变。

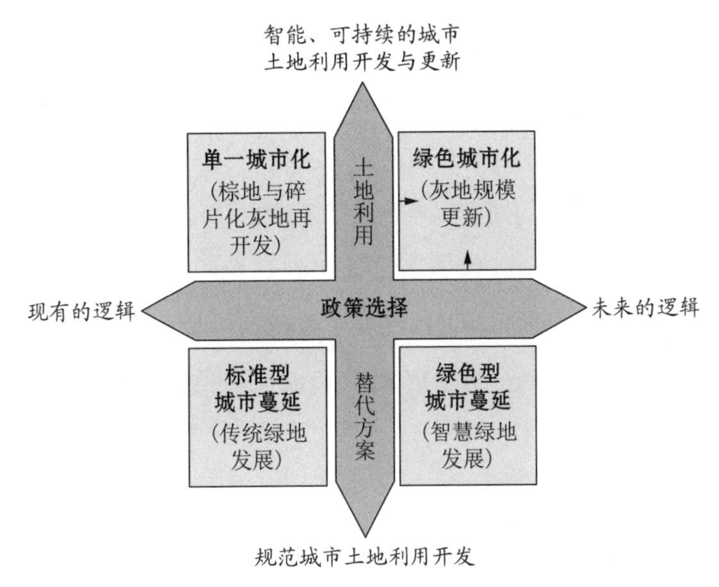

图 15.9　绿色城市主义:生态城市的框架

资料来源:Newton, et al.(2011),改编自 P. Schwarz(全球商业网络)在世界城市峰会上关于可持续发展和高增长城市的演讲,新加坡,2010 年 6 月 29 日。

从城市规划和设计的角度来看，它需要一个新的政策重点，以辖区尺度的灰地更新为核心，这是一个新的城市发展模式可以在我们的城市广泛复制的舞台，是现在正被用于棕地和“智能”绿地开发的创新开发模式的结果。

关键问题及行动

- 自20世纪50年代以来,鉴于目前代表澳大利亚住房行业的路径依赖机制,低密度的郊区蔓延一直是澳大利亚城市增长的主要形式。
- 城市填充式开发目前已在城市战略规划中被确认为澳大利亚未来城市发展的主要手段,以实现更紧凑的城市形态。
- 20世纪90年代,澳大利亚通过"建设更美好城市"更新项目,首次在全国范围内协调开展了基于区域尺度的城市更新,为棕地更新确立了一个能在全国范围内推广复制的模式。
- 澳大利亚城市的灰地代表着需要在辖区尺度上进行城市更新的主要领域。现已在城市规划方案中确立了活动中心和交通走廊的再开发模式。这些模式是必要的,但还不足以达到强化再开发的水平,即实现70%的城市填充式开发目标并限制城市蔓延。
- 灰地住宅区更新已被确定为21世纪城市更新和实现绿色城市化目标的关键因素。

参考文献

ABS(2012) *Regional Population Growth, Australia, 2011*, Cat no. 3218. 0. Canberra: Australian Bureau of Statistics.

Adams, R., Eagleson, S., Goddard, S., Przibella, S., Sidebottom, T., Webster, F. and Whitworth, F.(2009) *Transforming Australian Cities: For a More Financially Viable and Sustainable Future: Transportation and Urban Design*. Melbourne: City of Melbourne and Department of Transport. Available at: www. 8-

80cities.org/Articles/Transforming_Australian_Cities_UrbPlanning-Transportation.pdf (accessed 6 January 2016).

Atkinson, B., Wulff, M., Reynolds, M. and Spinney, A.(2011) *Gentrification and Displacement: the Household Impacts of Neighbourhood Change, AHURI Final Report 160*. Melbourne: Australian Housing and Urban Research Institute.

Beatley, T.(2000) *Green Urbanism: Learning from European Cities*. Washington, DC: Island Press.

Buxton, M.(2011) 'Planning to fail: The worst of urban worlds', *The Conversation*, 9 June.

Charlesworth, E.(ed.)(2005) *City Edge: Case Studies in Contemporary Urbanism*. Oxford: Architectural Press.

CRC for Water Sensitive Cities (2015) *Ideas for Fishermans Bend*. Melbourne: CRC WSC.

Cunningham, S.(2008) *ReWealth: Stake Your Claim in the $2 Trillion Redevelopment Trend that's Renewing the World*. New York: McGraw-Hill.

Davison, G.(2011) 'The role and potential of government land agencies in facilitating and delivering urban renewal', paper presented to State of Australian Cities Conference.

Department of Environment Water and Planning(2008) *Melbourne 2013: A Planning Update—Melbourne @ 5 Million*. Melbourne: Government of Victoria.

Department of Planning and Community Development(2012) *Managing Melbourne: Review of Melbourne Metropolitan Strategic Planning*. Melbourne: Strategic Planning and Forecasting Division, Department of Planning and Community Development.

Dunham-Jones, E. and Williamson, J.(2009) *Retrofitting Suburbia: Urban Design Solutions for Redesigning Suburbs*. Hoboken, NJ: John Wiley.

Gipps, P., Brotchie, J., Hensher, D., Newton, P.W. and O'Connor, K.(1997) *The Journey to Work: Employment and the Changing Structure of Australian Cities*, Research Monograph no.3. Melbourne: Australian Housing and Urban Research Institute.

Government of Victoria(n.d) *K2 Apartments—Technical Report*. Melbourne: Office of Housing, Department of Human Services.

Harvey, D.(2008) 'The Right to the City, DAC(Danish Architecture Centre). A critical perspective on sustainability'. Available at www.dac.dk/en/dac-cities/sustainable-cities/experts/david-harvey-the-right-to-the-city/(accessed 14 May 2016).

Kneebone, T.(1980) 'The panzers, the pansies and the panoply: A chronicle of redevelopment warfare in Melbourne', paper presented to biennial congress of Royal Australian Planning Institute.

Lehmann, S.(2010) *The Principles of Green Urbanism: Transforming the City for Sustainability*. London: Earthscan.

Lukez, P.(2007) *Suburban Transformations*. New York: Princeton Architectural Press.

McCloskey, D., Birrell, R. and Yip, R.(2009) 'Making public transport work in Melbourne', *People and Place*, 17(3):49—59.

McLaughlin, R.(2011) 'New housing supply elasticity in Australia: A comparison of dwelling types', *The Annals of Regional Science*, 48:595—618.

MPA(2014) *Fishermans Bend Strategic Framework Plan*. Melbourne: Metropolitan Planning Authority.

Murray, S. Bertram, N., Khor, L-A., Rowe, D., Meyer, B., Newton, P., Glackin, S., Alves, T. and McGauran, R.(2015) *Processes for Developing Affordable and Sustainable Medium Density Housing Models for Greyfield Precincts*, AHURI Final Report No. 236. Melbourne: Australian Housing and Urban Research Institute.

National Housing Supply Council(2011) *State of Supply Report 2011*. Canberra: Department of Families, Housing, Community Services and Indigenous Affairs.

Neilson, L.(2008) 'The "Building Better Cities" program 1991—96: A nation-building initiative of the Commonwealth government', in J. Butcher(ed.), *Australia under Construction: Nation-Building Past, Present and Future*. Canberra: ANU E Press.

Newton, P.W.(2010) 'Beyond greenfields and brownfields: The challenge of regenerating Australia's greyfield suburbs', *Built Environment*, 36(1):81—104.

Newton, P.W. and Doherty, P.(2014) 'The challenges to urban sustainability and resilience: What cities need to prepare for,' in L. Pearson, P. Roberts and P.W. Newton(eds), *Resilient Sustainable Cities*. London: Routledge.

Newton, P. and Glackin, S.(2014) 'Understanding infill: Towards new policy and practice for urban regeneration in the established suburbs of Australia's cities', *Urban Policy and Research* 32(2):121—43.

Newton, P.W., Murray, S., Wakefield, R., Murphy, C., Khor, L. and Morgan, T.(2011) *Towards a New Development Model for Housing Regeneration in*

Greyfield Residential Precincts, Final Report no. 171. Melbourne: Australian Housing and Urban Research Institute. Available at: www.ahuri.edu.au/publications/download/50593_fr(accessed 6 January 2016).

Oakley, S. and Johnson, L.(2011) 'The Challenge to (re)plan the Melbourne docklands and port Adelaide inner harbour: a research agenda for sustainable renewal of urban waterfronts.' Available at http://soac.fbe.unsw.edu.au/2011/papers/SOAC2011_0005_final(1).pdf.

OECD(2012) *Compact City Policies: A Comparative Assessment*, OECD Green Growth Studies. Paris: OECD.

Randolph, B. and Freestone, R.(2008) *Problems and Prospects for Urban Renewal: An Australian Perspective*, Research Paper no.11. University of New South Wales, Sydney: City Futures Research Centre.

Residential Development Council of the Property Council of Australia and Australian Housing and Urban Research Institute(2012) *Planning Governance and Infill Housing Supply in Metropolitan Areas*. Melbourne: report prepared by SGS Economics and Planning.

Rowley, S. and Phibbs, P.(2012) *Delivering Diverse and Affordable Housing on Infill Development Sites*, Final Report no. 193. Melbourne: Australian Housing and Urban Research Institute.

Spiller, M. and Khong, D.(2015) 'Government sponsored urban development projects: What can Australia take from the US experience?', SGS Economics and Planning Occasional Paper, Melbourne.

Taylor, E. and Watling, R.(2011) 'Long run patterns of housing prices in Melbourne', paper presented to State of Australian Cities Conference, Melbourne.

UN DESA(2012) *The Great Green Technological Transformation*. New York: United Nations Department of Economic and Social Affairs.

Verrall, J.(2004) 'Postcode 3000', *Age*, 5 May: 4—5.

VicUrban(n.d.) *Docklands Sustainability Sites Guide*. Melbourne: Government of Victoria.

第 16 章

当前挑战和未来前景

彼得·罗伯茨　休·赛克斯　蕾切尔·格兰杰

关键问题

本书前几章提供了关于英国、欧洲其他地方、澳大利亚和北美城市更新的演变和现状的各种分析。本章将在对城市更新进行综合分析的基础上，对城市更新的未来可能演变进行展望。

在提供这一过去总结及未来展望时，作者意识到，试图将当前广泛的更新经验提炼为当前挑战的单一总结，或形成对未来前景的确定观点，都会带来固有的危险。事实上，这些关切是如此的重要，以至于现在的作者所能声称最好的只是代表了他们对当前存在的和未来可能发展的个人观点。

尽管有这些自我意识到的局限性，本章还是对城市更新理论和实践的现状进行概述及判断，并审议关于未来挑战的一系列意见。本章特别探讨以下三个问题：

- 当前城市更新的主要特点；
- 城市更新的增值方式，城市更新的独特贡献，以及当前城市更新理论和实践中明显存在的优缺点；

- “城市挑战”未来可能的演变，以及地方和区域层面上的更新政策的应对。

当前城市更新的特点

在本节中，重点关注城市更新的主要特色和特点。虽然有些人会认为城市更新只是一些能带来城市地区环境变化的特别建议、行动或诱因，但这并不是本书中所采用的定义，不能反映城市更新最佳实践所具有的明显的内在品质。如本书第 2 章所述，城市更新可定义为：

> 旨在解决城市问题，并使已发生变化或提供改善机会的地区的经济、物理、社会和环境状况得到持久改善的全面、综合的愿景及行动。

虽然这一定义涵盖范围很广，但它确实有助于建立标准，以判断任何声称涉及城市更新的规划或行动。例如，孤立于地区的主流经济、环境和社会政策之外，对提供社会基础设施进行“修补”的政策很难被称为城市更新。

因此，在评估个别城市地区更新规划是否适当时，应考虑以下三个问题：

- “城市更新”一词所内含的城市挑战的性质；
- 为迎接城市挑战而采取的方法；
- 所采用方法的应用结果。

Parkinson(1996)和 Tallon(2010)对城市更新的一些最持久特征进行了两个有用的总结,他们认为,除了其他因素外,由于需要解决以下问题,促使人们寻求成功的城市更新:

- 在迅速变化的经济环境中,许多城市面临各种不断出现的挑战,而公共部门或私营部门经济决策的控制水平下降,公共资金严重减少。
- 制造业的高薪工作岗位流失,服务业劳动力的高薪与低薪工作岗位之间的差距日益增大;兼职就业的增加和就业性别结构的变化。
- 人口变化带来的新的社会趋势,传统家庭结构瓦解,人口和工作的分散化,更年轻、更有能力的人迁出城市,社会凝聚力的丧失和传统社区的转型,新型社区的创建,包括少数族裔所起的作用等。
- "现代"城市向"后现代"城市的转变,对城市地区的不均衡影响。

还有许多其他问题可以列入这个清单,包括:许多城市环境的物理状况持续恶化;为避免对人类健康造成永久性损害而采取紧急行动的必要性以及在今后采取代价高昂的环境整治措施的必要性;城镇和城市的物理衰退,导致稀缺资源严重未得到充分利用,并造成城市扩张的压力;许多城市社会和经济基础设施老化或陈旧;以及国民经济不平衡的城市表现。

本节以下各段将探讨三个问题:

- 城市更新区别于其他相关活动的特征;
- 定义城市更新最佳实践的特征;
- 城市更新对相关领域和活动的贡献。

显著特征

城市更新与其他形式的城市政策和干预不同,与之相比,可以归纳出一些特征。其最理想的情况是:

- 本质上是一种战略性活动；
- 专注于制定和实现应该采取什么行动的清晰愿景；
- 关注城市场景的整体性；
- 致力于寻找解决当前困难的短期方法以及预见和避免潜在问题的长期方法；
- 方法上的干预主义，但本质上不是统制主义的；
- 通常最好通过伙伴关系方式来实现；
- 关心设定优先次序并虑及其成果；
- 旨在使一系列组织、机构和社区受益；
- 有各种技术和资金来源的支持；
- 能够被测量、评估和审查；
- 与某个地区、城市、城镇或社区的特定需求和机会有关；
- 与其他适当的政策领域和方案相联系。

虽然综合考虑上述特征可以看到反映城市更新的最佳做法，但当单独考虑上述特征时，它们也代表了许多其他类型的活动。城市更新的独特之处在于将这些特点结合起来，并通过一套综合性措施来解决城市地区的问题。近年来，通过引入可持续社区和基于"整体空间"方法的类似模式，加强了这种全面或综合的更新方法的利用。然而，这种综合方法并不意味着为当前城市更新提供了一个固定的解决方法。事实并非如此。而且，这还提醒我们不要忘记过去的教训，将单个城市问题视为只能在特定的城市地区内解决的问题是不明智的。正如 Hall(1981)多年前所主张的那样，大多数的单个城市问题应放在这些问题发生的大都市区、地区或国家的背景下加以考虑，很明显，这些问题的性质和影响将会随时间的推移而发生相当大的变化。同样显而易见的是，许多城市问题的根源是复杂的，因此解决方案需要与这种复杂性相匹配(McInroy and MacDonald,

2004)。

这一讨论导致了对城市更新行动的最适当尺度的考虑,在这里几乎没有可能提供一个直接的答案。在过去的三十年,就城市问题的定义和城市政策的设计而言,所被认为的合适尺度,已经从局部地区转向城市地区,转向社区或行政区,再转回到城市地区,现在随着关注城市地区的方法又转回到了社区。

虽然一些政府倾向于采用微型地区的方法进行城市更新,但其他一些政府采用了基础更广泛的政策。这里的问题不在于什么是对的,什么是错的;相反,重要的是要认识到,城市问题的起因、特点和发生情况各不相同。适当的政策框架是指每个问题都能在适当的空间尺度上得到解决。有些问题,例如提供与国际运输系统的联系,不能完全在地方层面加以有效解决;而社区问题最好在当地解决。但是,很明显,仅凭地方更新倡议或地区更新方案不足以克服重大的结构性困难(Pacione, 1997; Lawless, 2012),而笼统的国家解决方案可能对区域或地方层面成功的政策设计和实施缺乏至关重要的针对性。对于制定城市更新方案或项目来说,选择一个合适的空间尺度,类似于打开一个俄罗斯套娃:每一层面的政策都必须加以考虑,并对"上面"和"下面"特定活动的其他层面的政策给予适当的确认,这是我们关注的焦点。

最佳实践的特点

在任何有关城市更新表现的讨论中,一个需要考虑的重要问题是:如何确定最佳实践,以及从这种实践关键特征的研究中可以获得什么经验教训?这里的一个问题是,对最佳实践没有单一或固定的定义,因此在一个地方或活动部门被认为是优秀的做法,在其他地方可能被忽视。同样,最佳实践也是在发展之中的。今天的最佳实践可能是明天的规范,但前提是在环境条件允许的情况下。

Lawless(1995)认为,确定最佳实践的问题反映了缺乏主要研究和文献,特别是与城市政策的实践以及可以从国际经验比较中获得教训有关的研究。其他学者注意到,很难对鼓励更新的长期努力的成功做出早期确定的结论(Geddes and Martin, 1996),以及如何最好地评估各种更新模式或尺度的问题,例如基于区域的更新倡议(Lawless, 2012)。

虽然城市更新作为一种艺术和科学仍处于起步阶段,任何对城市更新最佳实践的最终评定必须推迟到独立评估完成之后,但从英国城市更新协会(BURA)最佳实践奖的研究中可以获得一些经验教训。这个城市更新最佳实践奖已经颁发多年,获奖项目代表了来自英国不同地区的城市更新的一系列不同方法。BURA 最佳实践奖提名的评判标准呼应了Oatley(1995)关于城市更新的呼吁,即对城市问题采取全面和综合的观点,并提出制定长期战略性方法的解决方案。在评审获最佳实践奖提名的方案或项目时,评审人员考虑以下因素:

- 更新对一个地区经济的贡献及其财务可行性;
- 更新方案在多大程度上成为该地区进一步更新的催化剂;
- 更新对社区精神和社会凝聚力的贡献;
- 更新对建设当地人民的规则能力和影响本地区未来发展的贡献;
- 更新规划或项目的环境可持续性;
- 表明某一更新项目在过去、现在和未来取得成功的证据;
- 参与更新规划的合作伙伴的范围;
- 关注更新规划的长期发展和管理;
- 更新是否具备想象力、创新、灵感和决心等品质。

其他更新奖项,如《城市再生与更新》杂志提供的奖项,以及政府为更新方案申请者提供的指导(Welsh Government, 2013; Department for

Social Development，2014)进一步强化了上述标准。

城市更新的更广泛贡献

如上所述，城市更新并不是孤立的。大多数更新规划和项目或者是有关全面改善一个城市区域的更广泛行动纲领的一部分，或者是对邻近的活动领域作出贡献。城市更新的更广泛贡献也可以视为国家和区域发展与更新进程中的一个重要因素。

鉴于城市更新的更广泛贡献，必须在其运作所处的更广泛的社会经济和物质环境的范围内考虑各个更新规划。这种对更广泛的环境和城市更新更广泛潜在贡献的评估，为计算城市更新所增加的价值提供了基础。任何此类评估的核心是对更新活动成本与收益，以及这些成本与收益在参与各方和合作伙伴间的分配的估计。这种评估城市更新贡献的方法得到了实际应用(例如，许多主要的国际展览和旅游发展计划对区域和国家设施作出了贡献，并满足了当地的需要)，并运用于试图追踪一般城市更新的影响，特别是主要更新项目影响的各种评估研究中。这些问题在本书第 10 章中已经讨论过。

附加价值和优缺点

虽然作为一般办法的城市更新现已成为城市和区域政策的一个既定方面，但同样明显的是，在过去二十多年里，城市更新的性质和内容已发生了很大变化。这种城市更新在性质和内容上不断变化的过程，并不是新鲜事。正如本书第 2 章所述，城市更新与许多其他的空间和部门政策一样，受到它所面临的事件和环境的重大影响。因此，城市更新的性质和内容须不断演变，才能保持其重要性和有效性。在过去二十多年的城市更新演变过程中，一个主导性趋势是城市更新从一个反应性的行动转变为一个主动性的行动。这并不是说城市更新不应对新问题，而是反映了城市更新实践日趋成熟。

这表明，能够定义和区分那些对地方、区域和国家发展特别重要的城市更新实践区域是很重要的。这里的总目的是将城市更新的那些方面抽象出来，这些方面可能为未来政策制定和执行提供一种模式。本节讨论三个问题：

- 城市更新在政策制定和实施中的作用；
- 城市更新带来的附加值；
- 当前城市更新理论和实践的优缺点。

城市更新的角色

城市更新以多种形式出现，扮演多种角色，并有助于带来各种各样的变化。城市更新的广泛性角色和目的反映了其范围内的广泛问题。特别是，城市更新的目的是解决导致城市衰落的各种力量和因素，并准备作出积极和持久的应对，从而永久改善城市生活质量。城市更新可以执行多种任务，包括：

- 提供一个分析城市问题和确定发展潜力的框架；
- 制定一个地区的总体战略，并提供投资、实施和行动的详细进程表；
- 识别与更新规划相关的约束、机会和资源需求；
- 建立行动框架，包括管理安排、责职分配和资源投入的确定；
- 就建立和运营合作伙伴关系及社区参与的“合同”进行协商；
- 对上述所有角色的监督、审查和向前推展。

伙伴关系、战略和可持续发展构成了决定和推动成功的城市更新的

“三驾马车”。它们使城市的更新不仅仅是其组成部分的总和，而且为全面和综合的更新行动提供了基础。这些角色和特征在本书中得到了显著的体现，它们代表了城市更新对创建可持续社区的更广泛贡献的基石。这些因素中的每一个都可以被视为代表一个特定的作用和作出特定的贡献。

伙伴关系及社区参与

城市更新为发展伙伴关系和社区参与提供了一个实验室。20 世纪 80 年代初发生的从国家主导的城市更新到私营部门主导的城市更新的转变，最初引起了相当程度的冲突、混乱和担忧，特别是在地方责任的棘手问题上。与此同时，中央与地方政府的关系经历一系列调整，其结果往往是中央政府加强了对支出和政策的控制（Oatley，1995）。从这些新的政策安排中，尽管存在种种不完美和紧张关系，最初的伙伴关系模式出现了。促进英国伙伴关系模式的其他影响或鼓励因素，包括来自欧洲大陆及其他地方的类似组织结构的传播经验、基层伙伴关系的逐步发展和志愿部门组织的贡献，以及人们普遍认识到伙伴关系可以有效应对资源或力量缺乏。

第 3 章概述了城市更新中伙伴关系的一些关键经验教训。这种适用于城市和区域政策的经验教训包括：

● 建立和维持开放平等的伙伴关系的重要性；

● 提供有效和负责任的领导的必要性；

● 创建具有长期战略目的的伙伴关系，而不是简单地提供一个为了获得资金而匆忙构建的临时联盟；

● 需要制定一项能够指导伙伴关系发展的总体战略，用来确定合作伙伴应作出的资源贡献，并将责任分配给各个合作伙伴或外部机构；

● 维护公开和可访问的记录，并定期提供更新进展情况和未来意图的简报；

● 与其他伙伴、其他组织和地方当局建立联系的可取性——很容易假定一个伙伴关系包含所有的基本观点和参与者；

● 需要管理和指导伙伴关系的动态——怀着世界上最好的意愿，热情不会自动转化为行动；

● 需要考虑退出策略或连续性安排；

● 从伙伴关系的运作中提炼和传播优秀和最佳实践的可取性。

随着伙伴关系的日益成熟及其能力增强，人们也日益认识到确保有效的社区参与及其活动的重要性。从早期的实验（如住房行动信托基层），经过“社区新政”方案的工作，到目前对街区和社区方案与行动的强调，已经确定了关键的学习点，包括提高技能、信心、能力和信任的必要性（Roberts，2005；Benneworth，2010）。许多组织现在为社区能力建设提供支持（见专栏 16.1）。

专栏 16.1　社区能力建设:“创世纪”社区基金会

“创世纪”住房协会在英格兰南部提供 3.3 万套住房。它通过一个赠款机构——“创世纪”社区基金会（Genesis community Foundation）来鼓励社区参与和活动的发展。许多计划协助重点通过技能发展和支持社区企业来建设社区能力。

该方案有五个主题：

● 就业、企业和培训；

● 普惠金融；

● 志愿服务；

● 健康和福祉；

● 社会调查。

2014 年，基金会为 16 个社区项目提供了超过 20 万英镑的支持。

战略

战略是城市更新在更广泛的城市政策领域的第二个独特作用和贡献。不同于以前制定和执行城市政策的临时尝试,城市更新是一项努力为城市问题提供综合、持久和全面解决办法的活动。这意味着,城市更新提供了一种战略性的方法,而不是简单地提供一系列互不关联的干预和行动。

正如本书第3章所提出的,城市更新为一系列城市政策干预提供了“脊柱”。这种战略作用还产生了其他各种好处,包括提供了一个可用于指导有关行动纲领的框架,为进一步确定伙伴关系内各自角色和承诺奠定了基础,采用了一种有助于策划个别项目的办法,并提供了一种有助于确保项目有效性和高效利用资源的方法。这种战略性城市更新模式具有相当大的能力和潜力,可应用于区域发展和乡村更新等其他政策领域。战略是城市更新的基础,清晰的战略愿景很可能仍然是成功的更新规划的标志。然而,战略愿景也意味着需要战略资源投入,而这一成功的城市政策的基本要素往往仍然超出某些组织的交付能力——可以提供战略愿景,但可能缺乏战略资源投入。

战略性地思考和行动既需要对更新规划的预期目的和结果有信心,也需要有指挥和引导资源的能力。这些品质反映了城市更新的许多最重要的特点,并表明城市更新需要跨越通常将经济目标与环境问题和社会问题分开的界限。这表明,战略也是为城市更新的第三个作用和贡献即可持续发展提供基础的一个主要因素。

可持续发展

城市更新的第三个作用及贡献是发展和应用了一种可持续解决城市问题的办法。本书采用了可持续发展的标准定义,认为城市更新应该促进经济、社会和环境的平衡发展和管理,应该通过采用可持续社区方法来实现(Roberts, 2005)。可持续发展还特别强调对后代利益的维护以及成本与收益的公平分配。此外,可持续的城市更新应特别强调促进提高环境质量的新的经济活动和就业机会。在城市更新方面,坚持可持续发展立场的另一个好处是,它赋予了城市更新的稳健性和弹性;在一个越来越不确定的未来,这些品质是必不可少的(Pearson, et al., 2014)。

为了确保城市更新的可持续性,所有组成部分的活动都必须经过严格的筛选和评估。然而,考虑到其伙伴关系的基础和战略方针,同样明显的是,城市更新可以在确保可持续性实施方面发挥促进作用。OECD(1990)在促进城市地区可持续发展方面所确定的若干政策优先事项完全符合城市更新的优先事项。此外,在许多地区,城市更新作为提供可持续社区的一种手段,已经成为可持续发展的倡导者,或成为产生和实施可持续技能发展及其政策的重要手段(Academy for Sustainable Communities, 2008)。这些问题很重要,因为正如布伦特兰报告所指出的那样:"未来将主要在城市,大多数人最关心的环境问题将是城市问题"(World Commission on Environment and Development, 1987:255)。

城市更新带来的附加价值

除了与城市更新有关的直接贡献之外,更重要的是确定通过采用城市更新方法来解决城市问题所带来的附加价值。

如第 10 章所示,人们已作了一些努力来确定和衡量城市更新政策中对城市活动的数量或质量有特别贡献的因素。然而,许多用于评估城市更新政策的技术和方法都倾向于强调可直接测量的产出贡献。这导致了许多评估工作中日益明显的两个缺陷:一是存在将效果与效率混淆起来的倾向;二是没有任何真正的尝试去衡量更新努力所带来的整体成果或结果。就像评判滑冰比赛一样,评估"技术价值"固然重要,但能够评估和评判城市更新的整体持久的“艺术印象”或“经济价值”也同样重要。后者可能代表了更新努力的真正和持久的价值。城市更新的真正作用和贡献,远不能简单地用财政投入或财政部核准的可交付成果的产出来表达。

许多研究者已经洞察到城市更新带来的整体价值。例如,Brian Robson(1995)认为,“新建筑建造和旧住宅翻新、新的基础设施安装或物理环境清理等改善环境的‘简单’任务已比更困难的创造就业机会和发展当地经济的任务得到了更好地完成”(Robson,1995:48),而其他研究者提出了城市更新取得的更广泛的成功——让当地社区参与并解决社会、环境和经济问题等。那种能够提供证据表明在英国城镇或城市大范围内取得成功和持久地全面解决问题的研究文献是比较罕见的。尽管有一些局部更新成功的研究,如利物浦的埃多尼安(Eldonians)村庄更新(McBane, 2008),敦提的惠特菲尔德等以前不受欢迎的周边地区更新,但很少有全面评估的综合更新的纵向研究。有一个例外,是“社区新政”更新项目的评估(Lawless, 2012)。对其他国家的研究(如在第 12 章、第 14 章和第 15 章中阐述的),提供了进一步的证据,可以用来指导英国城市更新的进一步工作。

那么,当成功的城市更新出现时,我们将如何识别它?更新所付出的努力是否与结果相匹配?这个问题的答案可以从几个方面来构建:第一,作为一种目标和抱负的分析;第二,作为对当前成就的预测;第三,对城市地区和城市政策未来可能状况的看法。这当中的第一个问题已经在本章及前几章中讨论过,而第三个问题则构成本章最后一节的基础。第二个问题(当前成就的预测)可以看作是当前城市更新实践中优缺点的明显反映。

当前更新实践的优缺点

如上所述,对当前更新实践的优缺点进行评估,有助于为城市更新的未来进展奠定基础。它还可以帮助确定更新干预是否为应对城市退化提供了持久的解决方案。

总的来说，考虑到许多个体在一般情况下的积极和消极变化，当前城市更新理论和实践的优缺点可以从一般文献和本书作者的个人经验中确定。下面部分将对这两个问题的一些主要元素进行简要总结。

优点

基于 Oatley(1995)、Shaw 和 Robinson(1998)、Benneworth(2010)，以及 Lawless(2012)等作者提供的评估以及目前本书的经验，城市更新方法的优点反映了可持续社区模式的期望，并包含了上述讨论的最佳实践的许多特点，其中包括：

- 为社区、街区、地区、城镇、城市或大都市地区的更新活动提供全面而有力的长期综合性战略；
- 将更新的经济、社会、环境和物理方面内容纳入总体战略及详细的行动纲领；
- 通过伙伴关系和社区参与的方式(包括来自特定地区内外的组织和个体)，制定和实施一项更新战略和方案；
- 为提供必要的领导、管理和参与安排而达成的基础协议，这些安排对伙伴关系的有效性是必不可少的；
- 在一个总体框架内确定优先事项和目标，并设定进程表、提供预算和分配责职；
- 提供一种商定的监测、审查、评估和修订战略以及行动纲领的手段，以考虑到不断变化的内部情况和外部环境的演变；
- 在更新规划的开始或过程中，详细说明退出安排(在适当的情况下)或关于未来地方/社区所有权和控制权的协议；
- 识别、评估和传播更新规划或项目的最佳实践；

● 为从事某一更新规划或项目的专业人士和参与者提供学习经验。

对城市更新优点的总结，尽管这里只是一个概括性的描述，但它反映了许多更新实践的特点和特色，已在被提名为各个国家和国际最佳实践奖的项目中得到确认。

缺点

上面提到的许多特征和品质可以被逆转，并被视为缺点（例如，缺乏战略或真正的协商安排可能会破坏和损害大多数城市更新工作），或者成为需要注意的事项，以防止它们成为缺点。此外，在城市更新理论和实践中，还可以发现一些其他缺点或缺陷，包括：

● 对“城市问题”的起因、发生及其可能结果缺乏充分或完整的理解；

● 在国家、区域、大都会或地方层面上，对更新政策的作用、结构和运作缺乏明确或统一的立场；

● 对更新行动的目的及其进展缺乏及时和明确的沟通；

● 实行不切实际或不灵活的规划和其他政策，可能会限制一个地区的潜在发展；

● 责任分散，在政策设计、解读和执行方面缺乏协调；

● 过分强调或过度依赖单一的行动、部门或政策工具；

● 不必要地将主要团体或组织排除在伙伴关系或社区组织之外；

● 官僚化问题，以及要求/采用过于精细和复杂的管理和组织结构的危险；

● 缺乏长期行动的战略或承诺；

● 缺乏公开、透明和准确的手段，用以记录和评估与更新规划或项目相关的成果；

● 一项规划或项目的运作与城市更新的其他方面和实例隔离开来——这将阻止从其他地方输入先前的经验，并将限制新的最佳实践对整体知识储备的贡献；

● 最后，也是最重要的一点，试图让一个社区或一群潜在的合作伙伴“做”事，而不是“与”他们共事。

虽然个别缺点的存在可能不会对城市更新规划造成致命的影响，但这些缺点集中的累积效应可能会破坏更新过程。这并不是表明，短期的、特定主题的、在个体组织的能力范围内的小型或有限项目不应该继续进行，而是指出了其关键所在，大多数城市更新方案和项目如果避免上述指出的缺点，可能会更成功。一个特别的要求是，更新工作应是全面、综合的，并以战略为指导的(Carley and Kirk, 1998)。

为了取得更新的成功，Benneworth(2010:73)提供了 5 条经验教训：

● “不要把模仿和创新混为一谈”——行动需要反映背景；

● “为那些已经和将要居住在那里的人规划城市”——不要忽视现实；

● “制定战略只是实施变革的一部分”——实施是必不可少的；

● “新方法绝不能成为继续更新项目的借口，否则这些项目就会被废弃”——好的想法可能会失败，但可以从中吸取教训；

● “拒绝一个给出自己不想要结果的咨询比根本不咨询更糟糕”——如果专业人士忽视社区需求，当地人会对他们产生怀疑。

最佳实践的评估有助于确定和提供城市更新理论和实践应用的具体实例，这些实例对城市更新专业人员的教育和培训具有重要价值。城市更新管理的质量参差不齐，显然需要专业培训和再培训项目(Academy for Sustainable Communities, 2007)。大学和专业团体可通过提供初期教育和培训以及持续专业发展，在支持城市更新方面发挥重要作用。此外，也许有必要在地方和区域更新方面建立一种共同的专业资格，这种资格的办法和内容与医学或法律方面的同等资格类似。这是可持续社区学院在其过早消亡之前设定的路径。

城市更新的未来

展望英国城市更新的未来，既要考虑“城市问题”的可能演变，又要预测未来政策工具及其结构的可能发展。前一个问题代表了城市更新必须应对的挑战，而后一个问题则反映了更新政策将实施的优先事项和行动领域。

最后一节考虑两个主要问题：

- 城市更新面临的未来挑战和选择；
- 城市更新政策、结构和方法的未来可能演变。

未来的挑战与选择

正如第 2 章所指出的，城市具有不断变化的主题。即使是最偏远或“受保护”的城市地区也不可避免地受制于各种力量而发生变化，最初一轮调整的结果通常是进一步变化的触发器。在这方面，我们没有理由假定未来与过去将有什么不同。的确，变化的步伐可能会加快，特别是由于新一轮技术创新及其对城市分析、管理、治理和生活的新风格和模式的探索。

此外，重要的是，要认识到，与第三世界许多地区城市的当前和可能的未来状态相比，英国及欧洲其他国家城市所面临的问题是相对微不足道的（Roberts, et al., 2009）。然而，发达国家和发展中国家的城市都在迅速变化，根据 Michael Cohen（1996）的说法，至少就它们面临的问题和应对这些问题所使用的政策工具而言，它们正在趋同。有人认为，尽管人们不断寻求竞争优势和应对变化挑战的新方法，但在某些方面，城市正变得越来越相似。城市之间日益相似的情况促使人们需要尽可能广泛地交流知识和经验。

然而，尽管城市在宏观层面上具有趋同趋势，但其内部仍将继续显示出相当大的多样性(Lupton and Power, 2004)。事实上，近年来的经济变化和社会两极分化扩大了内部多样性，包括呈现出广泛的社会排斥，威胁"政治体系的合法性"(Jewson and MacGregor, 1997:9)。因此，把城市的未来视为一个统一场景，既不现实，也不可取。

在英国的城市地区，这些变化过程可能会导致一些"好地方"及其组成街区的排名次序调整。曾经繁荣、宜人或受欢迎的地方可能会衰退，而其他的城市地区可能会经历更新和复兴。这种变化既与物理更新有关，也与形象和宣传有关(Shaw and Robinson, 1998)，而通过引入以前城市中严重不足的新的领域和活动来刺激城市更新，可以帮助实现所需的转变(Landry, et al., 1996)。

目前城市之间区分"好"与"坏"的多样性也反映在城市内部。街区之间的差别与城市之间的差别一样显著；这些内部差异的最尖锐表现，可以在明显的社会分化中看到，特别是在某些外围地区和内城街区。尽管城市在宏观层面上趋同程度更高，但在城市内部，分化仍然占主导地位，城市空间"马赛克"变得更加复杂。真正的危险是"甜甜圈城市"或"萎缩城市"的出现，为了避免这种情况，应该尽可能地鼓励城市地区内的棕地再利用，并利用现有的经济和社会基础设施的。

在英国，几乎没有人尝试将目前局势在一个分解的水平上进行研究，以便制定详细的战略。尽管这样的尝试已经有些过时，但它们证明了通过小尺度的地区或街区的建设情景来考虑城市的未来的重要性(参见 Thew, et al., 1982)。通常情况下，情景研究考虑经济增长、社会政治态度、物理变化和干预、外部政策约束及其他因素的替代路径，并从这些分析中构建应用于城市组成区域的可供选择情景。这种多路径情景模型远比将整个城市系统作为单一实体进行分类并描述的单向或单一条件模型更有帮助。这些模型中没有什么真正新颖的地方，但它们确实为当前的街区差异和空间分割的现实提供了一个预测，因此，它们也可能激发理论和实践中的创新（Rowe and Ashworth，2010）。

那么，未来城市更新将面临哪些挑战呢？有四个议题可能会主导议程：

● 需要通过设计和实施综合性的方法来解决经济发展和社会正义的问题，从而最大限度地促进和确保经济进步，并减少社会排斥的发生——这就强调了需要与社区合作，并与社区共同决定其未来，而不是从外部强加“一刀切”的解决方案，并在需要重新平衡空间经济的背景下这样做；

● 需要确保建立与城市更新政策发展相关的长期和综合性的战略视角，并引入路径和程序，以确保战略的有效实施；

● 需要加强更新所需的技能和知识基础——这意味着改进教育、培训、持续的专业发展、研究及其成果传播；

● 采用可持续发展的总体目标和愿望，特别是可持续社区模式。

除上述问题外，还有一些其他方面的政策将被推进，尽管是以新的形式或新的重点推进；它们包括：

● 监测和改善城市所有活动和部门的环境绩效的必要性；

● 有必要为城市更新提供更令人满意的空间和社会环境，以便为单体更新规划和项目的制定提供更完整的基础，并确保将城市更新的好处分配给预期的接受者；

● 完善伙伴关系的协调和管理方法及其程序，以及确保社区积极参与；

- 引入改进的程序，以确定资源需求、可获得性和短缺情况，并确保在城市更新规划或项目开始之前处理和解决不足之处；
- 改善现有的物理更新方法及技术，提供交通、公用事业基础设施和其他“硬”更新元素；
- 提供强化监测、审查、评估和问责的方法；
- 为参与城市更新的任何组织或机构建立更精确的授权——这应该在加强城市治理的背景下设置；
- 创建更有效的模式，以确保更新方案的连续性和进展。

当然，城市更新面临的挑战会随着时间和地点的不同而有所不同，在不同的地方，会形成不同的优先事项并加以实施。在一个城市中所开展的更新活动将反映出这些选择和可利用机会。然而，在大多数地区，可能会出现一些共同的问题，这些共同的元素将继续作为城市更新必须解决的核心问题。在安全和无害环境的城市地区提供工作、住房和生活质量是普遍性的任务，也是城市更新的核心要素。最重要的是，城市必须面对真正的问题，做出艰难的抉择——例如，为了帮助一个衰落商业中心的更新，首先可能有必要使汽车通行便利，然后在资源许可的情况下，转向一种对环境更有利的交通方式。我们需要的是，能够识别并遵循具体路径的长期愿景。

政策、结构和方法

正如在本书其他地方已讨论过的，城市更新已经从传统的城市重建[这一过程往往遵循广泛清拆、安置(通常在外围地区住宅)和市中心开发的标准模式]演变到今天的实践。即使与 20 世纪 90 年代中期的反映紧缩挑战的一般做法相比，当前的城市更新也反映了新思想的结合，这些新思想已使城市更新的重点重新放在更广泛的社会、经济和环境问题上，并更加注重提供长期的战略解决方案。本书最后一部分考察城市更新的未来形式和结构，并推测 2020 年城市更新的实践可能会是什么样子。

在未来的城市更新实践中，可以认为，有三个可能特别重要的特点：

● 在上一节所指出的四个关键问题(即需要一个处理经济和社会问题的综合性方法；提供一个长期的综合战略的视角；加强技能和知识基础；采用可持续发展目标)将界定城市更新理论和实践的性质、内容和形式；

● 城市更新战略运作的行动领域将在地区层面上确定，这将使城市更新能够管理各种问题，如将利益传递给预期接受者、建立“平衡组合”的更新方法、发展基础设施以及统筹处理城市和非城市问题；

● 伙伴关系和社区参与将继续在作为扩展城市治理的概念和手段上加以完善：将特别强调开发体制机制，以便调动资源、纳入以社区为基础的投入，并实行更大的责任制。

综上所述，这些问题代表了基于过去主要经验教训的城市更新的新议程。过去一些最重要的经验教训是历久弥新的，如 Shaw 和 Robinson (1998)所总结的：

● 物理变换只是更新过程的一部分；
● 一切都是相互关联的；
● 涓滴效应并不总是有效；
● 更新工作太重要了，不能由非民选的半官方机构来决定；
● 伙伴关系至关重要，但必须是可持续的；
● 资源永远是不充足的；
● 重要的是要有明确目标和现实目标；
● 形象问题；
● 更新人，而不是更新地方，是难以实现的；

● 可持续性是关键。

最近，Diamond 和 Liddle（2005）强调了许多与 Shaw 和 Robinson（1998）相同的观点，此外，指出了严格界定基于地区的更新方案的固有弱点，其提供指导的优点，以及在促进良好实践方面平等和领导的重要性。

本章所介绍的大部分内容概括了过去城市更新的主要经验教训，这将有助于指导未来的实践。此外，在“终章”之前，上面提出的未来实践三个方面中的两个需要进一步讨论：空间尺度问题和伙伴关系的作用。

空间尺度：从城市到地区更新

在20世纪90年代以前，城市更新经常受到空间授权和行动范围的限制。对20世纪60年代、70年代和80年代的很多更新方案提出的批评是，这些更新方案涉及的范围太小，涉及的主题太少，无法对城市衰落问题产生真正的影响。此外，有人认为，英国的“国家”城市政策造成了一种情况，即国家决定的标准解决方案被强加给地方和地区，而不管这种标准方法是否满足个别地区的需求或代表了资源的最佳利用。从20世纪90年代初开始，地区作为城市更新政策制定和实践的平台的重要性日益上升，使更新战略制定和实施方法相当多样化。尽管从2008年开始废除地区开发机构，并减少更新活动，但近年来空间尺度再次增加。在未来，为城市—区域层面的更新制定综合性战略措施，似乎可以在更广泛的操作范围内更好地确定个别城市更新规划，并为将更新政策和执行的所有必要方面汇集在一个统一组合中提供了基础。综合性的战略方法也将使城市更新对整体性更新和对个别问题地区的综合处理作出更有效的贡献（Roberts，1997）。

在地方和区域更新的许多情况下，一项更新倡议必须被视为在全国范围内利用资源的最佳价值。在英国当前有关经济再平衡必要性的讨论中，这当然是正确的。经济与商业研究中心（Centre for Economics and Business Research）预测，未来十年，伦敦的总增加值将增长31%，而英格兰北部三个地区的增幅为16%。目前，伦敦的经济规模是大曼彻斯特的6倍，而内伦敦的经济规模是伯明翰的10倍。让这些历史不平等现象更加“雪上加霜”的是投资方面的预期差异，例如，伦敦的基础设施公共投资为人均5 426英镑，而北部三个地区的人均投资仅为684英镑（CEBR，2015）。经济表现和投资方面的这种潜在差异为个体的更新方案设定了背景，而英国最近制定的“北方经济引擎”（Northern Powerhouse）规划，极好地说明了确保更新得到国家支持和由综合实施方案指导的重要性。这种方法最好通过建立一个开发公司或类似的机构来实现。专栏16.2概述了“北方经济引擎发展公司”的结构和它可以行使的权力，特别是在需要确保地方当局、企业和第三部门充分合作的情况下。这一方案还将为城市更新作为管理权力下放的一部分提供基础。在日本，这一过程正在进行中，以减轻未来潜在的自然风险及其他风险；伦敦与东京一样脆弱，需要采取缓和措施。

专栏16.2　北方经济引擎发展公司

在过去的三年里，英国政府在英格兰北部采取了一系列并行的举措。这些举措包括与城市地区层面的地方当局（如大曼彻斯特）达成协议的各种权力下放，以及投资交通基础设施等其他倡议。“北方经济引擎”规划作为一种整合行动的概念和手段，具有相当大的潜力，但如果由一家发展公司协调和实施各个环节的活动，“北方经济引擎”规划的实施将更加有效。这种拥有特殊目的的公司将有权获得土地和财产；推动战略规划并提供许可；可利用区域增长基金、其他公共部门资源和私人资金进行投资管理；协调中央政府机构及其部门之间的活动，从而确保资源的最佳整体利用和新增的附加值,例如,通过铁路的改善和棕地的开发相结合,用于商业和其他商业目的。

北方经济引擎发展公司以最佳实践经验为基础,将获得跨党派的政治支持,并与中央、地方政府和企业部门保持一定距离,但是,它将从公共和私营部门招聘有能力的人员,一方面负责并响应当地社区的需要,另一方面也要满足北部地区更广泛的需要。核心活动将包括协调与经济机会有关的技能发展和升级计划,调动棕地资源,管理交通基础设施和信息通信技术发展,以及为新社区的发展提供支持。发展公司的第一项任务将是拟订一项详细的战略,旨在实现商定的国家经济和社会目标以及现实目标。这种战略还将包括诸如住房、技能和教育、生活费用、社会融合和环境质量等事项;以及实现商定的战略目标所需的充足财政拨款。附属公司、伙伴关系和其他合资企业主要从事特定主题或领域的更新工作,但这些应在战略范围内运作。除了支持实施有效的"北方经济引擎"规划外,这一更新方案还将把过剩的经济型住房和需求从伦敦和东南部转移出去,从而在全国范围内增加价值。总体而言,该更新方案将体现国家的最佳资金价值,为跨部门和跨地区的接触提供一个平台,并为确保经济的有效更新、再平衡提供一个必不可少的机制。它还可能为金融实验提供一个平台,比如用土地价值税取代商业税,以阻止土地囤积。

资料来源:H. M. Government(2015).

在欧洲和国家两个层面采取行动,加强和支持城市更新的更广泛的背景和框架,使未来的财务规划更加一致,并促进更新政策和工具的更大多样性。这些新的潜力为提供更适合个别街区、城镇和城市需要的更适当的政策和行动提供了基础。如果能够通过一个全面的城市—区域可持续社区项目来指导,将更有可能成功(Roberts, 1998)。作为这一方法的说明,专栏16.3提供了北爱尔兰建设成功社区方案的细节。

专栏16.3　建立成功社区方案

该项目于2014年在北爱尔兰的六个试点地区推出。这些地区面临着一系列问题,包括衰败、场地遗弃和社会住房市场失灵;一些地区还经历了与社区紧张和疏远有关的其他问题。

通过与中央和地方政府的合作,以及与志愿部门和私营部门的合作,该项目力求:

- 改善住房和基础设施;
- 让空置的房屋重新投入使用;
- 提供新的社会和经济适用住房;
- 开启更广泛的环境、物理和社会更新;
- 放宽经济活动的准入;
- 利用住房干预措施来推动该地区的更新,扭转社区的衰落局面。

此外,就是否应满足预期的土地需求,以适应未来住宅和非住宅的增长,这方面的广泛辩论也反映出,引入更大的权力和自治权,将使城市更新计划能够包括或者直接与区域、城市—区域和地方层面的土地"平衡投入组合"的创建联系在一起。这些组合将包括以前使用过的场地和绿地,并将旨在满足对住宅、工业、商业和其他用途场地的可能需求。制定和实施"平衡投入组合"的关键,取决于一个精心设计的更新战略。

以上的观察,反映了这样一个观点,即城市问题的解决是每个人都关心的问题。这实际上不是个人选择的问题——个人无法选择与城市问题相隔绝;唯一需要做出的真正决定是如何最好地解决这些城市问题。通过在更广泛的范围内制定城市更新政策和行动,可以为个别更新计划的预期接受者和整个社会获得更大的利益。

伙伴关系是永久的特征

最后，还有伙伴关系和社区参与的未来发展问题。近年来，伙伴关系取得了长足进展。现在，有更多的伙伴关系是永久性的和真正具有代表性的，许多参与者都认为有必要加强公开性和问责制。近年来，采取了更多的举措，以确保当地社区更充分地参与合作伙伴关系，并将伙伴关系的运作同已经在北爱尔兰、苏格兰和威尔士建立，在英格兰地区正兴起的新的政府和治理机制联系起来。此外，最重要的是，伙伴关系必须继续从其他地方汲取最佳实践的经验。如果要进一步提高伙伴关系的质量和深度，这种“干中学”是当务之急。

社区参与也取得了实质性进展；从 20 世纪 70 年代的象征性协商到更实质性的社区控制，随着中央政府的紧缩，这一议程得到了扩展。最重要的是，社区应充分参与制订更新方案的初步目标，并参与其实施的所有阶段，这已成为公认的实践原则。

结语

虽然本章代表本书的结尾，但它也代表了对城市更新进一步发展的贡献。虽然本书中讨论的很多内容对许多读者来说可能都很熟悉，但我们希望通过将不同来源的理论和实践结合在一起，以此增进我们的集体知识和理解。关于未来，也许最适合本章的结束语是彼得·霍尔(Peter Hall)在他对我们对于城市地区动态的集体理解的最后重要贡献中所说的话：

> 我们既需要为现有城市提供更新，也需要为现有城市提供扩展。关键问题和关键区别在于我们如何处理这些不同的任务。（Hall，2014：3）

解决这些任务是更新的工作，我们现在有技能和知识来妥善应对——但我们有意愿吗？

参考文献

Academy for Sustainable Communities(2007) *Mind the Skills Gap*. Leeds: Academy for Sustainable Communities.

Academy for Sustainable Communities(2008) *Making Places*. Leeds: Academy for Sustainable Communities.

Benneworth, P.(2010) 'Five scalar challenges and barriers to innovative practice in regeneration management', *Journal of Urban Regeneration and Renewal*, 4(1): 63—75.

Carley, M. and Kirk, K.(1998) *Sustainable by 2020*? Bristol: Policy Press.

Centre for Economics and Business Research(2015) *UK Powerhouse*. London Irwin: Mitchell.

Cohen, M.(1996) 'The hypothesis of urban convergence', in M. Cohen, B. Ruble, J. Tulchin and A. Garland (eds), *Urban Future*. Washington: Woodrow Wilson Center Press.

Department for Social Development(2014) *Building Successful Communities: Programme Initiation Document*. Belfast: DSD.

Diamond, J. and Liddle, J.(2005) *Management of Regeneration*. London: Routledge.

Geddes, M. and Martin, S.(1996) *Local Partnership for Economic and Social Regeneration*. London: Local Government Management Board.

Hall, P.(ed.)(1981) *The Inner City in Context*. London: Heinemann.

Hall, P.(2014) *Good Cities, Better Lives*. London: Routledge.

H. M. Government(2015) *The Northern Powerhouse: One Agenda, One Economy, One North*. London: H. M. Government.

Jewson, N. and MacGregor, S. (eds) (1997) *Transforming Cities*. London: Routledge.

Landry, C., Bianchini, F., Ebert, R., Gnad, F. and Kunzmann, K. (1996) *The Creative City in Britain and Germany*. London: Anglo-German Foundation.

Lawless, P. (1995) 'Recent urban policy literature: A review', *Planning Practice and Research*, 10(3—4):413—18.

Lawless, P. (2012) 'Can area-based regeneration programmes ever work?', *Policy Studies*, 33(4):313—28.

Lupton, R. and Power, A. (2004) *What We Know About Neighbourhood Change: A Literature Review*. London: Centre for Analysis of Social Exclusion, London School of Economics and Political Science.

McBane, J. (2008) *The Rebirth of Liverpool: The Eldonian Way*. Liverpool: University of Liverpool Press.

McInroy, N. and MacDonald, S. (2004) 'Working with complexity: The key to effective regeneration', *Local Work*, 60:1—4.

Oatley, N. (1995) 'Urban regeneration', *Planning Practice and Research*, 10(3—4):261—70.

Organisation for Economic Co-operation and Development (OECD) (1990) *Environmental Policies for Cities in the 1990s*. Paris: OECD.

Pacione, M. (ed.) (1997) *Britain's Cities*. London: Routledge.

Parkinson, M. (1996) *Strategic Approaches to Area Regeneration*. Liverpool: European Institute for Urban Affairs.

Pearson, L., Newton, P. and Roberts, P. (2014) *Resilient Sustainable Cities*. London: Routledge.

Roberts, P. (1997) 'Territoriality, sustainability and spatial competence', in M. Danson, M.G. Lloyd and S. Hill (eds), *Regional Governance and Economic Development*. London: Pion.

Roberts, P. (1998) 'Regional Development Agencies: Progress, prospects and future challenges', paper presented at the Regional Science Association Annual Conference, York, September.

Roberts, P. (2005) 'Establishing skills for tomorrow', *Town and Country Planning*, 74(10):296—7.

Roberts, P., Ravetz, J. and George, C.(2009) *Environment and the City*. London: Routledge.

Robson, B.(1995) 'Paying for it', *Journal of Planning and Environmental Law*, Special Issue on Politics and Planning.

Rowe, M. and Ashworth, C.(2010) 'Let a hundred flowers bloom: Enhancing innovative practice in regeneration management', *Journal of Urban Regeneration and Renewal*, 4(1):90—9.

Shaw, K. and Robinson, F.(1998) 'Learning from experience?', *Town Planning Review*, 69(1):49—63.

Tallon, A.(2010) *Urban Regeneration in the UK*. London: Routledge.

Thew, D., Holliday, J. and Roberts, P.(1982) *West Midlands Futures Study*. Birmingham: West Midlands County Council.

Welsh Government(2013) *Vibrant and Viable Places: Regeneration Framework*. Cardiff: Welsh Government.

World Commission on Environment and Development(Brundtl and Report)(1987) *Our Common Future*. Oxford: Oxford University Press.

译后记

上海全球城市研究院为加强国际学术交流和学科建设，组织编译"全球城市经典译丛"。彼得·罗伯茨、休·赛克斯、蕾切尔·格兰杰主编的《城市更新手册》(第二版)是译丛的经典著作之一。本书系统阐述了城市更新的理论和实践，全面回顾和审视了城市更新(特别是英国的)历史过程及其城市更新政策的演变，深入阐述了城市更新的理论基础，详尽分析了城市更新战略及其政策作用，生动刻画了实施城市更新的组织架构及其各主体发挥的作用，深刻揭示了城市更新中所要关注和解决的经济、物理、社会方面的问题，详细介绍了城市更新中所涉及的融资方式及法律问题，以及城市更新测量、监测和评估等管理方法，并通过丰富的案例分析总结和提炼了城市更新的经验教训，具有较强的理论性和务实性。本书的翻译工作由上海全球城市研究院周振华教授主持，参与翻译的人员及分工如下：周振华(第1章至第10章)、徐建(第11章至第16章)。全书由周振华负责通校和审定。

***Urban Regeneration*, 2nd Edition**
Edited By Peter Roberts, Hugh Sykes, Rochel Granger
English language edition published by SAGE Publications of London, Thousand Oaks, New Delhi and Singapore

上海市版权局著作权合同登记号　图字:09-2022-0278 号

图书在版编目(CIP)数据

城市更新手册:第二版/(英)彼得·罗伯茨,
(英)休·赛克斯,(英)蕾切尔·格兰杰主编;周振华,
徐建译.—上海:格致出版社:上海人民出版社,
2022.8
(全球城市经典译丛)
ISBN 978-7-5432-3352-2

Ⅰ.①城… Ⅱ.①彼… ②休… ③蕾… ④周… ⑤徐
… Ⅲ.①城市规划-手册 Ⅳ.①TU984-62

中国版本图书馆CIP数据核字(2022)第095726号

责任编辑 王浩淼 忻雁翔
封面设计 人马艺术设计·储平

全球城市经典译丛
城市更新手册(第二版)
[英]彼得·罗伯茨 休·赛克斯 蕾切尔·格兰杰 主编
周振华 徐建 译

出　　版 格致出版社
上海人民出版社
(201101 上海市闵行区号景路159弄C座)
发　　行 上海人民出版社发行中心
印　　刷 上海商务联西印刷有限公司
开　　本 720×1000 1/16
印　　张 26.25
插　　页 3
字　　数 322,000
版　　次 2022年8月第1版
印　　次 2022年8月第1次印刷
ISBN 978-7-5432-3352-2/F·1441
定　　价 108.00元